ESTADÍSTICA BÁSICA

PARA

TÉCNICOS DE LABORATORIO

Juan José Rodríguez Alonso

ISBN: 1463651260
ISBN-13: 9781463651268

¿Saben qué es la estadística?
La que hace el recuento general
de los que nacen, van al hospital,
a la curia, a la cárcel o la fosa.

Pero para mí, la cosa más curiosa
es cuando hacen el promedio individual,
en lo que todo se reparte por igual,
aún de las cosas más curiosas.

Resulta por ejemplo, y sin engaño,
que según la estadística del año,
te toca un pollo y medio cada mes.
Y, aunque el pollo en tu mesa se halle ausente,
entras en la estadística igualmente,
porque hay alguno que se comió tres.

Trilussa (Carlos Alberto Salustri, 1871-1950)

INDICE

TEMA III. MUESTREO

TEMA V. ERRORES EN LAS MEDIDAS

TEMA VI. DATOS ANÓMALOS

Tema VII. GRÁFICOS DE CONTROL

CONCEPTOS INICIALES DE ESTADÍSTICA

1. Introducción

La Estadística trata del recuento, ordenación y clasificación de los datos obtenidos por las observaciones, utilizándose para poder hacer comparaciones y sacar conclusiones.

La Estadística se puede describir como una parte de las Matemáticas que se dedica al tratamiento de de datos. Un estudio estadístico consta de las siguientes fases:
- *Toma de datos*
- *Organización y representación de datos*
- *Análisis de datos*
- *Obtención de conclusiones*

La Estadística es una ciencia que se aplica a la totalidad del resto de ciencias, siendo el laboratorio un lugar importante de su aplicación, proporcionando técnicas precisas para tomar, organizar y presentar datos, procurando los métodos necesarios para el análisis de estos datos.

Se considera la **Estadística descriptiva** como una parte de la estadística cuyo objetivo es analizar y representar los datos, sin sacar conclusiones, mientras que la **Estadística inductiva o inferencial** trata de generalizar a la población los resultados obtenidos de las muestras.

El término "estadística" tiene su raíz en la palabra Estado y surge cuando se hace necesario cuantificar conceptos necesarios para los intereses del estado, en función de unos fines económicos o militares principalmente. El estado quiere conocer el censo de personas y los recursos en general, para poder obtener conclusiones de esta información.

1.1 Conceptos de Estadística

Antes de entrar propiamente dicho en la Estadística, es necesario estudiar algunos conceptos.

Población: es el conjunto de todos los elementos a los que se propone para un estudio estadístico.

Muestra: subgrupo de elementos representativos de la población de referencia. Ante la imposibilidad de estudiar toda la población se extrae una *muestra* que ha de ser *representativa* para que los resultados sean satisfactorios.

Muestreo: acción de extraer los elementos de la población que se desea estudiar, obtenidos en una proporción reducida y representativa de la población.

Valor: es cada uno de los distintos resultados que se pueden obtener en un estudio estadístico.

Ejemplo
Si lanzamos una moneda al aire 5 veces obtenemos dos valores: cara y cruz.

Dato: es cada uno de los valores que se ha obtenido al realizar un estudio estadístico.

Ejemplo
Si lanzamos una moneda al aire 5 veces obtenemos 5 datos: cara, cara, cruz, cara, cruz.

Los datos pueden ser:
- *cualitativos*: aquellos que expresan una cualidad o característica, que no puede ser representada numéricamente.

Ejemplo
Podemos expresar la característica de un tejido como suave, fino, extrafino.

Los datos cualitativos pueden presentarse como:

- *nominales*: presentan modalidades no numéricas que no admiten un criterio de orden.
Ejemplo
Los residuos sólidos urbanos se clasifican en: vidrio, papel, envases y residuos orgánicos.

- *ordinales*: presentan modalidades no numéricas, en las que existe un orden.
Ejemplo
La calidad de un producto: satisfactorio, cuestionable e insatisfactorio lleva consigo un orden.

- *cuantitativos*: son aquellos que podemos expresar numéricamente.

Ejemplo
La masa y el volumen pueden expresarse con números, siendo importante siempre que se exprese un dato cuantitativo expresar la unidad de medida, que para este caso serían: kilogramos, metros cúbicos.

Los datos cuantitativos pueden subdividirse en:

- *discretos*: aquellos que solo pueden tomar ciertos valores, de forma que entre dos cualesquiera de sus valores no existe ningún otro.
Ejemplo
El número de piezas defectuosas, el número de sacos de un lote, etc.

- *continuos*: pueden tomar cualquier valor dentro de un intervalo. En muchas ocasiones no es posible obtener cualquier valor ya que los aparatos de medida dificultan que puedan existir todos los valores del intervalo.
Ejemplo
La masa de un objeto está limitada por la precisión de la balanza.

Estadístico: es un valor calculado a partir de los datos de una muestra y se utiliza para estimar un valor o parámetro de la población de la que se ha extraído la muestra.

Parámetro: valor que describe la distribución de una población. Uno de los objetos del análisis estadístico consiste en estimar los *parámetros poblacionales* a partir de las *observaciones* y *cálculo de los estadísticos muestrales*.

Sesgo: es la diferencia entre el valor esperado de un estadístico y el parámetro que éste estima.
En otras palabras, es la diferencia entre el resultado previsto de un ensayo y un valor de referencia aceptado.
En un ensayo de laboratorio puede haber:

- *sesgo del laboratorio*: es la diferencia entre los resultados previstos de un ensayo en un determinado laboratorio y un valor de referencia aceptado.
- *sesgo del método*: es la diferencia entre el promedio de los resultados de un ensayo en todos los laboratorios que utilizan ese método y un valor de referencia aceptado.

Variabilidad: es la diferencia observada que puede atribuirse a la heterogeneidad o diversidad de una población.
La variabilidad es inevitable, siendo un objetivo de las técnicas estadísticas de control mantener esa variabilidad en el menor nivel posible. Las causas de la variabilidad son:

- *comunes o aleatorias*: no tienen causas asignables y no se pueden eliminar, pero si caracterizar con parámetros estadísticos como la varianza.

- *especiales o asignables*: tienen una influencia significativa apareciendo esporádicamente y deben ser eliminadas del proceso mediante las correcciones adecuadas.

2. Estadística descriptiva

La estadística descriptiva es una parte de la estadística que se dedica al análisis y representación de los datos.

Aunque hay tendencia a generalizar a toda la población las primeras conclusiones obtenidas de un análisis descriptivo, debería evitarse sacar conclusiones precipitadas, ya que existen otras ramas de la Estadística que se centran precisamente en sacar conclusiones y su generalización a la población.

Básicamente, la Estadística descriptiva estudia en qué medida los datos se agrupan o se alejan en torno a un valor central.

Para observar esta variabilidad, se determinan una serie de valores que se denominan parámetros de:

- *centralización*: parámetros que tienden a situarse en el centro del conjunto de los datos ordenados.
- *posición*: parámetros que dividen un conjunto de datos en grupos con el mismo número de elementos.
- *dispersión*: parámetros que nos informan sobre cuánto se alejan del centro los valores de la distribución.

2.1 Medidas de Centralización

Las más importantes medidas de centralización son:

Media aritmética: es un valor que se encuentra en el medio de una serie de datos, y se determina sumando los valores de los datos y dividiendo el total de la suma por el número de valores.

Para un con conjunto de n valores: $x_1, x_2, x_3,......x_n$, la media se representa por $\bar{x}$

(léase x barra) y se define como: $\bar{x} = \dfrac{x_1 + x_2 + x_3 + ...x_n}{n} = \dfrac{\sum_{1}^{n} x_i}{n}$ donde $\sum_{1}^{n} x_i$

representa la suma de los valores x_i desde i =1 hasta i = n y en adelante representaremos simplificadamente por $\sum x_i$; la letra griega $\sum$ (sigma mayúscula) se lee como suma o sumatorio.

Ejemplo

La media de un ensayo con resultados de 28, 23, 25, 26 es: $\bar{x} = \dfrac{28 + 23 + 25 + 26}{4} = 25,5$

Una regla de mano, utilizada en los cálculos estadísticos, es dar una cifra decimal más en los parámetros determinados que en la serie de datos.

Al número de veces que aparece un valor determinado se denomina *frecuencia absoluta* y se representa por f_i, siendo la suma de las frecuencias absolutas igual al número total de datos, que se representa por n. $f_1 + f_2 + f_3 + ...f_n = n$.

En el caso de datos agrupados, si los datos x_1, x_2, x_3,... x_n se presentan f_1, f_2, f_3,... f_n veces, es decir, con una frecuencia f_1, f_2, f_3, ... f_n, la media aritmética se calcula

como : $\bar{x} = \dfrac{x_1 \cdot f_1 + x_2 \cdot f_2 + x_3 \cdot f_3 + ...x_n \cdot f_n}{f_1 + f_2 + f_3 + ...f_n} = \dfrac{\sum x_i \cdot f_i}{n}$

Media aritmética ponderada: Si se asocian a los valores x_1, x_2, x_3, ... x_n ciertos factores o pesos p_1, p_2, p_3, ... p_n que dependen del "peso" o grado de importancia de cada uno de los valores la media se calcula como:

$\bar{x} = \dfrac{x_1 \cdot p_1 + x_2 \cdot p_2 + x_3 \cdot p_3 + ...x_n \cdot p_n}{p_1 + p_2 + p_3 + ...p_n}$

Ejemplo

El peso atómico de un elemento que se encuentra en la tabla periódica es una media ponderada de las masas de sus isótopos (elementos con mismo número atómico pero distinta masa atómica). Sabiendo que los tres isótopos del Silicio natural tienen la siguiente composición:

Isótopo	Porcentaje	Peso atómico, uma
$^{28}_{14}Si$	92,23	27,9769
$^{29}_{14}Si$	4,67	28,9765
$^{30}_{14}Si$	3,1	29,9738

Determinar el peso atómico medio del Silicio.

Para determinar el peso atómico se hace la media ponderada de la abundancia natural de los tres isótopos:

$\bar{x} = \dfrac{x_1 \cdot p_1 + x_2 \cdot p_2 + ...}{p_1 + p_2 + ...} = \dfrac{27,9769 \cdot 92,23 + 28,9765 \cdot 4,67 + 29,9738 \cdot 3,10}{92,23 + 4,67 + 3,10} = 28,085 \, uma$

Mediana: es el valor medio o la media aritmética de los dos valores medios de una serie de datos ordenados en orden de magnitud. Para el cálculo de la mediana:

1º Ordenamos los datos de menor a mayor.

2º Si la serie tiene un número n impar de medidas la mediana es el dato que aparece en el lugar (n+1)/2.

Ejemplo

La mediana de los valores, ya ordenados: 2, 3, 4, 5, 6, 7, 8 es 5. En este caso el número de valores es n = 7 y la mediana es el dato que ocupa el lugar número 4 (7+1)/2=4

3º Si la serie tiene un número n par de medidas la mediana es la media de los datos que aparecen en los lugares n/2 y (n+2)/2.

Ejemplo

*La mediana de los valores 7, 8, 9, 10, 11, 12 es **9.5** ya que en este caso el número de valores es n = 6 y por tanto la mediana es la media de los valores que aparecen en los lugares 3º y 4º, es decir: (9+10)/2=9,5*

En el caso de **datos agrupados,** la mediana se encuentra en el intervalo (*clase mediana*) donde la frecuencia acumulada llega hasta la mitad de la suma de las frecuencias absolutas.

Moda: es aquel valor que se presenta con mayor frecuencia en una serie de datos. Se puede hallar la moda para datos cualitativos y cuantitativos.

> *- Si en un grupo hay dos valores con la misma frecuencia* y esa frecuencia es la máxima, la distribución es ***bimodal.***
> Ejemplo
> *Los valores 3, 4, 4, 5, 6, 6, 7 tienen dos modas 4 y 6 y se dice que es una distribución **bimodal**.*
> *- Si en un grupo hay varios valores con la misma frecuencia* y esa frecuencia es la máxima, la distribución es multimodal, es decir, tiene varias modas.
> Ejemplo
> *Los valores 1, 1, 1, 4, 4, 5, 5, 5, 7, 8, 9, 9, 9 tienen tres modas que son 1, 5 y 7 y se dice que es una distribución **multimodal**.*
> *- Si en un grupo no hay ningún valor repetido* la distribución ***no tiene moda***.

En el caso de datos agrupados debemos definir primero la clase modal, que será aquella a la que corresponde la mayor altura en el histograma. Para el caso en el que los intervalos tengan la misma amplitud se aplica la siguiente fórmula:

$$Moda = L_{i-1} + \frac{f_i - f_{i-1}}{(f_i - f_{i-1}) + (f_i - f_{i+1})} \cdot a_i$$ donde L_{i-1} es el límite inferior de la clase modal,

f_i es la frecuencia absoluta de la clase modal, f_{i-1} es la frecuencia absoluta inmediatamente inferior a la clase modal, f_{i+1} es la frecuencia absoluta inmediatamente posterior a la clase modal y a_i es la amplitud de la clase.

2.2 Medidas de posición

Para calcular las medidas de posición es necesario que los datos estén ordenados de menor a mayor. Las medidas de posición son:

> *- **Cuartiles***: dividen la serie de datos en cuatro partes iguales.
> Al ordenar los datos de menor a mayor, la mediana divide al conjunto en dos partes iguales. Cada una de esas dos partes puede dividirse en otras dos y se generan cuatro partes o cuartiles divididos por Q_1, Q_2 y Q_3.
> Una vez calculada la mediana que coincide con Q_2, los valores de Q_1 y Q_3 se calculan igual que la mediana, pero en la primera y segunda mitad de los datos respectivamente (incluyendo la mediana).
>
> *- **Deciles***: dividen la serie de datos en diez partes iguales. Valores de D_1 a D_9 dividen los datos en 10 partes iguales.
>
> *- **Percentiles***: dividen la serie de datos en cien partes iguales. Valores de P_1 a P_{99} dividen los datos en 100 partes iguales.

2.3 Medidas de dispersión

Las medidas de dispersión muestran la variabilidad de una distribución, indicando por medio de un número si los valores de una serie de datos están muy alejados de la media, siendo las más importantes:

Desviación media: es la media aritmética de las desviaciones y se define como:

$$\bar{d} = \frac{d_1 + d_2 + d_3 + \dots d_n}{n} = \frac{|x_1 - \bar{x}| + |x_2 - \bar{x}| + |x_3 - \bar{x}|}{n} = \frac{\sum |x_i - \bar{x}|}{n}$$

Ejemplo

La desviación media de los valores 2, 3, 6, 8, 11 es:

$$\bar{d} = \frac{|2-6| + |3-6| + |6-6| + |8-6| |11-6|}{5} = \frac{4+3+0+2+5}{5} = \frac{14}{5} = 2,8, \quad \text{siendo 6 la}$$

media de los valores.

Si los datos vienen agrupados en una tabla de frecuencias, la expresión de la desviación media es: $d = \dfrac{d_1 \cdot f_1 + d_2 \cdot f_2 + d_3 \cdot f_3 + \dots d_n \cdot f_n}{f_1 + f_2 + f_3 + \dots f_n} = \dfrac{\sum d_i \cdot f_i}{n}$

Desviación típica (estándar): es una medida de la variación de los valores sobre la media. La desviación típica de una serie de números x_1, x_2,... se define como:

$$\sigma = \sqrt{\frac{(x_1 - \bar{x})^2 + (x_2 - \bar{x})^2 + (x_3 - \bar{x})^2 + \cdots (x_n - \bar{x})^2}{n}} = \sqrt{\frac{\sum(x_i - \bar{x})^2}{n}}$$

Para una serie de datos agrupados:

$$\sigma = \sqrt{\frac{f_1 \cdot (x_1 - \bar{x})^2 + f_2 \cdot (x_2 - \bar{x})^2 + \cdots f_n \cdot (x_n - \bar{x})^2}{n}} = \sqrt{\frac{\sum f_i \cdot (x_i - \bar{x})^2}{n}}$$

La desviación σ se refiere a grandes muestras, pero para muestras pequeñas (n < 30) es más conveniente utilizar la siguiente relación: $s = \sqrt{\dfrac{\sum f_i \cdot (x_i - \bar{x})^2}{n-1}}$.

Las unidades de la desviación estándar son las mismas que las de los datos originales.

Observar que en este texto se empleará para *poblaciones* la letra griega σ y para *muestras* la letra s.

En las calculadoras científicas se utiliza la terminología σ y σ_{n-1} para representar σ y s respectivamente.

Ejemplo

El significado de la desviación estándar se muestra a continuación:

Una serie de valores, tal que 6, 4 y 5, tienen de media 5 y una desviación estándar de 1:

$$s = \sqrt{\frac{(x_1 - \bar{x})^2 + (x_2 - \bar{x})^2 + (x_3 - \bar{x})^2}{n-1}} = \sqrt{\frac{(6-5)^2 + (4-5)^2 + (5-5)^2}{3-1}} = 1$$

mientras que una serie como 10, 0 y 5 tiene la misma media, pero una desviación estándar

muy superior como : $s = \sqrt{\frac{(10-5)^2 + (0-5)^2 + (5-5)^2}{3-1}} = 5$ *lo que indica que un valor*

alto de s indica una gran variación y que valores extremos alejados de la media aumentan considerablemente la desviación estándar.

Varianza: es una medida de la variación y es igual al cuadrado de la desviación estándar.

$$\sigma^2 = \frac{(x_1 - \bar{x})^2 + (x_2 - \bar{x})^2 + (x_3 - \bar{x})^2 + \cdots (x_n - \bar{x})^2}{n} = \frac{\sum (x_i - \bar{x})^2}{n}$$

Lo dicho anteriormente para la desviación estándar sirve para la varianza y cuando nos referimos a <u>muestras pequeñas (n < 30)</u> es <u>más conveniente utilizar la siguiente relación</u>: $s^2 = \dfrac{\sum (x_i - \bar{x})^2}{n-1}$ sustituyendo el valor de σ^2 por s^2.

Las unidades de la varianza son el cuadrado de las unidades de los datos originales.

Ejemplo

Si los datos vienen en minutos (min) la varianza vendrá en min².

La importancia de la varianza se debe a que es una magnitud aditiva. Así, si tenemos varias series de datos 1, 2, 3 resulta que: $\sigma^2 = \sigma_1^2 + \sigma_2^2 + \sigma_3^2$

Coeficiente de Variación: es la relación entre la desviación estándar y la media, expresada en porcentaje: $CV(\%) = \dfrac{s \cdot 100}{\bar{x}}$. En realidad, es la desviación típica relativa expresada en porcentaje.

Ejemplo

Se ha determinado la longitud y la sección de unas probetas para ensayo de tracción siendo los resultados los que se muestran:

	Media ($\bar{x}$)	Desviación estándar (s)
Longitud, mm	150,0	0,71
Sección, mm²	150,0	1,69

Determinar el coeficiente de variación para cada una de las medidas

Se determina el CV para cada una de las magnitudes:

$$\text{-Longitud: } CV(\%) = \frac{s \cdot 100}{x} = \frac{0.71 \cdot 100}{150} = 0,47\%$$

$$\text{-Sección: } CV(\%) = \frac{s \cdot 100}{x} = \frac{1,69 \cdot 100}{150} = 1,13\%$$

Comentario: el coeficiente de variación al no tener unidades (s/x = ~~mm/ mm~~) tiene la ventaja de poder comparar magnitudes con distintas unidades, como es la longitud y la sección, observando que el mismo error en la media (± 0,1) de la medida en la longitud y en la sección de una probeta da lugar a una mayor variación en esta última, debido a la dispersión de los resultados.

3. Tratamiento de datos

Una vez obtenidos una serie de datos pasamos a ordenarlos, clasificarlos y representarlos gráficamente. En el tratamiento de datos hay una serie de etapas que se desarrollan a continuación.

3.1 Toma de datos

En la toma de datos se trata de obtener una serie de datos, que puedan servir para verificar una hipótesis o suposición.

Ejemplo
1. Verificar si el error cometido en el ensayo está dentro de los límites admisibles
2. Comprobar si el método de análisis es el más adecuado.

3.2 Ordenación

En el caso de que los datos sean cualitativos ordenaremos los datos por cada una de las características de la cualidad estudiada. Por el contrario, si los datos son cuantitativos entonces ordenaremos los datos en orden:

- *creciente o ascendente*: 1,63<1,67<1,76<.....
- *decreciente o descendiente*: 1,84>1,80>1,76>1,67>....

3.3 Agrupamiento de datos

Para su estudio y representación, los datos se agrupan en una tabla de frecuencias que será el lugar donde quedarán ordenados los distintos datos. Para llegar a una tabla y posterior representación gráfica debemos definir algunos términos como:

- *Rango*: es la diferencia entre el dato mayor y el menor de una serie de datos.
Ejemplo
Si en una serie de datos de medida el dato mayor es 1,84 cm y el menor es 1,63 cm, el *Rango* *es 1,84-1,63= 0,21 cm.*

- *Clase*: agrupación de datos comprendidos entre dos valores extremos, llamados límites de clase. Cuando se dispone de muchos datos es útil distribuirlos en intervalos *o clases*.

- *Límite de clase*: son los valores extremos que representan la clase. Cada clase está delimitada por:

-*límite inferior de la clase*: valor menor del intervalo o clase.

-*límite superior de la clase*: valor mayor del intervalo o clase.

Ejemplo

En un intervalo de clase como (1,63-1,65) se observa que los números extremos son los límites de clase, siendo 1,63 el límite inferior de clase y 1,65 el límite superior de clase.

- *Amplitud de la clase*: es la diferencia entre el límite superior e inferior de la clase.

Para el ejemplo anterior la amplitud del intervalo de clase (1,63-1,65) es 0,02

- *Marca de clase* (*punto medio de un intervalo de clase*): es el punto medio de cada intervalo y es el valor que representa a todo el intervalo para el cálculo de algunos parámetros. Se obtiene sumando el límite inferior con el superior y dividiendo por 2.

Ejemplo

Para el intervalo de clase (1,63-1,65) el punto medio o marca es:

$$Marca = \frac{1,63 + 1,65}{2} = 1,64$$

- *Frecuencia*: es el nº de datos que pertenecen a cada clase.

- *Frecuencia relativa de una clase*: es la frecuencia de la clase dividido por el total de frecuencias de todas las clases. La suma de las frecuencias relativas es 1 o 100 si es porcentual. La representación de la frecuencia relativa da lugar al *histograma o al polígono de frecuencia relativa o porcentual*.

- *Ordenación por frecuencia*: Los datos ordenados y agrupados se suelen llamar *datos agrupados*.

La presentación de los datos agrupados tiene la ventaja de mostrar todos los datos en una sencilla tabla que facilita la presentación y búsqueda de relaciones entre los datos.

Se agrupan los valores en intervalos que tengan la **misma amplitud** denominados clases. A cada clase se le asigna su frecuencia correspondiente.

- *Histograma*: es la representación gráfica de la distribución de frecuencias.

Un histograma consiste en una serie de rectángulos que contienen como base el intervalo centrado en el punto medio y como altura la frecuencia. A simple vista puede verse que intervalo destaca.

- *Polígono de frecuencia*: es un gráfico de línea trazado sobre los puntos medios del histograma.

Ejemplo

En un laboratorio se ha determinado el contenido en Hierro de una muestra de mineral dando los siguientes resultados:

55,88	55,82	55,84	55,80	55,88	55,90
55,89	55,83	55,85	55,81	55,89	55,91
55,90	55,84	55,86	55,82	55,90	55,92
55,91	55,85	55,87	55,83	55,91	55,93
55,92	55,86	55,92	55,84	55,94	55,86
55,93	55,87	55,93	55,85	55,95	55,87
55,86	55,88	55,94	55,92	55,96	55,88
55,87	55,89	55,95	55,93	55,97	55,89
55,88	55,90	55,96	55,94	55,98	55,90
55,89	55,91	55,97	55,95	55,99	55,91

a) Ordenar previamente los datos

Una forma de ordenarlos puede ser ésta: de menor a mayor en orden creciente.

Tabla 1. Ordenación de datos

55,80	*55,81*	*55,82*	*55,83*	*55,84*	*55,85*	*55,86*	*55,87*	*55,88*	*55,89*
		55,82	*55,83*	*55,84*	*55,85*	*55,86*	*55,87*	*55,88*	*55,89*
				55,84	*55,85*	*55,86*	*55,87*	*55,88*	*55,89*
						55,86	*55,87*	*55,88*	*55,89*
								55,88	*55,89*
55,90	*55,91*	*55,92*	*55,93*	*55,94*	*55,95*	*55,96*	*55,97*	*55,98*	*55,99*
55,90	*55,91*	*55,92*	*55,93*	*55,94*	*55,95*	*55,96*	*55,97*		
55,90	*55,91*	*55,92*	*55,93*	*55,94*	*55,95*				
55,90	*55,91*	*55,92*	*55,93*						

b) Agrupar los datos en una tabla

Para construir una tabla de datos agrupados:

> *1° Se localizan los valores menor y mayor de la distribución. En este caso son 55,80 y 55,99.*

> *2° Se determina el **Rango**, restando el mayor del menor, que para este caso es: 55,80 – 55,99 = 0,19.*

> *3° Dividir el grupo en un número conveniente de intervalos de clase del mismo tamaño. Aunque los intervalos se pueden hacer libremente, podemos seguir cualquiera de estas dos reglas:*
>   *- El tamaño adecuado de intervalos de clase está entre 6 y 15.*
>   *- Un tamaño adecuado de intervalos puede obtenerse con la fórmula:*
>   *Número de intervalos = $\sqrt{n}$ = n° **entero** ; siendo n: el n° de datos.*

Si utilizáramos esta regla daría $\sqrt{60} = 8$ intervalos de clase y el tamaño de la clase sería: $0,19/8 = 0,024$

No obstante, el consejo es que elijamos los intervalos de una manera que mejor representen los datos. A veces, los intervalos también se eligen de forma que los puntos medios coincidan con datos reales.

Aunque los criterios son flexibles, vamos a seguir la primera regla y utilizar **10 intervalos.**

$4°$ Se determina la **Amplitud** o el $n°$ de medidas que caen dentro de cada intervalo. En este caso, la amplitud que resulta de aplicar la fórmula es:

$$A = \frac{Rango}{Número\ intervalos} = \frac{(55,98 - 55,80)}{10} = \frac{0,19}{10} = 0,019 \approx 0,02$$

Se forman los intervalo, teniendo presente que el límite inferior de la siguiente clase empieza donde termina el límite superior del anterior intervalo. En la tabla se muestra la tabla de datos agrupados.

Tabla 2. Agrupamiento de los datos

Clase (L_{i-1}-L_i)	Conteo	Frecuencia (f_i)	Frecuencia acumulada (F_i)	Punto Medio (x_i)
55,80-55,82	IIII	4	4	55,81
55,83-55,85	HHH III	8	12	55,84
55,86-55,88	HHH HHH III	13	25	55,87
55,89-55,91	HHH HHH HHH	15	40	55,90
55,92-55,94	HHH HHH I	11	51	55,93
55,95-55,97	HHH II	7	58	55,96
55,98-56,00	II	2	60	55,99
	Total=	60		

Nota: Adviértase que aunque elegimos 10 intervalos salen solo 7 y esto es debido al redondeo de hacer la amplitud de 0,019 como 0,02

c) Construir un histograma y un polígono de frecuencias

Un histograma es una representación gráfica de una variable en forma de barras y se utiliza para variables continuas o para variables discretas, con un gran número de datos, y que se han agrupado en clases.

En el eje de abscisas se construyen rectángulos que tienen por base la amplitud del intervalo, y por altura, la frecuencia absoluta de cada intervalo, siendo la superficie de cada barra proporcional a la frecuencia de los valores representados.

*Para construir el **polígono de frecuencia** se toma la marca de clase que coincide con el punto medio de cada rectángulo y se unen mediante una línea continua*

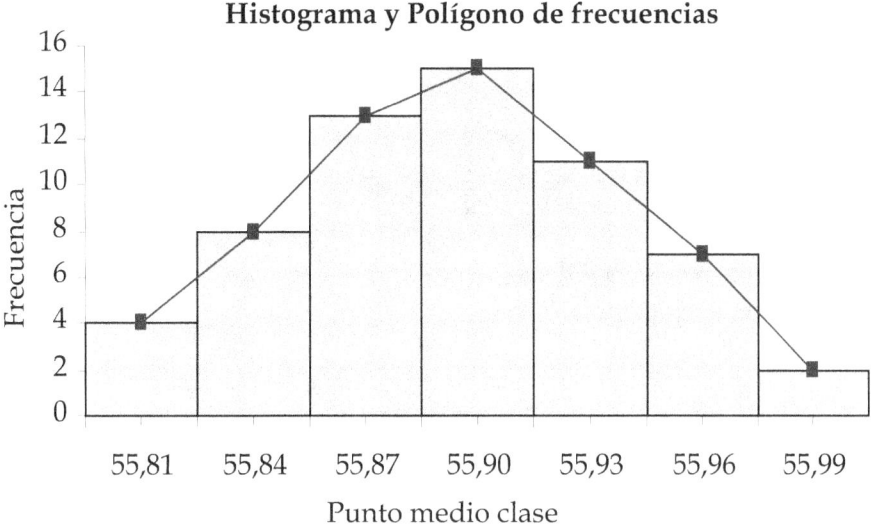

Histograma y Polígono de frecuencias

d) Calcular la media de los datos agrupados anteriormente.

En la tabla se muestran los datos:

Tabla 3. Cálculo de la media

Clase (L_{i-1}-L_i)	Punto Medio (x_i)	Frecuencia, f_i	$f.x$
55,80-55,82	55,81	4	223,24
55,83-55,85	55,84	8	446,72
55,86-55,88	55,87	13	726,31
55,89-55,91	55,9	15	838,5
55,92-55,94	55,93	11	615,23
55,95-55,97	55,96	7	391,72
55,98-60,00	55,99	2	111,98
Suma=		60	3353,70

$$\textbf{\textit{Media}=} \quad \overline{x} = \frac{x_1 \cdot f_1 + x_2 \cdot f_2 + x_3 \cdot f_3 + ...}{f_1 + f_2 + f_3 + ...} = \frac{3353,70}{60} = 55,895$$

Advertir que la media tiene una cifra decimal más que los datos individuales.

e) Determinar la mediana.

La mediana se encuentra en el intervalo donde la frecuencia acumulada es la mitad de la suma de las frecuencias absolutas. Es decir, tenemos que buscar el intervalo en el que se encuentre n/2.

Para este caso sería 60/2=30 y según la tabla de frecuencias acumuladas correspondería al intervalo (55,89-55,91). Aplicando la fórmula vista anteriormente:

$$\text{Mediana} = L_{i-1} + \frac{\dfrac{n}{2} - F_{i-1}}{f_i} \cdot a_i = 55{,}89 + \frac{\dfrac{60}{2} - 25}{15} \cdot 0{,}02 = 55{,}897 \ , \ donde:$$

- *L_{i-1} es el límite inferior de la clase donde se encuentra la mediana.*
- *F_{i-1} es la frecuencia acumulada anterior a la clase mediana.*
- *f_i es la frecuencia de la clase donde se encuentra la mediana.*
- *a_i es la amplitud de la clase.*
- *$n/2$ es la mitad de los datos.*

Observar, que la mediana es independiente de la amplitud de los intervalos.

También se puede determinar la mediana a partir del histograma. Así, si observamos el histograma, el área representada es de rectángulos con igual base (0,02) pero con distinta altura (frecuencia).

Por tanto, la mediana es la abscisa correspondiente a la línea que divide el histograma en dos partes de igual área, o sea: 0,02.60/2=0,6.

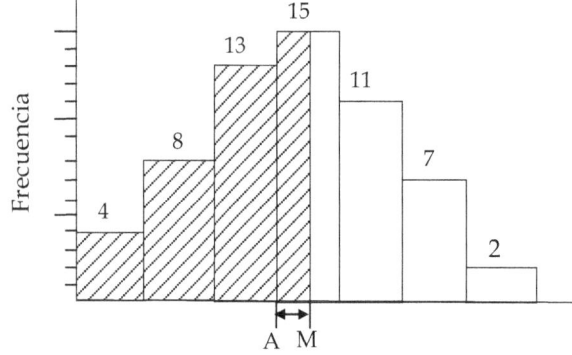

La mitad del área es (0,02x60)/2=0,6

Sumando las áreas:
4x0,02 + 8x0,02 + 13x0,02 + AMx15 = 0,6

siendo AM =0,1/15=0,007

Por lo tanto:
la mediana será: 55,89 + 0,007 = 55,897

f) Determinar la moda (valor más frecuente)

*A la vista de los datos agrupados se observa que hay dos datos que se repiten cinco veces que son el 55,88 y el 55,89 y por lo tanto esta serie de datos sería **bimodal** y la moda sería 55,88 y 55,89.*

Aplicando la fórmula para datos agrupados vista anteriormente, el intervalo donde se encuentra la moda será aquel de mayor frecuencia, que en este caso es: 55,89-55,91, según:

Tabla 4. Cálculo de la Moda

Clase (L_{i-1}-L_i)	Frecuencia	Frecuencia relativa acumulada
55,80-55,82	4	4
55,83-55,85	8	12
55,86-55,88	13	25
55,89-55,91	15	40
55,92-55,94	11	51
55,95-55,97	7	58
55,98-60,00	2	60

$$\text{Moda} = L_{i-1} + \frac{f_i - f_{i-1}}{(f_i - f_{i-1}) + (f_i - f_{i+1})} \cdot a_i = 55{,}89 + \frac{15 - 13}{(15 - 13) + (15 - 11)} \cdot 0{,}02 = 55{,}897$$

Como se observa en los resultados, vuelve a ponerse en evidencia la diferencia del tratamiento de todos los datos con el tratamiento de datos agrupados.

g) Calcular los cuartiles
En el caso de **datos agrupados** *los cuartiles se determinan de la siguiente forma:*

1) Cálculo del primer cuartil (k=1)

  -Se busca la clase donde se encuentra el cuartil aplicando la siguiente fórmula:

$$\frac{k \cdot n}{4} = \frac{1 \cdot 60}{4} = 15 \ y \ por \ tanto \ se \ encuentra \ en \ el \ intervalo \ 55,86\text{-}55,88.$$

  - Se calcula el cuartil Q_1 con la tabla de frecuencias acumulada:

$$Q_1 = L_{i-1} + \frac{\dfrac{k \cdot n}{4} - F_{i-1}}{f_i} \cdot a_i = 55,86 + \frac{15 - 12}{13} \cdot 0,02 = 55,865$$

2) Cálculo del segundo cuartil (k=2)

  - Aplicando las fórmulas anteriores resulta: $\dfrac{2 \cdot 60}{4} = 30$ *que se encuentra en el intervalo 55,89-55,91 y* $Q_2 = 55,89 + \dfrac{30 - 25}{15} \cdot 0,02 = 55,897$ *que vemos que coincide con la mediana, como estaba previsto.*

3) Cálculo del tercer cuartil (k=3)

  - Resulta $\dfrac{3 \cdot 60}{4} = 45$, *encontrándose los 45 datos ordenados en el intervalo 55,92-55,94 y se determina el cuartel Q_3 como* $Q_3 = 55,92 + \dfrac{45 - 40}{11} \cdot 0,02 = 55,929$

h) Calcular la desviación media
En la tabla se muestra el cálculo de la desviación media:

Tabla 5. Cálculo de la desviación media

Clase (L_{i-1}-L_i)	Punto Medio (x_i)	f_i	$d = |x_i - \bar{x}|$	$f \cdot |x_i - \bar{x}|$
55,80-55,82	55,81	4	0,085	0,340
55,83-55,85	55,84	8	0,055	0,440
55,86-55,88	55,87	13	0,025	0,325
55,89-55,91	55,9	15	0,005	0,075
55,92-55,94	55,93	11	0,035	0,385
55,95-55,97	55,96	7	0,065	0,455
55,98-60,00	55,99	2	0,095	0,190
			Suma=	2,210

$$d = \frac{d_1 \cdot f_1 + d_2 \cdot f_2 + d_3 \cdot f_3 + \ldots}{f_1 + f_2 + f_3 + \ldots} = \frac{2,210}{60} = 0,037$$

i) Determinar la varianza

Tabla 6. Cálculo de la varianza

Clase (L_{i-1}-L_i)	Punto medio clase (x_i)	Frecuencia	$x_i - \bar{x}$	$(x_i - \bar{x})^2$	$f \cdot (x_i - \bar{x})^2$
55,80-55,82	55,81	4	0,09	0,007225	0,028900
55,83-55,85	55,84	8	0,05	0,003025	0,024200
55,86-55,88	55,87	13	0,03	0,000625	0,008125
55,89-55,91	55,9	15	0,00	0,00002	0,000375
55,92-55,94	55,93	11	-0,03	0,001225	0,013475
55,95-55,97	55,96	7	-0,06	0,004225	0,029575
55,98-60,00	55,99	2	-0,09	0,009025	0,01805
				Suma=	0,120000

$$\sigma^2 = \frac{(x_1 - \bar{x})^2 + (x_2 - \bar{x})^2 + \dots (x_n - \bar{x})^2}{n} = \frac{0,12}{60} = 0,002$$

j) Determinar la desviación estándar o típica

Tabla 7. Cálculo de la desviación típica

Clase (L_{i-1}-L_i)	Punto medio clase (x_i)	Frecuencia	$x_i - \bar{x}$	$(x_i - \bar{x})^2$	$f \cdot (x_i - \bar{x})^2$
55,80-55,82	55,81	4	0,09	0,007225	0,028900
55,83-55,85	55,84	8	0,05	0,003025	0,024200
55,86-55,88	55,87	13	0,03	0,000625	0,008125
55,89-55,91	55,9	15	0,00	0,00002	0,000375
55,92-55,94	55,93	11	-0,03	0,001225	0,013475
55,95-55,97	55,96	7	-0,06	0,004225	0,029575
55,98-60,00	55,99	2	-0,09	0,009025	0,018050
				Suma=	0,120000

$$\sigma = \sqrt{\frac{(x_1 - \bar{x})^2 + (x_2 - \bar{x})^2 + (x_3 - \bar{x})^2 + \dots}{n}} = \sqrt{\frac{0,12}{60}} = 0,045$$

Observar que se ha utilizado la fórmula de la desviación poblacional σ ya que son más de 30 datos.

k) Construir un polígono de frecuencias relativas.
En la tabla se muestran los datos acumulados y porcentaje de frecuencias.

Tabla 8. Ordenación y agrupamiento de los datos

(L_{i-1}-L_i)	Frecuencia	Frecuencia acumulada	Frecuencia relativa acumulada, %	Punto medio clase
55,80-55,82	4	4	6,67	55,81
55,83-55,85	8	12	20,00	55,84
55,86-55,88	13	25	41,67	55,87
55,89-55,91	15	40	66,67	55,90
55,92-55,94	11	51	85,00	55,93
55,95-55,97	7	58	96,67	55,96
55,98-60,00	2	60	100,00	55,99

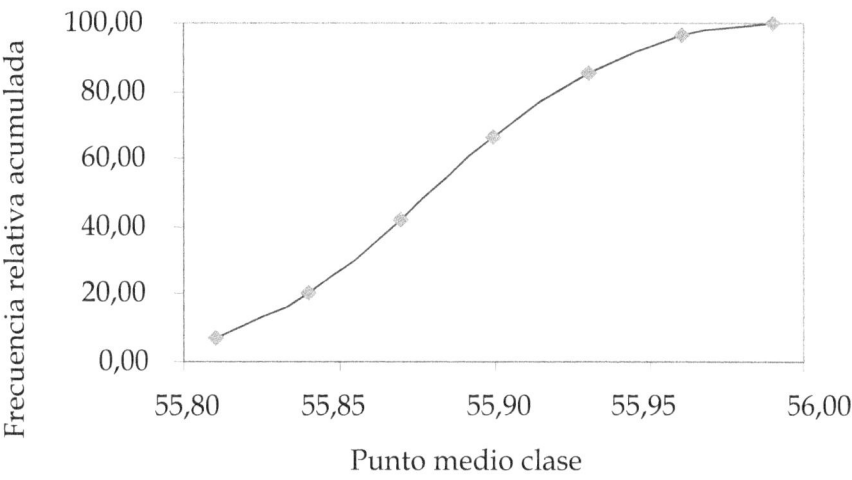

l) Hacer un comentario a la vista de los resultados

A la vista del polígono de frecuencia relativa acumulada podemos determinar el porcentaje de valores que son "mayor que" o "menor que" un valor determinado.

Por otra parte, si la representación gráfica se realiza en un papel gráfico especial llamado papel de probabilidad normal , en el que se representa el punto medio de la clase en el eje Y frente al eje X en escala no lineal, donde se representa el porcentaje de frecuencia acumulada. En el caso de que la curva en forma de S se ajuste a una línea recta confirmaría que los datos siguen una distribución normal.

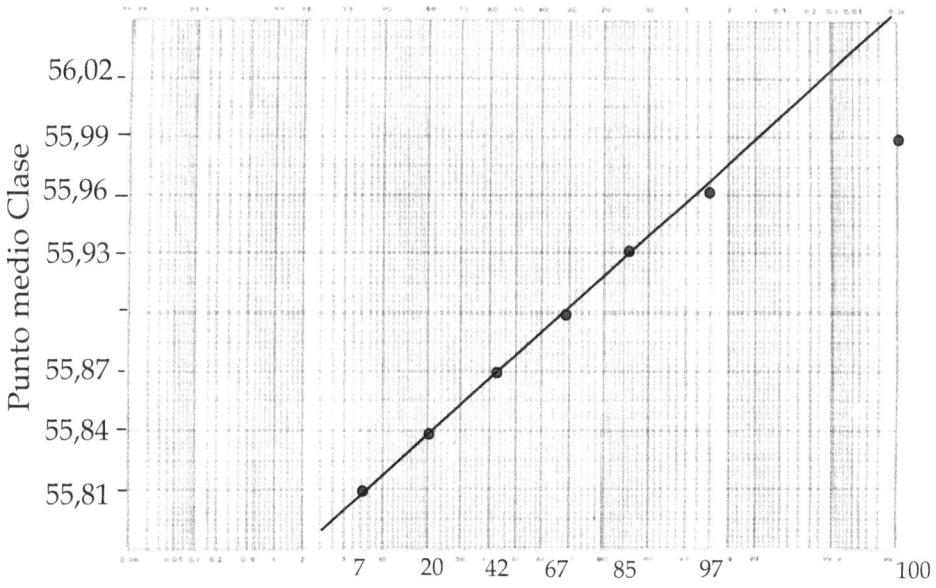

Como se observa en la gráfica, los primeros puntos se ajustan a la recta, pero el punto correspondiente al 100% no sigue la normalidad. Como regla de mano, se suelen eliminar aquellos puntos por debajo del 10% y por encima del 90% para construir la recta, ya que en estas áreas es donde se suelen encontrar los datos anómalos.

g) Resumir en una tabla todos los parámetros determinados.

En la tabla siguiente se resumen todos estos parámetros:

Tabla 9. Resumen de los parámetros determinados

Parámetro	Valor
Tamaño muestra	60
Valor máximo	55,99
Valor mínimo	55,80
Rango	0,19
Media	55,895
Mediana	55,897
Moda	55,897
Desviación media	0,037
Desviación estándar	0,045
Varianza	0,002

3.4 Medidas de la forma de la curva

La forma de la curva permite conocer la disposición de la serie de datos, pudiendo estudiar las siguientes características de la curva:

- *medida de la tendencia central*: nos indica como los datos se agrupan alrededor del punto más alto, o serie en el caso de datos agrupados.
Algunas series de datos tienen más de un punto de máxima concentración y es lo que denominamos bimodal si son 2 puntos y multimodal si son varios.

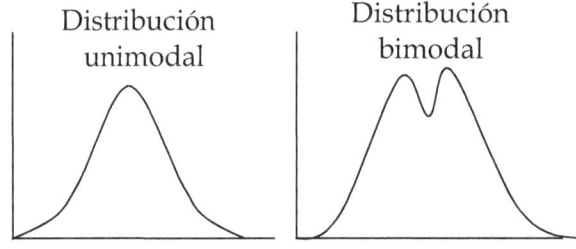

- *medida de la variabilidad*: se observa como se distribuyen los datos alrededor del centro de la distribución. Si la curva de distribución es aplanada y extendida a lo ancho demuestra una mayor variación que si la curva es picuda con base estrecha.

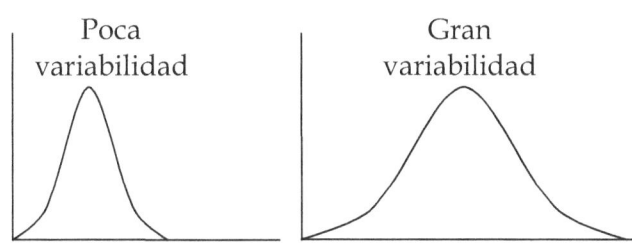

Poca variabilidad · Gran variabilidad

- simetría alrededor del centro: mide si la curva tiene una forma simétrica, es decir, si respecto al centro de la misma (centro de simetría) los segmentos de curva que quedan a la derecha e izquierda son similares.

Para medir el nivel de simetría se utiliza el llamado **coeficiente de asimetría de Fisher**, que viene definido:

$$g_1 = \frac{\frac{1}{n}\sum(x_i - x)^3 \cdot f_i}{\left(\frac{1}{n}\sum(x_i - x)^2 \cdot f_i\right)^{\frac{3}{2}}}$$

En el caso de que el valor:

- *g1 > 0*: sesgo positivo y la distribución tiene cola hacia la derecha. En este caso la Media > Mediana, existiendo mayor concentración de valores a la derecha de la media que a su izquierda.

- *g1= 0*: distribución simétrica. En este caso la Media = Mediana, existiendo la misma concentración de valores a la derecha y a la izquierda de la media. Este valor es difícil de conseguir por lo que se tiende a tomar los valores que son cercanos ya sean positivos o negativos (± 0.5).

- *g1 < 0*: sesgo negativo y la distribución tiene cola hacia la izquierda. En este caso la Media < Mediana, existiendo una mayor concentración de valores a la izquierda de la media que a su derecha.

Curva simétrica · Sesgo positivo · Sesgo negativo

Ejemplo

Con los datos del ejemplo anterior, determinar el coeficiente de asimetría de Fisher g_1

Se determina el valor de g_1 según la tabla:

Tabla 10. Determinación de la simetría

Clase $(L_{i-1}\text{-}L_i)$	Punto Medio(x_i)	Frecuencia, f	$(x_i - \bar{x})$	$(x_i - \bar{x})^2 \cdot f_i$	$(x_i - \bar{x})^4 \cdot f_i$
55,80-55,82	55,81	4	-0,085	0,028900	-0,002457
55,83-55,85	55,84	8	-0,055	0,024200	-0,001331
55,86-55,88	55,87	13	-0,025	0,008125	-0,000203
55,89-55,91	55,9	15	0,005	0,000375	0,000002
55,92-55,94	55,93	11	0,035	0,013475	0,000472
55,95-55,97	55,96	7	0,065	0,029575	0,001922
55,98-60,00	55,99	2	0,095	0,018050	0,001715
			Suma =	0,122700	0,000120

$$g_1 = \frac{\frac{1}{n}\sum (x_i - \bar{x})^3 \cdot f_i}{\left(\frac{1}{n}\sum (x_i - \bar{x})^2 \cdot f_i\right)^{\frac{3}{2}}} = \frac{\frac{1}{60}\cdot 0,000120}{\left(\frac{1}{60}\cdot 0,122700\right)^{\frac{3}{2}}} = 0,02$$

El sesgo es positivo ($g_1 > 0$), aunque por ser el valor muy próximo a cero, esta diferencia es poco significativa y la curva se considera simétrica.

- **apuntamiento o curtosis**: mide si los valores de la distribución están más o menos concentrados alrededor de los valores medios de la muestra. Las medidas de curtosis se aplican a distribuciones campaniformes y se comparan con un modelo de referencia que es la **curva de distribución normal** de Gauss.

El **coeficiente de curtosis** analiza el grado de concentración que presentan los valores alrededor de la zona central de la distribución y se determina

como: $\quad g_2 = \dfrac{\frac{1}{n}\sum (x_i - \bar{x})^4 \cdot f_i}{\left(\frac{1}{n}\sum (x_i - \bar{x})^2 \cdot f_i\right)^2} - 3$

En el caso de que el valor:

- g2 > 0: La curva es apuntada (leptocúrtica) y presenta un elevado grado de concentración alrededor de los valores centrales de la variable.

- $g2 = 0$: La curva es normal y presenta un grado de concentración medio alrededor de los valores centrales de la variable (el mismo que presenta una distribución normal).

- $g2 < 0$: La curva es achatada (platicúrtica) y presenta un reducido grado de concentración alrededor de los valores centrales de la variable.

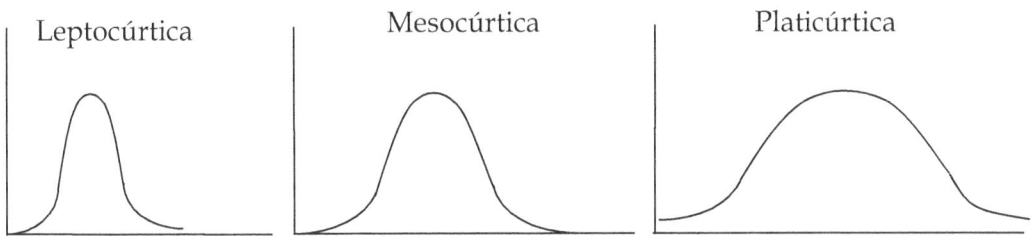

Ejemplo

Con los datos del ejemplo anterior, determinar el coeficiente de curtosis g_2.

Se determina el valor de g_2, según:

Tabla 11. Determinación del apuntamiento

Clase $(L_{i-1}-L_i)$	Punto Medio(x_i)	Frecuencia, f	$(x_i - \bar{x})$	$(x_i - \bar{x})^2 \cdot f_i$	$(x_i - \bar{x})^4 \cdot f_i$
55,80-55,82	55,81	4	-0,085	0,028900	0,000209
55,83-55,85	55,84	8	-0,055	0,024200	0,000073
55,86-55,88	55,87	13	-0,025	0,008125	0,000005
55,89-55,91	55,9	15	0,005	0,000375	0,000000
55,92-55,94	55,93	11	0,035	0,013475	0,000017
55,95-55,97	55,96	7	0,065	0,029575	0,000125
55,98-60,00	55,99	2	0,095	0,018050	0,000163
			Suma =	0,122700	0,000591

$$g_2 = \frac{\dfrac{1}{n}\sum (x_i - \bar{x})^4 \cdot f_i}{\left(\dfrac{1}{n}\sum (x_i - \bar{x})^2 \cdot f_i\right)^2} - 3 = \frac{\dfrac{1}{60}\cdot 0{,}000591}{\left(\dfrac{1}{60}\cdot 0{,}122700\right)^2} - 3 = -0{,}64$$

En este caso, $g2 < 0$ y la curva de la distribución es ligeramente <u>achatada (platicúrtica)</u>, siendo prácticamente normal, presentando una ligera baja concentración alrededor de los valores centrales.

Resumiendo, <u>la curva del ejercicio anterior</u> es: <u>unimodal, con gran variabilidad, sesgo positivo y prácticamente normal</u>, según se muestra en la figura:

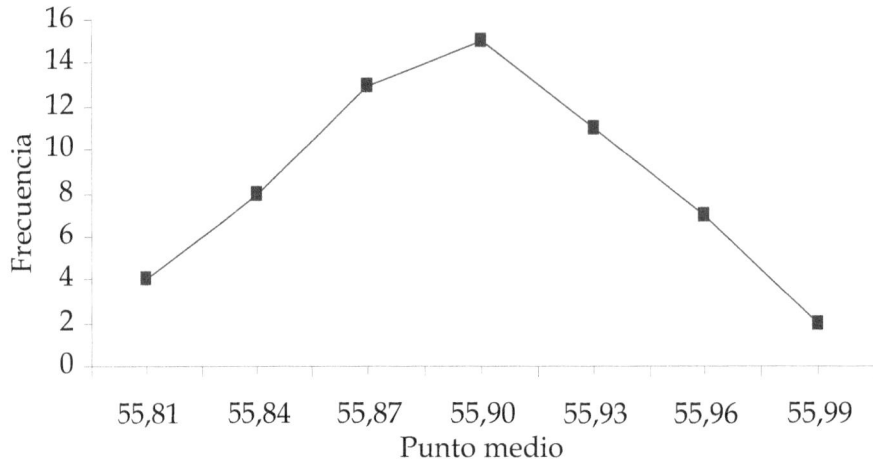

PROBABILIDAD
DISTRIBUCIONES DE PROBABILIDAD

1. Probabilidad

La probabilidad mide la frecuencia con la que se obtiene uno o varios resultados al llevar a cabo un experimento aleatorio, del que se conocen todos los resultados posibles. La teoría de la probabilidad se usa ampliamente en áreas como estadística, matemáticas, ciencia… ya que permite sacar conclusiones sobre determinados sucesos.

1.1 Experimentos

Un **experimento determinista** es aquel que podemos predecir el resultado antes de que se realice, mientras que en un **experimento aleatorio** no podemos predecir el resultado, ya que éste depende del azar.

Ejemplo

Experimento determinista	*Experimento aleatorio*
Si dejamos caer una piedra desde una altura, sabemos, sin lugar a dudas, que la piedra bajará.	*Si lanzamos una moneda no sabemos de antemano si saldrá cara o cruz.*
Si la arrojamos hacia arriba, sabemos que subirá durante un determinado intervalo de tiempo, pero después bajará.	*Si lanzamos un dado no podemos determinar el resultado que vamos a obtener*

1.2 Espacio muestral

El espacio muestral es el conjunto de todos los posibles resultados de un experimento aleatorio, y se representa por la letra E.

Ejemplo
El espacio muestral de lanzar una moneda: E = {Cara, Cruz}, mientras que el espacio muestral de lanzar un dado es: E = {1, 2, 3, 4, 5, 6}.

1.3 Suceso

La teoría de probabilidades se ocupa de asignar un cierto número a cada posible resultado que pueda ocurrir en un experimento aleatorio para saber si un suceso es más probable que otro, siendo el **suceso** cada uno de los resultados posibles de un experimento aleatorio.

Los tipos de sucesos se pueden clasificar de acuerdo al número de elementos del espacio muestral en:

- *suceso simple o elemental*: consta de un único elemento. Si lanzamos un dado, solo puede salir un resultado. *Por ejemplo 5*
- *suceso compuesto*: consta de dos o más elementos.
Ejemplo
Si lanzamos dos dados puede dar como resultado 5, pero este puede ser debido a varios resultados como: 1+4 ó 2+3.
- *suceso seguro* (o cierto): consta de todos los elementos del espacio muestral.
- *suceso imposible*: consta de ningún elemento del espacio muestral.

Ejemplo
Sea el experimento aleatorio: lanzar dos monedas. Determinar a) el espacio muestral b) El suceso de sacar dos caras c) El suceso de sacar al menos una cara d) El suceso sacar una sola cara.

a) El espacio muestral consiste en todos los casos posibles y si denominamos cara por O y cruz por + los resultados son: E= {(O,O); (O,+); (+,O); (+,+)}
b) El suceso A = {sacar dos caras} = {(O,O)} y como vemos solo cabe un resultado de los cuatro posibles
c) El suceso B = {sacar al menos una cara}= {(O,O,); (O,+); (+,O)} observando que pueden darse tres resultados de los cuatro posibles.
d) El suceso C = {sacar una sola cara}= {(O,+); (+,O)} viendo que pueden darse dos resultados de los cuatro posibles.

1.4 Definición de probabilidad
Según la definición clásica la **probabilidad** es la relación que existe entre los casos favorables de darse (h) y todos los casos posibles (n): $P= h/n$.
En esta proporción, el numerador es el número de veces que ocurre un suceso, mientras que el denominador es ese mismo número sumado al número de veces que **no** ocurre ese suceso.

Ejemplo
Según la definición de Probabilidad, determinar la probabilidad de los sucesos vistos en el ejemplo anterior.
1. *P(A)= P{sacar dos caras}=1/4 = 0,25 = 25%, siendo 4 todos los casos posibles*
2. *P(B)= P {sacar al menos una cara}=3/4 = 0,75 = 75%*
3. *P(C) =P {sacar una sola cara}= 2/4= 0,5=50%*

Podemos distinguir entre los sucesos:

- *independientes*: cuando la probabilidad de que salga uno no se vea afectado por el otro, expresándose la probabilidad como el producto de la probabilidad de los dos sucesos independientes: $P (A_1 y A_2)=P (A_1). P (A_2)$

Ejemplo

Si lanzamos dos monedas al aire, la probabilidad de que salgan dos caras (suceso independiente uno de otro, ya que el que salga una cara en una moneda no influye sobre la otra) es:

$$P (A_1 \text{ y } A_2)= P \{sacar \text{ } dos \text{ } caras\}=1/2 \text{ . } 1/2 =1/4 = 0,25 = 25\%$$

- **dependientes**: cuando la probabilidad de que salga un resultado se ve afectado por el otro, expresándose la probabilidad como el producto de la probabilidad de los dos sucesos: $P(A_1 \text{ y } A_2)=P(A_1) \times P(A_2|A_1)$, donde $P(A_2|A_1)$: se lee como probabilidad de que ocurra el suceso A_2 dado por ocurrido el suceso A_1.

Ejemplo

En un experimento de Mendel hay 20 guisantes verdes y 30 guisantes amarillos en una caja. Determinar la probabilidad de que los dos primeros guisantes extraídos aleatoriamente de una muestra sean de color verde..

Observamos que el caso depende de dos sucesos dependientes, ya que el sacar el primer guisante verde afecta a la extracción del segundo guisante, si se hace la extracción sin reposición. Esto se expresa matemáticamente como:

$P (A_1 \text{ y } A_2) = P \{sacar \text{ } dos \text{ } guisantes \text{ } verdes \}=P(A_1) \times P(A_2|A_1) =$

$$20/50 \times 19/49 = 0,155= 15,5 \%$$

- **mutuamente excluyentes**: son sucesos en que la ocurrencia de uno impide que se realice el otro: $P (A_1 \text{ o } A_2)= P(A_1) + P(A_2)$

Ejemplo

Al lanzar una moneda, el suceso {salir cara} es mutuamente excluyente con {salir cruz} y viceversa.

Ejemplo

Determinar la probabilidad de que salga 2 ó 4 al lanzar un dado

El que ocurra un suceso impide que salga el otro. En este caso la Probabilidad se expresa como adición de los dos sucesos:

$P (A_1 \text{ o } A_2)= P(A_1) + P(A_2)= P\{sacar \text{ } 2\} + P\{sacar \text{ } 4\}=P (2 \text{ o } 4)= P(2) + P(4)= 1/6 + 1/6 = 2/6.$

- **mutuamente no excluyentes**: son sucesos en el que ocurre A_1 o A_2 o ambos: $P (A_1 \text{ o } A_2)= P (A_1)+ P (A_2)- P (A_1 \text{ y } A_2)$

Ejemplo

En un laboratorio de investigación trabajan 11 investigadores, de los cuales 5 son hombres y 8 usan lentillas. ¿Cuál es la probabilidad de que uno de los 11 investigadores sea hombre **o** use lentillas?

Los sucesos no son mutuamente excluyentes, ya que al extraer como muestra un investigador, puede ser hombre y usar lentillas.

Sea A_1 el suceso "ser hombre" y A_2 el suceso "usar lentillas".

Por tanto, $P (A_1 \text{ o } A_2)= P(A_1)+ P(A_2)- P (A_1 \text{ y } A_2)$

$P \{ser \text{ } hombre \text{ } o \text{ } usar \text{ } lentillas\}= P\{ser \text{ } hombre\} + P\{usar \text{ } lentillas\}- P\{ser \text{ } hombre \text{ } y \text{ } usar \text{ } lentillas\} = 5/11+ 8/11- 5/11 . 8/11 =103/121= 0,85 = 85\%$

También puede asociarse la probabilidad a la **frecuencia relativa (**proporción en que se da cada uno de los resultados) de un suceso, cuando el número de observaciones es muy grande, siendo la probabilidad, desde un punto de vista matemático, el límite de la frecuencia relativa cuando el número de datos crece indefinidamente.

2. Variable aleatoria

Una variable aleatoria es una variable que podemos expresar mediante un número que tiene una probabilidad determinada. Ésta, a su vez la podemos subdividir en:

> *- Variable discreta*: aquella que solo puede tomar ciertos valores, de forma que entre dos cualesquiera de sus valores no existe ningún otro.
> Ejemplo
> *El número de hijos de una familia, el de obreros de una fábrica o el de alumnos de la universidad. Nadie dice que tiene 3,5 hijos.*

> *-Variable continua*: aquella que puede tomar cualquier valor dentro de un intervalo.
> Ejemplo
> *El peso de una persona adulta puede ser cualquier valor en un intervalo (50-200) y por tanto será una **variable continua**. En muchas ocasiones no es posible obtener cualquier valor ya que los aparatos de medida dificultan que puedan existir todos los valores del intervalo. En este caso la balanza de pesaje nos dará un resultado que aparentemente parece discreto, pero una persona puede pesar 74,1234567…. kg, si la balanza permitiera apreciarlo.*

Las variables se denotan por las letras finales del alfabeto castellano. Se utilizan letras mayúsculas X, Y,... para designar variables aleatorias, y las respectivas minúsculas (x, y, ...) para designar los valores concretos de las mismas.

2.1 Función de Probabilidad
Una función de probabilidad es una función que asocia a cada punto del espacio muestral una probabilidad.
La **función de probabilidad** de una variable aleatoria discreta X es una función que se representa como f(x) y es: $f(x) = P(X = x)$

2.2 Distribución de probabilidad
Una distribución de probabilidad es una gráfica, tabla o fórmula que da el valor de la probabilidad para cada valor de la variable aleatoria.

Una distribución de probabilidad de una variable aleatoria debe cumplir:
  - $\Sigma P_i = P_1 + P_2 + P_3 + \cdots + P_n = 1$
  - $0 \leq P_i \leq 1$ donde P_i es la probabilidad asociada para cada valor de la variable x_i .

Ejemplo

Supongamos que lanzamos dos monedas: la cara vale 1 y la cruz vale 0. Entonces, las posibilidades y probabilidad se muestran en la siguiente tabla:

	O (1)	+ (0)
O (1)	OO (1 + 1 = 2)	O+ (1+ 0 = 1)
+ (0)	+O (0 +1 = 1)	++ (0 + 0 = 0)

La probabilidad de obtener de suma 2 es que salgan las dos caras y por tanto, solo un caso posible, que salga 1, dos casos posibles y que no salga ninguna cara, un solo caso posible.

X	P (X = x)
$x_1 = 0$	1/4
$x_2 = 1$	2/4
$x_3 = 2$	1/4

*Sumando todos los casos, vemos que solo hay 4 casos posibles y los datos se resumen en la **tabla**, constituyendo una **distribución de probabilidad**.*

*La variable X es una variable aleatoria <u>discreta</u> (por tomar solo ciertos valores) y los valores que puede tomar en cada experimento lo podemos expresar como X= {0, 1, 2} y $P (X = x_i)$ es la **función de probabilidad** que representa la probabilidad de que la variable aleatoria tenga un valor determinado.*

Como observamos, cumple las dos condiciones de la distribución de probabilidad:

$-\Sigma P_i = P_1 + P_2 + P_3 = 1/4 + 2/4 + 1/4 = 4/4 = 1$

$-0 \le P_i \le 1$; $0 \le 1/4 \le 1$; $0 \le 2/4 \le 1$; $0 \le 1/4 \le 1$, donde se ve que los tres valores también cumplen la segunda condición.

*Otra forma de ver una distribución de probabilidades es en **forma gráfica**. Para ello representamos la función $P (X=x_i)$ frente a la variable X obteniendo la <u>distribución de probabilidad</u> en forma gráfica. Una distribución de probabilidad nos indica todos los valores que pueden representarse como resultado de un experimento y su representación es similar a la distribución de frecuencias relativas.*

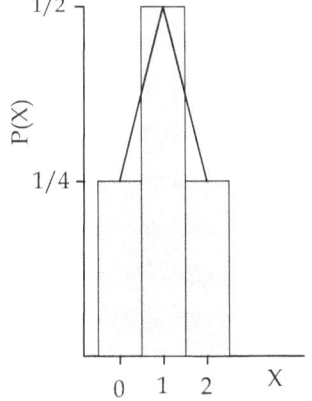

Observar que la probabilidad se puede obtener multiplicando la base del rectángulo que es 1 por la altura en cada caso.
Así, por ejemplo: P (1)=1 . 1/2=1/2= 50%.

*Esta relación **entre probabilidad y área es muy útil en estadística**, como veremos más adelante.*

2.3 Función de distribución:

En muchas casos no nos interesa tanto conocer la probabilidad de que la variable aleatoria   X tome exactamente un determinado valor x, sino conocer la probabilidad de que tome valores menores o iguales que un cierto valor x.

Para estos casos es necesario **acumular** los distintos valores de la función de probabilidad hasta el valor deseado y para ello se utiliza una nueva función denominada *función de distribución*.

Sea X una variable aleatoria. La probabilidad de que X sea menor o igual que un valor x , se escribe $P (X \le x)$ y esta probabilidad será función de x. A esta función la designamos por: $F(x) = P (X \le x)$ y se llama **función de distribución**.

En definitiva, la **función de distribución** asocia a cada valor de la variable aleatoria la **probabilidad acumulada** hasta ese valor.

La función de distribución se define para todos los números reales, no sólo para los valores de la variable. Su máximo es siempre 1 pues cuando el valor que se sustituye es mayor o igual que el valor máximo de la variable, la probabilidad de que ésta tome valores menores o iguales que el sustituido es la probabilidad del espacio muestral. Normalmente, sus valores se dan de forma tabular. Supongamos, por ejemplo que los valores de la variable X sean $x_1, x_2, x_3, ... , x_n$.

$$F(x) = \begin{cases} x<x_1 & 0 \\ x_1 \le x < x_2 & f(x_1) \\ x_2 \le x < x_3 & f(x_1) + f(x_2) \\ \dots\dots\dots & \dots\dots \\ x_n \le x & f(x_1) + f(x_2) + ... + f(x_n) = 1 \end{cases}$$

Ejemplo

1. Calcular la función de distribución de probabilidad de las puntuaciones obtenidas al lanzar dos monedas, si las caras valen 1 y las cruces 0.

La función de distribución se muestra en la tabla:

$F(x)$	$x<0$		0	0
	$0 \le x < 1$	$f(x_1)= P(X = x_1)$ $P(0)=$	1/4	1/4
	$1 \le x < 2$	$f(x_1) + f(x_2)= P(0)+P(1)=$	2/4+1/4=	3/4
	$2 \le x$	$f(x_1) + f(x_2) + f(x_3)=P(0) +P(1)+P(2)=$	2/4+1/4+1/4=	1

Observar que f(x) es la función de probabilidad de una variable aleatoria discreta X y es:
$f(x) = P(X = x)$

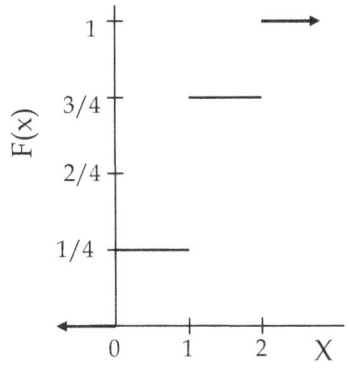

La representación de una función de distribución de probabilidad discreta es una gráfica escalonada y creciente y si x tiende a infinito la función vale 1.

2.4 Esperanza matemática

Para una variable aleatoria discreta X que asume los valores x_i con la probabilidad p_i, la esperanza, valor esperado o media es:

$$\mu = x_1 \cdot p_1 + x_2 \cdot p_2 + x_3 \cdot p_3 + ... = \sum x_i \cdot p_i$$

La varianza y la desviación estándar se determinan como:

$$\sigma^2 = \sum x_i^2 \cdot p_i - \mu^2 \qquad ; \qquad \sigma = \sqrt{\sum x_i^2 \cdot p_i - \mu^2}$$

Ejercicio

Se lanza un par de monedas. Se define la variable aleatoria X como la suma de las puntuaciones obtenidas, supuesto que la cara vale 1 y la cruz vale cero. Hallar la esperanza matemática (media) la varianza y la desviación típica.

En la tabla se muestran los resultados

x	p_i	$x.p_i$	$x^2.p_i$
0	1/4	0	0
1	2/4	2/4	2/4
2	1/4	2/4	4/4
	Suma	4/4	6/4

Media	$\mu = \sum x_i \cdot p_i = 4/4 = 1$
Varianza	$\sigma^2 = \sum x_i^2 \cdot p_i - \mu^2 = 6/4 - 1^2 = 5/4$
Desviación típica	$\sigma = \sqrt{\sum x_i^2 \cdot p_i - \mu^2} = \sqrt{5/4} = 1,12$

3. Distribuciones de probabilidad discreta

Entre las distribuciones más importantes de *probabilidad discreta* se encuentran las distribuciones: hipergeométrica, binomial y de Poisson.

3.1 Función de distribución hipergeométrica

Esta distribución aparece en procesos de **muestreo sin reemplazamiento** en los que se investiga la presencia o ausencia de cierta característica.

En la distribución hipergeométrica, se considera:
- *una población finita* formada por **N** elementos
- *una muestra* sin reemplazamiento, extraída al azar y formada por **n** elementos
- *una cierta característica* A (p.e. ser defectuosa) que se presenta en cada **D** individuos de la población.

Si llamamos **p** a la probabilidad de que el suceso se presente y a la variable x como el "número de elementos de la muestra que tienen la característica A" la *distribución hipergeométrica,* se representa como $X \equiv H(N, n, p)$, donde **p** = *casos favorables/casos posibles* = **D/N**

La Probabilidad para un número de elementos con la característica A se determina como: $p(X = x) = \dfrac{\binom{D}{x} \cdot \binom{N-D}{n-x}}{\binom{N}{n}}$ donde $\binom{m}{n}$ se refiere al número de combinaciones posibles al seleccionar m elementos de un total de n (Ver Apéndice 1).

En el numerador, el producto representa muestras de n objetos en donde hay x que son defectuosos y n-x no defectuosos. El denominador representa todas las muestras posibles de seleccionar n objetos tomados entre N objetos en total.

Ejemplo
En un proceso de fabricación se muestrean lotes de 25 unidades de vasos de precipitados y se controlan mediante el siguiente plan de muestreo: se toman 5 unidades de muestra y se acepta el lote si hay 1 o menos rotos. Indicar la probabilidad de aceptar el lote con 2 vasos rotos.

1° Vamos a ver si se trata de una distribución hipergeométrica:
        *-una población formada por **N** elementos: 25 unidades*
        *-una muestra extraida al azar y formada por **n** elementos: 5 u.*
        *-una cierta característica A (estar roto) que se presenta en **D** vasos: 2 u.*

2° Si X representa el número de de vasos rotos en la muestra.
P(aceptar lote)= P(X=0 ó X=1) = P(X=0) + P(X=1) ya que los sucesos de encontrar 0 ó 1 vaso rotos son mutuamente excluyentes:

$$P(X = 0) = \frac{\binom{2}{0} \times \binom{23}{5}}{\binom{25}{5}} = \frac{\dfrac{2!}{0! \times (2-0)!} \times \dfrac{23!}{5! \times (23-5)!}}{\dfrac{25!}{5! \times (25-5)!}} = \frac{1 \times 33649}{53130} = 0,63 \; ; \; 0! \; es \; 1$$

$$P(X = 1) = \frac{\binom{2}{1} \times \binom{23}{4}}{\binom{25}{5}} = \frac{\dfrac{2!}{1! \times (2-1)!} \times \dfrac{23!}{4! \times (23-4)!}}{\dfrac{25!}{5! \times (25-5)!}} = \frac{2 \times 8855}{53130} = 0,33$$

P *(aceptar el lote)=0,63+0,33 = 0,96* =96 %

En algunos casos, en lugar de usar como dato D, es posible que tengamos la proporción existente, $p = D/N$.

Algunas propiedades de la distribución hipergeométrica son :

Parámetro	Fórmula
Media	$\mu = N \cdot p = n \cdot \dfrac{D}{N}$
Varianza	$\sigma^2 = \dfrac{N-n}{N-1} \cdot n \cdot p \cdot (1-p)$
Desviación típica	$\sigma = \sqrt{\dfrac{N-n}{N-1} \cdot n \cdot p \cdot (1-p)}$

3.2 Función de distribución binomial

En la distribución binomial también denominada función de la distribución de Bernoulli, se considera:

-*una población* formada por infinitos elementos cuyos elementos pertenecen a dos categorías mutuamente excluyentes.

Por ejemplo, un producto puede ser defectuoso o no, un paciente puede estar enfermo o sano....

-*una muestra* de tamaño n es extraída de la población.

-*una característica* "A" que se presenta en cada individuo con una probabilidad p

La variable aleatoria X se define como "número de elementos de la muestra que tienen la característica A" y se representa como $X \equiv B(n, p)$

Si p es la probabilidad de que ocurra el éxito en un solo ensayo y $q = 1-p$ que ocurra el fallo, entonces la probabilidad de que el suceso se presente k veces en n ensayos (k éxitos y n-k fallos), viene dada por: $P(X = k) = \dfrac{n!}{k! \cdot (n-k)!} \cdot p^k \cdot q^{n-k}$

donde:

- n es el número de pruebas.
- k es el número de éxitos con valores de 0, 1, 2, 3..., n
- p es la probabilidad de éxito.
- q es la probabilidad de fracaso.
- $n! = n. (n-1). (n-2). (n-3)........1$ y $0! = 1$

Ejemplo

Un laboratorio afirma que un medicamento causa efectos secundarios en una proporción del 2 %. Para contrastar esta afirmación, otro laboratorio independiente elige al azar a 5 pacientes a los que se aplica el medicamento. ¿Cuál es la probabilidad a) de que ningún paciente tenga efectos secundarios b) al menos dos pacientes tengan efectos secundarios.

1° *Vamos a identificar los elementos de la distribución binomial:*

> *- una población formada por infinitos elementos. Es evidente que esto no es cierto y está condicionado por planteamientos matemáticos exclusivamente. Por lo tanto, hay que suponer que en muestras de miles de individuos se obtiene una fiabilidad casi idéntica a la que se obtendría con una población de infinitos elementos.*
> *- una muestra de tamaño 5*
> *- una característica A: tener efectos secundarios, que se presenta en cada individuo con una probabilidad p.*

La probabilidad de que un paciente sufra efectos secundarios es p = 2/100 = 0,02 y de que no sufra efectos es (q = 1-0,02 = 0,98).

a) Aplicando la fórmula anterior, la probabilidad de que ningún paciente de los 5 elegidos tenga efectos secundarios sería:

$$P(X = 0) = \frac{5!}{0! \cdot (5-0)!} \cdot 0,02^0 \cdot 0,98^5 = \frac{120 \cdot 1 \cdot 0,904}{1 \cdot 120} = 0,904 = 90,4\%$$

b) La probabilidad de que 1 paciente de los 5 elegidos tengan efectos secundarios sería:

$$P(X = 1) = \frac{5!}{1! \cdot (5-1)!} \cdot 0,02^1 \cdot 0,98^4 = \frac{120 \cdot 0,02 \cdot 0,922}{1 \cdot 24} = 0,0922 = 9,22\%$$

Por tanto, la probabilidad de que al menos 2 pacientes de los 5 elegidos tengan efectos secundarios será:

$$P(X \geq 2) = 1 - P(X < 2) = 1 - [P(X = 0) + P(X = 1)] = 1 - [0,904 + 0,0922] = 0,0038 = 0,38\%$$

Ejemplo
Si el 5 % de los matraces calibrados por un equipo de calibración son defectuosos. Determinar la probabilidad de que 4 matraces elegidos al azar 1 sea defectuoso

La probabilidad de que el matraz sea defectuoso es del 0,05 y de que el matraz no sea defectuoso es: 1-0,05= 0,95. Aplicando la fórmula vista anteriormente:

$$P(X = 1) = \frac{n!}{k! \cdot (n-k)!} \cdot p^k \cdot q^{n-k} = \frac{4!}{1! \cdot (4-1)!} \cdot 0,05^1 \cdot 0,95^4 = 0,16 = 16\%$$

Algunas propiedades de la distribución binomial son:

Parámetro	Fórmula
Media	$\mu = n \cdot p$
Varianza	$\sigma^2 = n \cdot p \cdot q = n \cdot p \cdot (1-p)$
Desviación típica	$\sigma = \sqrt{n \cdot p \cdot q}$

Ejemplo

La probabilidad de que una pieza sea defectuosa es 0,1. Hallar a) la media y b) la desviación típica para un lote de 400 piezas.

a) *la media de piezas defectuosas sería:* $\mu = n \cdot p = 400 \cdot 0,1 = 40$

b) *la desviación típica sería:* $\sigma = \sqrt{n \cdot p \cdot q} = \sqrt{400 \cdot 0,1 \cdot 0,9} = \sqrt{36} = 6$

3.3 Función de distribución Poisson

La función de distribución de Poisson, también denominada de los sucesos raros ya que se aplica a sucesos con probabilidad muy baja de ocurrir, se considera:

> - *una muestra* de tamaño infinito.
> - *una cierta característica* "A" que se presenta en cada individuo con una probabilidad *p* muy pequeña de presentarse en un elemento concreto de la muestra $(p{\rightarrow}0)$
> - *un promedio moderado de elementos* (λ) de la muestra que tienen la característica A y siguen la distribución de Poisson.

La variable aleatoria *X* se define como "número de elementos de la muestra que tienen la característica A" y se representa como $X \equiv Ps(\lambda)$

La distribución de probabilidad discreta se determina como: $P(X = k) = \dfrac{e^{-\lambda} \cdot \lambda^{k}}{k!}$

para valores de k=0, 1, 2,... , donde e = 2,71828 es la base de los logaritmos neperianos y λ es una constante.

Algunas propiedades de la distribución de Poisson son:

Parámetro	Fórmula
Media	$\mu = \lambda$
Desviación típica	$\sigma = \sqrt{\lambda}$

Ejemplo

El control de la calidad del esmaltado de las puertas de unos frigoríficos se realiza tomando 2 unidades y contando el número de defectos que aparecen. El promedio de defectos que se ha tenido hasta el presente es 1,3 (entre las 2 unidades) ¿Cuál es la probabilidad de que, sin cambios en el proceso, aparezca una muestra con más de 5 defectos?

1º Identificamos los elementos de la distribución:

> *-una muestra de tamaño infinito*
> *-una característica A que son los defectos del esmaltado*
> *-un promedio moderado de elementos $(\lambda = 1,3)$ de la muestra que tienen la característica A y siguen la distribución de Poisson.*

2° Si se define k como el número de de defectos

$$P(X > 5) = 1 - [P(X = 0) + P(X = 1) + P(X = 2) + P(X = 3) + P(X = 4) + P(X = 5)]$$

$$P(X = 0) = \frac{e^{-1,3} \cdot 1,3^0}{0!} = 0,273 \; ; \qquad P(X = 1) = \frac{e^{-1,3} \cdot 1,3^1}{1!} = 0,354$$

$$P(X = 2) = \frac{e^{-1,3} \cdot 1,3^2}{2!} = 0,230 \qquad P(X = 3) = \frac{e^{-1,3} \cdot 1,3^3}{3!} = 0,100$$

$$P(X = 4) = \frac{e^{-1,3} \cdot 1,3^4}{4!} = 0,032 \qquad P(X = 5) = \frac{e^{-1,3} \cdot 1,3^5}{5!} = 0,008$$

Por tanto:
$$P(X > 5) = 1 - [0,273 + 0,354 + 0,230 + 0,100 + 0,032 + 0,008] = 1 - 0,998 = 0,002 = 0,2\%$$

Ejemplo

La probabilidad de que un individuo sufra una reacción por una inyección de un determinado suero es del 1 por mil (0,001). Determinar la probabilidad de que de un total de 2000 individuos a) exactamente 3 tengan reacción b) más de dos individuos tengan reacción.

A veces la distribución de Poisson es utilizada para aproximarse a la distribución binomial. Para ello se considera la aproximación, cuando se dan las dos condiciones:

    1) $n \geq 100$
    2) $np \leq 10$ (Para este caso $n.p = 2000. 0,001 = 2 \leq 10$)

Con esta aproximación, podemos determinar la media para la distribución binomial: $\mu = n \cdot p = 2000 \cdot 0,001 = 2$ y como la media de la distribución binomial se aproxima a la media de Poisson ($\mu = \lambda$), se determina que $\lambda = 2$.

a) La probabilidad de que 3 individuos tengan reacción es: $P(3) = \dfrac{e^{-2} \cdot 2^3}{3!} = 0,18 \ = 18\%$

b) La probabilidad de que más de dos individuos tengan reacción es:

$$P(X > 2) = 1 - [P(X = 0) + P(X = 1) + P(X = 2)]$$

$$P(X = 0) = \frac{e^{-2} \cdot 2^0}{0!} = 0,135 \; ; \; P(X = 1) = \frac{e^{-2} \cdot 2^1}{1!} = 0,271 \; ; \; P(X = 2) = \frac{e^{-2} \cdot 2^2}{2!} = 0,271$$

Por tanto: $P(X > 2) = 1 - [0,135 + 0,271 + 0,271] = 1 - 0,677 = 0,323 = 32\%$

3.4 Función de distribución para la "curva de bañera"

En la puesta en marcha y mantenimiento de equipos instrumentales hay que tener en cuenta la curva de bañera que representa el funcionamiento de los equipos de laboratorio. La tasa de fallos en un instrumento de análisis tiene forma en curva de bañera con tres etapas diferenciadas:

-*etapa infantil*: corresponde a la etapa inicial del equipo, donde la tasa de fallos es superior a la normal. De ahí la importancia de la puesta en marcha por el fabricante del equipo.

-*etapa normal*: corresponde a la etapa de operación del equipo y durante esta etapa la tasa de fallos que se presentan se denominan aleatorios por ocurrir de forma inesperada.

-*etapa de envejecimiento*: corresponde a la etapa de envejecimiento del equipo, siendo los fallos consecuencia del desgaste del equipo.

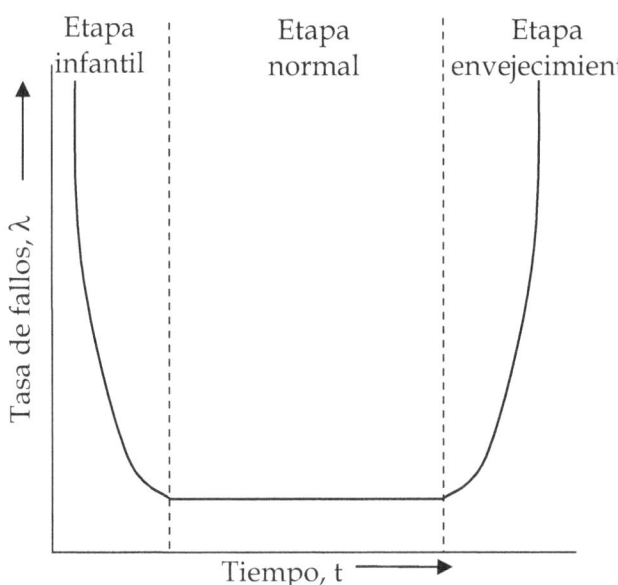

La función que se adapta a esta curva es la distribución de Weibull, que como se puede apreciar en el gráfico, puede utilizarse para modelar tasas de fallo decrecientes, constantes y crecientes en función del tiempo.

Se trata de una función continua, ya que la variable tiempo es continua

4. Distribuciones de Probabilidad continua

Las ideas anteriores se pueden generalizar al caso en que la función de distribución sea una función continua. El diagrama de distribución de frecuencias (polígono de frecuencias relativas) da lugar a una curva continua que representa la distribución de probabilidad de una variable continua.

Las distribuciones de probabilidad de variable continua se definen mediante una función F(x), llamada **función de distribución**, cuyas propiedades son:

- *el área encerrada bajo la totalidad de la curva y el eje de las X es 1* y debido a esto, <u>existe una correspondencia entre área y probabilidad</u>.

- *el área bajo la curva entre dos rectas x = a y x= b nos da la probabilidad de que x se encuentre entre a y b*: $P(a \leq x \leq b)=F(b)-F(a)$

- *la probabilidad de sucesos puntuales es 0*: $P(x = a)=0$

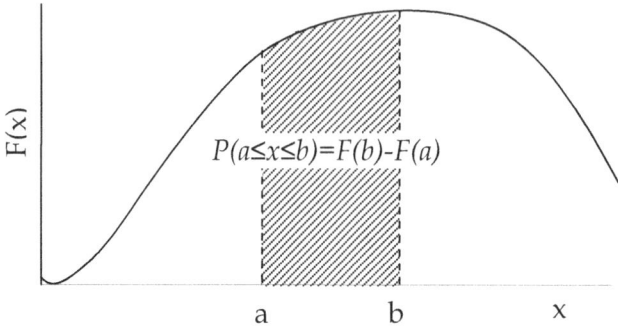

$$P(a \leq x \leq b) = F(b) - F(a)$$

Para evitar la realización de complejas operaciones matemáticas que conduzcan a la obtención del área buscada, se utiliza la llamada **función de densidad acumulada**, cuya expresión es: $F(a) = P(X \leq a)$.

Existen varias distribuciones de probabilidad continua, como la distribución rectangular o uniforme, siendo las principales : la distribución normal de Gauss y la distribución de Student.

4.1 Distribución rectangular o uniforme

La distribución rectangular aparece en los casos en los que la densidad de probabilidad es constante en un intervalo dado. En metrología se utiliza:

1) Cuando un certificado u otra especificación da unos límites sin especificar intervalos de confianza.
Por ejemplo, el valor indicado en un matraz aforado: 25 ± 0.05 ml.

2) Cuando se da una estimación en forma de un intervalo máximo ($\pm a$) y no se conoce la forma de la distribución.

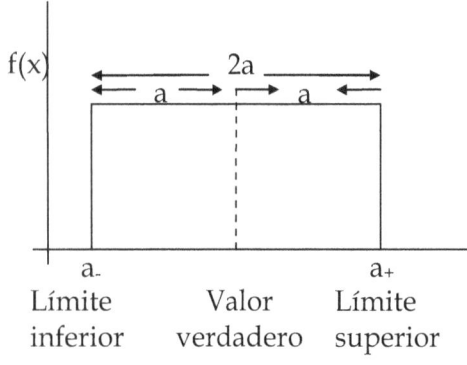

En el caso de calibrado de material y por estar entre dos límites la tolerancia, la mejor estimación de la varianza viene dada por: $s^2 = \dfrac{a^2}{3}$, donde a: es el ancho de la distribución, como se muestra en la figura anexa.

Ejemplo

Una serie de matraces está calibrado como 500 ± 1 ml. Si un matraz es seleccionado aleatoriamente. Indica la probabilidad a) que contenga menos de 500 ml b) que contenga entre 498 y 502 ml c) que contenga más de 501 ml d) esté entre 499,5 y 500 ml.

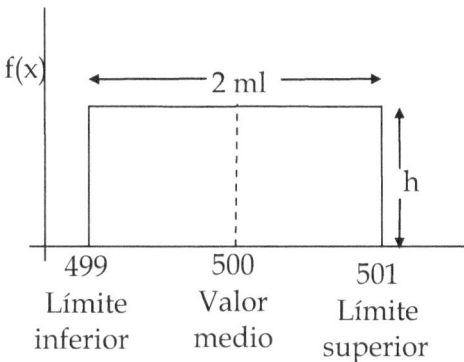

La probabilidad corresponde al área y como el área encerrada bajo la totalidad de la curva y el eje de las X debe ser 1 determinamos el valor de la altura del rectángulo según: 2.h=1=>h=0,5

Para los casos expuestos:

a) P(x<500)= (500-499).0,5 =0,5=50%

b) Teniendo en cuenta que fuera de los límites (499-501) la probabilidad es cero, resulta:
P (498<x<502)= P (498<x<499) + P (499<x<501) + P (501<x<502) = 0 + 1 + 0 = 1=>
Certidumbre total

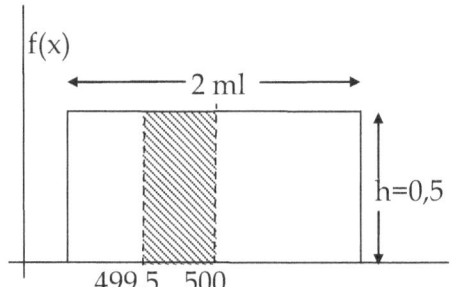

c) P(x>501) = 0=>Imposibilidad

d) El área corresponde al rectángulo rayado:
P (499,5<x<500)= (500-499,5).0,5= 0,25 = 25%

4.2 Distribución normal o de Gauss

La distribución normal, también llamada distribución de Gauss o distribución gaussiana, es la distribución de probabilidad que con más frecuencia aparece en estadística y teoría de probabilidades. Esto se debe a dos razones fundamentalmente:

- ***su función de densidad es simétrica*** y con forma de campana, lo que favorece su aplicación como modelo a un gran número de variables estadísticas.

- ***es límite de otras distribuciones*** (Hipergeométrica, Binomial, Poisson), apareciendo relacionada con multitud de resultados ligados a la teoría de las probabilidades, gracias a sus propiedades matemáticas.

La **distribución normal o función de densidad de probabilidad** es la función que nos da la probabilidad de obtener un determinado valor de la variable, expresándose como: $f(x) = \dfrac{1}{\sigma\sqrt{2\pi}} \cdot e^{-\frac{1}{2}\left(\frac{x-\mu}{\sigma}\right)^2}$, donde x es la medida del parámetro y está definida entre $-\infty$ y $+\infty$, μ es la media (valor más probable de la población) y σ es la desviación estándar de la población.

Los parámetros que definen la distribución normal son μ y σ, ya que conociendo su valor queda totalmente definida la forma de la curva, expresándose la distribución como N (μ, σ)

El valor de μ nos indica la posición del eje de la curva y el valor σ nos indica la anchura de la campana en torno al eje de simetría, y cuanto mayor sea su valor más dispersa será la distribución, y por tanto mayor variabilidad, pudiendo darse algunos casos como se muestran en la figura:

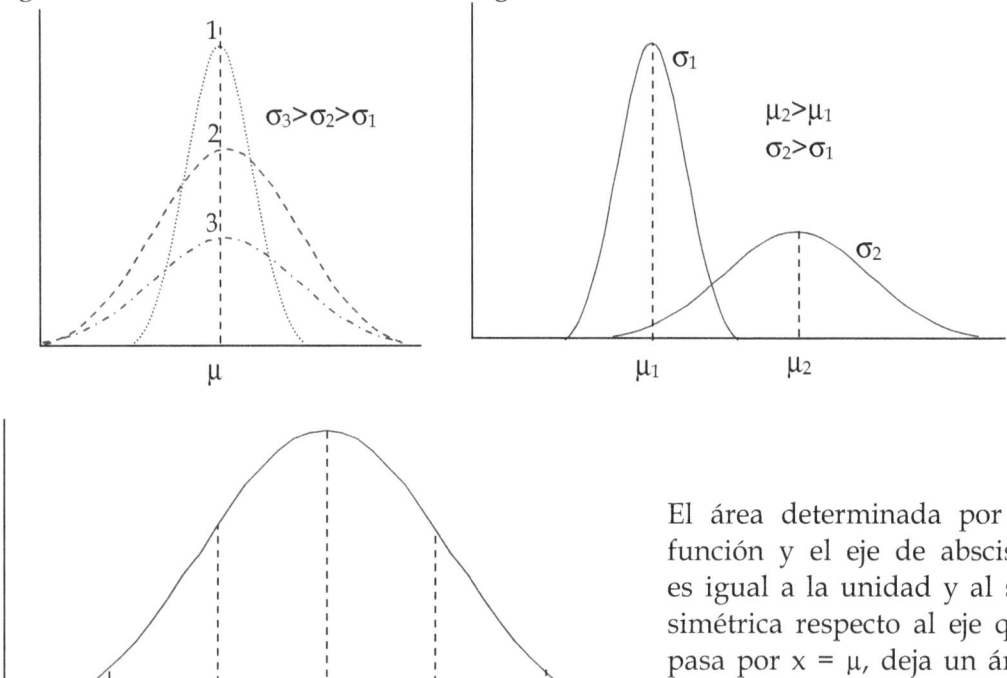

El área determinada por la función y el eje de abscisas es igual a la unidad y al ser simétrica respecto al eje que pasa por x = μ, deja un área igual de 0.5 a la izquierda y otra igual de 0.5 a la derecha.

La probabilidad es el área encerrada bajo la curva:
- $P\ (\mu - \sigma < x \leq \mu + \sigma) = 0.6826 = 68.26\ \%$
- $P\ (\mu - 2\sigma < x \leq \mu + 2\sigma) = 0.954 = 95.4\ \%$
- $P\ (\mu - 3\sigma < x \leq \mu + 3\sigma) = 0.997 = 99.7\ \%$

4.2.1 Distribución Normal Estándar

La función de distribución normal se calcula mediante tablas y puesto que solo hay tablas tipificadas debemos transformar la variable x en una variable tipificada que llamamos z y que es igual a $(x-\mu)/\sigma$. En este caso se dice que z se distribuye normalmente con media cero y varianza 1.

Si sustituimos z por su valor, podemos escribir la fórmula de la distribución normal de la siguiente manera: $f(z) = \dfrac{1}{\sqrt{2\pi}} \cdot e^{-\frac{z^2}{2}}$

Esta fórmula es la de la **Distribución Normal estándar o tipificada,** que es una distribución de probabilidad que tiene de media 0 y 1 de desviación estándar. Como podemos observar, en ella hay un sólo parámetro: z, que incluye la media y la desviación estándar de la población. Esta función está tabulada, y para buscar en la tabla es necesario calcular z, para lo cual necesitamos conocer la media y la desviación estándar de la población.

Al calcular z, lo que estamos haciendo en realidad, es un cambio de variable por el cual movemos la campana de Gauss, centrándola en el 0 del eje X y modificando el ancho para que la desviación estándar sea 1, como se muestra en la gráfica:

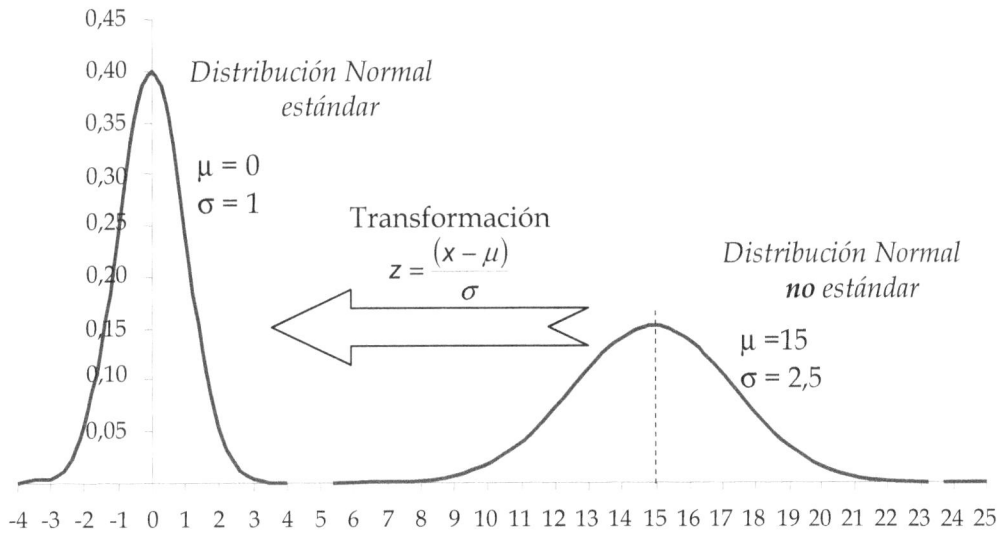

Variables aleatorias x, z

La función de densidad de la anterior distribución normal que se nombra abreviadamente como $N\ (0,1)$ es la que se muestra en la figura anterior y tiene propiedades como:

- *simetría* con respecto al eje Y
- *presentar un máximo* en el punto $x=0$
- *el área total limitada* por la curva y el eje X es 1

La probabilidad de que la variable tome un valor menor o igual a un valor dado **a** viene dada por la función de distribución acumulada $F(z)= P(z \leq a)$, siendo z la variable tipificada y representa el área de la curva.

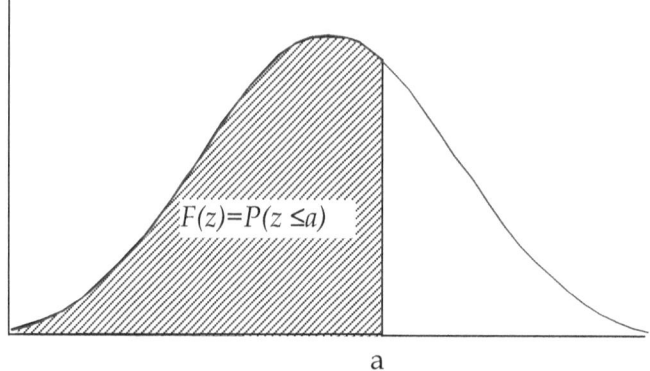

$$F(z)=P(z \leq a)$$

a

Esta función viene tabulada en los apéndices 3 y 4 y representa la probabilidad de que una variable (tipificada) se encuentre entre dos valores.

4.2.2 Manejo de las Tablas estadísticas

Para buscar la probabilidad asociada a un valor x en la tabla:

1° se debe tipificar la variable correspondiente como $z = \dfrac{x - \mu}{\sigma}$

2° La tabla nos da las probabilidades de $P (z \leq a)$, siendo z la variable tipificada.

Estas probabilidades nos dan la función de distribución $F(a) = P(z \leq a)$, pudiendo encontrar los siguientes casos:

a) Búsqueda en la tabla del valor a la izquierda de **a**.
$P (z \leq a)= F(a)$ (leer directamente en la tabla de los valores positivos de z)

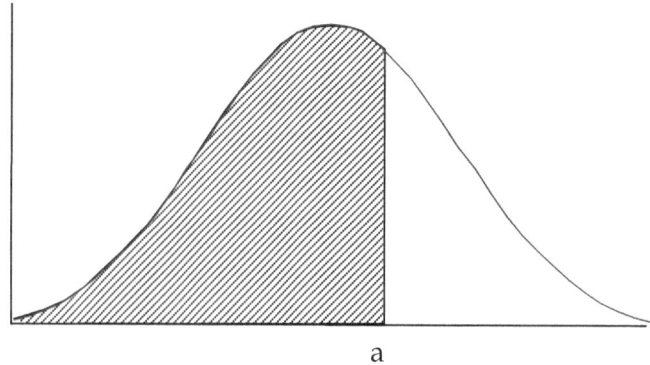

a

Ejemplo

$P (z \leq 1,47) = 0,9292$ *(directamente en la tabla Apéndice 4). Observar las unidades y décimas de z en la columna de la izquierda y las centésimas en la fila de arriba.*

b) Búsqueda en la tabla del valor a la izquierda del valor de **a** negativo
$P\ (z \leq -a) = F(-a)$. Leer directamente en la tabla de los valores negativos de z.

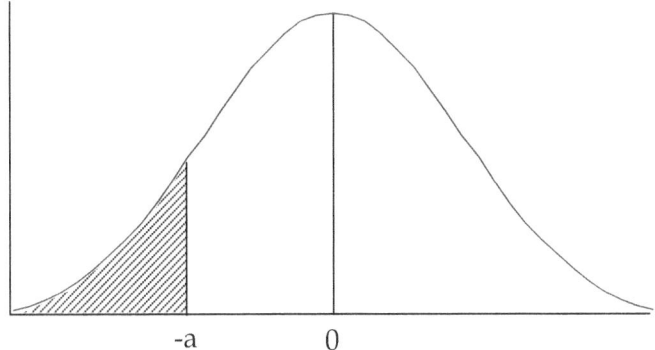

Ejemplo: $P(z \leq -1.47) = 0.0708$, *directamente en el Apéndice 3*

c) Búsqueda en la tabla del valor a la derecha del valor de **a** positivo
$P(z > a) = 1 - P(z \leq a) = 1 - F(a)$ (área total - área entre 0 y a)

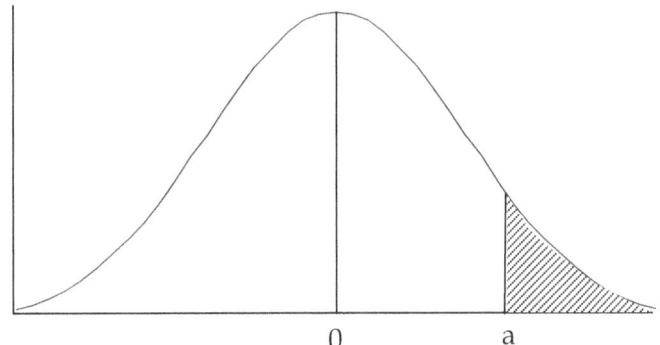

Ejemplo: $P\ (z > 1,47) = 1 - P\ (z \leq 1,47) = 1 - 0,9292 = 0.0708$

d) Búsqueda en la tabla del valor a la derecha del valor de **a** negativo
$P(z > -a) = 1 - P(z \leq -a) = 1 - F(-a)$ (área total - área entre 0 y $-a$)

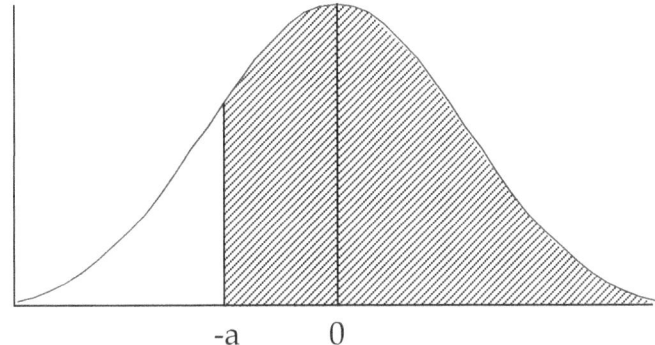

Ejemplo: $P\ (z > -1,47) = 1 - P\ (z \leq -1,47) = 1 - 0,0708 = 0,9292$

e) Búsqueda en la tabla del valor comprendido entre dos valores a y b positivos.

$P(a < z \leq b) = P(z \leq b) - P(z \leq a) = F(b)- F(a)$:   (área hasta b - área hasta a)

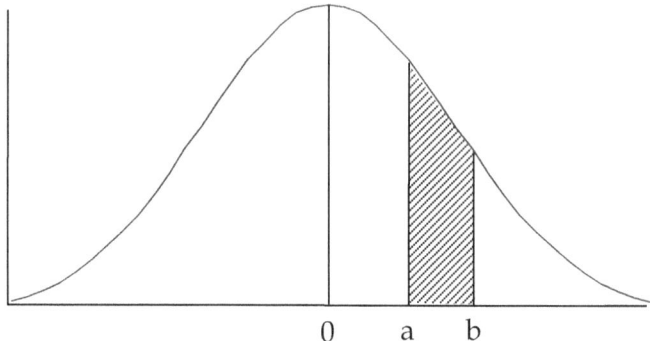

$$0 \quad a \quad b$$

Ejemplo

$P(0.45 < z \leq 1.47) = P(z \leq 1.47) - P(z \leq 0.45) = 0.9292 - 0.6736 = 0.2556$

f) Búsqueda en la tabla del valor comprendido entre dos valores **a** y **b** negativos.

$P (-b < z \leq -a) = F(-a)-F(-b)$ (área hasta $-a$ - área hasta $-b$)

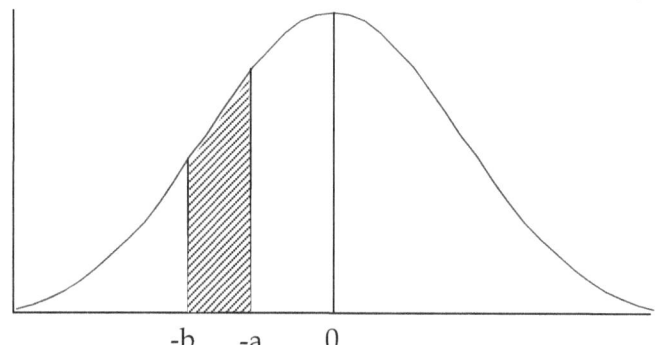

$$-b \quad -a \quad 0$$

Ejemplo

$P(-1.47 < z \leq - 0.45) = F(-0,45)-F(-1,47) = 0,3264-0,0708 = 0.2556$

g) Búsqueda en la tabla del valor comprendido entre dos valores a negativo y b positivo.

$P(-a < z \leq b) = F(b)-F(-a)$ (área hasta b - área hasta $-a$)

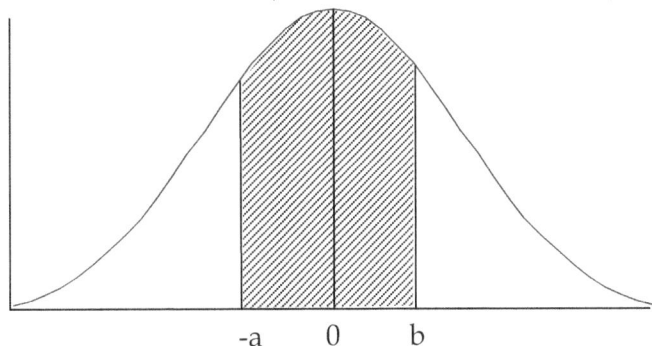

Ejemplo

$P (-1.47 < z \leq 0.45) = F (0,45)-F(-1,47) = 0,6736 - 0,0708 = 0.6028$

h) Búsqueda en la tabla del valor de a cuando se conoce el valor del área (probabilidad).

Cuando conocemos el valor de la probabilidad y se trata de hallar el valor de la abscisa, tenemos que **buscar en la tabla el valor que más se aproxime** a a. Para ello

1º se dibuja una curva normal identificando la región que corresponde a la probabilidad dada. Si esa región no corresponde a una región acumulativa desde la izquierda de la curva, se relaciona con una región acumulativa dada por las tablas.

2º se determina el valor de z usando la región acumulativa localizada en la tabla.

Ejemplo

Para P = 0,75 nos encontramos en la tabla con dos resultados por lo que debemos interpolar:

z	.00	.01	.02	.03	,04	.05	.06	.07	.08	.09
...	...	...	...	...	...	...	...	...	...	...
0,6	...	...	...	...	...	...	...	0,7486	0,7517	...

	z	P
	0,67	0,7486
	0,68	0,7517
Diferencias	0,01	0,0031

Calculando las diferencia entre los valores de la tabla y relacionando :

$$0,0031 \rightarrow 0,01$$
$$(0,75-0,7486) \rightarrow x \quad ; \quad x = \frac{0,01 \cdot 0,0014}{0,0031} = 0,0045$$

Dando como resultado un valor de z= 0,67 + 0,0045= 0,6745

Ejemplo

Se sabe que el calibrado en volumen de los matraces aforados sigue una distribución normal, con una media de 100,00 ml y una desviación típica de 0,25 ml

a) ¿Qué proporción de matraces estará por encima de 100,33 ml?
b) ¿Qué proporción de matraces tendrá un contenido inferior a 99,55 ml?
c) ¿Qué proporción de matraces estará comprendida entre 99,77 y 100,20 ml?
d) Si se desea que sólo un 5% de matraces esté fuera de los límites de control. Indica estos límites de control.

Para solucionar este problema debemos tener en cuenta:

1° Los valores medidos deben ajustarse a una distribución normal

2° Para poder usar las tablas se convierten los valores medidos en unidades tipificadas z.

a) Convertimos el valor de 100,33 ml en unidades tipificadas z como

$$z = \frac{x - \mu}{\sigma} = \frac{(100,33 - 100,00)\, ml}{0,25\, ml} = 1,32 \quad \text{(este resultado nos indica que el valor de 100,33 ml}$$

medido está 1,32 desviaciones estándar por encima de la media).

Buscamos en la tabla del apéndice el valor de z = 1,32 y como lo que buscamos son los matraces que están por encima de este valor, resulta:

P (z>1,32) = 1 − P(z ≤ 1,32) = 1 − 0,9066 = 0.0934.

*Dando una proporción en porcentaje del **9,34 %***

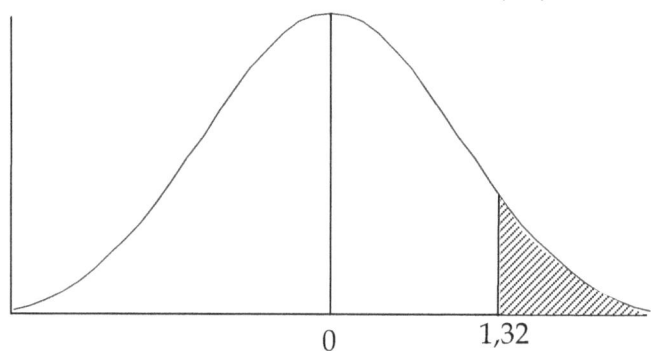

$$0 \qquad 1,32$$

b) Convertimos el valor de 99,55 ml en unidades tipificadas z como:

$$z = \frac{x - \mu}{\sigma} = \frac{(99,55 - 100,00)\, ml}{0,25\, ml} = -1,8$$

Buscamos en la tabla del anexo el valor de z = -1,8 y como lo que buscamos son los matraces que están por debajo de este valor se lee directamente en las tablas según:

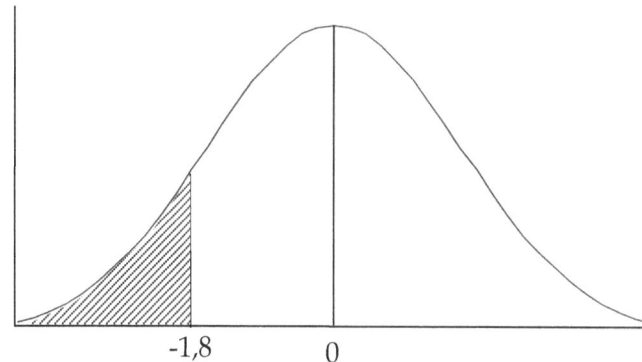

*P (z ≤ −1,8) = 0.0359, resultando una proporción en porcentaje del **3,59%***

$$-1,8 \qquad 0$$

c) Convertimos los valores de 99,77 y 100,20 ml en unidades tipificadas z como:

$$z = \frac{x - \mu}{\sigma} = \frac{(99,77 - 100,00)ml}{0,25\,ml} = -0,92 \qquad z = \frac{(100,20 - 100,00)ml}{0,25\,ml} = 0,80$$

Buscamos en la tabla del anexo los valores de probabilidad para los valores de z= -0,92 y z = 0,8 y como lo que buscamos son los matraces que estén comprendidos entre estos dos resulta:

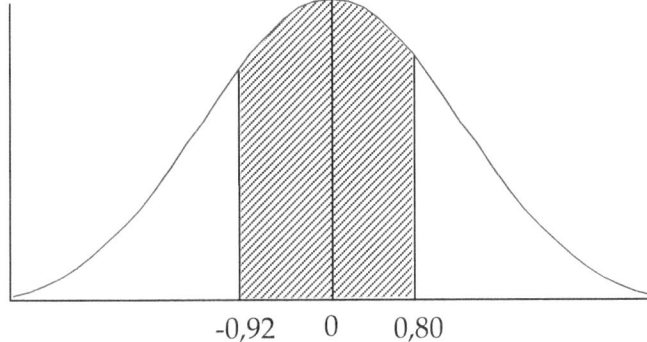

$P(-0,92 < z \leq 0,80) = F(0,80) - F(-0,92) = 0,7881 - 0,1788 = 0.6093$

Resultando una proporción de matraces comprendidos entre 99,77 y 100,20, en porcentaje, del **60,93 %** .

d) Si se desea que sólo un 5% de matraces esté fuera de los límites de control quiere decir que el resto, el 95 % de los matraces estarán dentro.

Puesto que el error puede ser por exceso y por defecto, vamos a repartir el 5% entre las dos colas de la curva, correspondiendo a cada una el 2,5%.

Para ello, buscamos en la tabla el valor de z para un área del 2,5 % = 0,025 que corresponde a :

    - cola izquierda: z = -1,96

    - cola derecha (por simetría): z = +1,96 (también se puede llegar a este resultado buscando directamente en la tabla el área a la izquierda de z, o sea, se localiza el valor de z para un área de 1-0,025 =0,975.

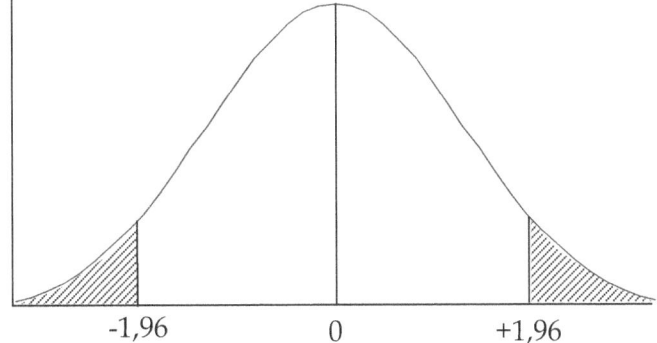

Con estos valores determinamos los volúmenes de los matraces:

$$z = \frac{x - \mu}{\sigma} \Rightarrow x = \mu + z \cdot \sigma = (100,00) + (-1,96) \cdot 0,25 = 100 - 0,49 = 99,51\,ml$$

$$x = \mu + z \cdot \sigma = 100,00 + (1,96) \cdot 0,25 = 100 + 0,49 = 100,49\,ml$$

Resultando, que si queremos que el 95% de los matraces estén dentro de los límites de control deberán tener volúmenes comprendidos entre **99,51 y 100,49 ml**

Ejemplo

De los datos recogidos en el pasado, se sabe que cierto proveedor fabrica piezas esmaltadas con una media de 50 micras de espesor de esmalte y desviación típica 5. Si la tolerancia es de ± 9 micras (entre 41 y 59) ¿Cuál es el % de piezas defectuosas que se espera que suministre el proveedor?

1° Convertimos los valores de 41 y 59 micras en unidades tipificadas z como:

$$z = \frac{x - \mu}{\sigma} = \frac{(41 - 50)}{5} = -1,80 \qquad\qquad z = \frac{(59 - 50)}{5} = 1,80$$

Buscamos en la tabla del anexo los valores de probabilidad para los valores de z= -1,80 y z = 1,80: P(-1,80 < z ≤ 1,80) = F(1,80) - F(-1,80) = 0,9641 - 0,0359= 0.9282

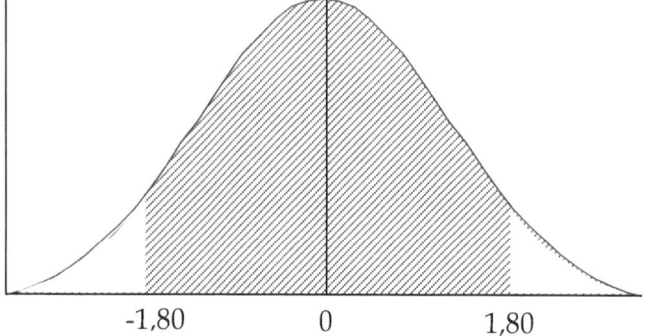

| -1,80 | 0 | 1,80 |

*Y como lo que buscamos son las piezas que estén fuera de estos límites, resulta un valor de 1-0,9282 = 0,0718 que en porcentaje será del **7,18 %***

4.3 Distribución de Student

Para muestras pequeñas (*n<30*) la aproximación *normal* no es buena, y es tanto peor a medida que disminuye el tamaño de muestra.

Si se consideran muestras de tamaño n, extraídas de una población esencialmente normal con media μ, podemos calcular el parámetro estadístico *t*, utilizando la media muestral $\bar{x}$ y la desviación típica s, como: $\qquad t = \dfrac{x - \mu}{\dfrac{s}{\sqrt{n}}}$

La apariencia general de la distribución *t* es similar a la de la distribución normal estándar: ambas son simétricas, y el valor máximo de la ordenada se alcanza en el valor medio de *0*. Sin embargo, la distribución *t* tiene colas más amplias que la normal, lo que hace que la probabilidad de las colas sea mayor que en la distribución normal.

La distribución de probabilidad de t se publicó por primera vez en 1908 en un artículo de W. S. Gosset. En esa época, Gosset era empleado de una cervecería irlandesa que desaprobaba la publicación de investigaciones de sus empleados. Para evitar esta prohibición, publicó su trabajo en secreto bajo el nombre de "Student". En consecuencia, la distribución t normalmente se llama **distribución *t* de Student**, o simplemente distribución t.

Otras propiedades importantes de la Distribución t son:

1. La forma de la curva para una distribución t es distinta para diferentes tamaños de muestra.

2. La distribución t tiene la misma simetría general de campana que la distribución normal estándar, pero refleja mejor la variabilidad que se produce con muestras pequeñas.

3. La distribución t tiene una media de $t = 0$ igual que la distribución normal estándar con una media de $z = 0$.

4. La desviación estándar de la distribución t varía con el tamaño de la muestra, pero es mayor que 1, diferente a la distribución normal estándar que tiene $\sigma = 1$.

5. Al aumentar el tamaño de la muestra, la distribución t se acerca a la distribución normal estándar. Para valores de $n > 30$, las diferencias son muy pequeñas, pudiendo usarse los valores críticos de z en vez de desarrollar una tabla mucho más grande de valores críticos t.

Como se observa en la siguiente figura, la distribución de Student, en general, es algo más apuntada que la normal y tiene la base más ancha.

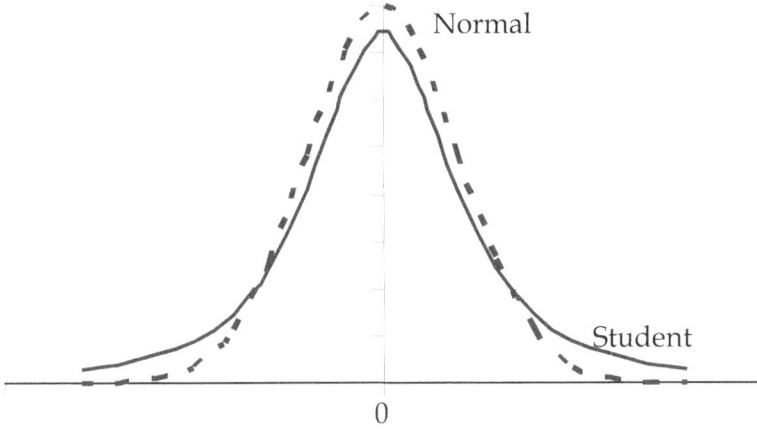

4.3.1 Condiciones para usar la Distribución t

La distribución de Student se utiliza cuando:

a) se utilizan muestras pequeñas ($n \leq 30$).

b) la desviación estándar poblacional σ es desconocida.

c) la población que se muestrea tiene una distribución que es esencialmente normal.

Como veremos en los temas siguientes, la distribución t se utiliza siempre que no se conoce la verdadera media y varianza de una distribución, para:

- estimar intervalos de confianza.

- evaluar la veracidad de un resultado.

- comparar medias obtenidas por métodos diferentes.

1. Teoría del muestreo

La teoría de muestreo estudia las relaciones existentes entre una población y las muestras obtenidas de esa misma población. Para ello, **la muestra debe ser representativa** de la población objeto de estudio.

Uno de los objetivos del análisis estadístico consiste en estimar los **parámetros de la población** a partir de los valores **estadísticos** calculados de los datos proporcionados por la muestra.

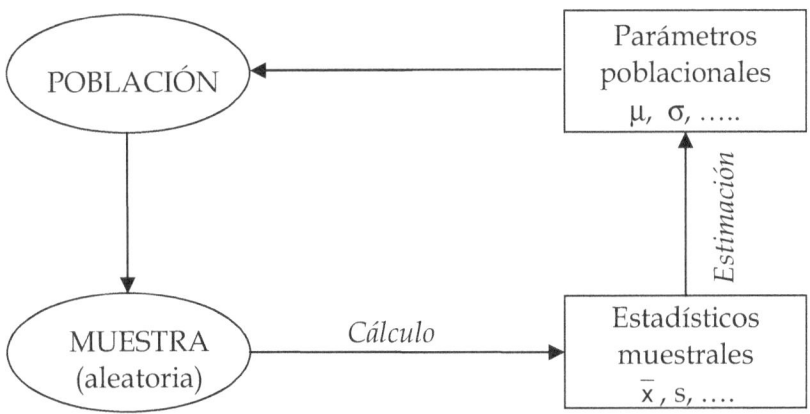

Los **parámetros** son las medidas que se usan para describir las características de una población.

La notación utilizada para los parámetros poblacionales y estadísticos muestrales se da a continuación:

Medida	Parámetro poblacional	Estadistico muestral
Número de elementos	N	n
Media	μ	$\bar{x}$
Desviación estándar	σ	s

2. Distribución muestral

En Estadística se refiere a **Población** como un grupo numeroso de elementos compuesto con frecuencia, pero no necesariamente, por individuos y **muestra** como un subgrupo de la población, obtenido para extraer conclusiones o realizar estimaciones sobre la población.

La muestra puede ser:

-*aleatoria* (muestra al azar): grupo de observaciones obtenidas de una población, de forma que la distribución muestral de los valores de la variable independiente es representativa de su distribución en la población. Todos los elementos de la población tienen la misma probabilidad de estar en la muestra.

-*fortuita*: grupo de observaciones que se extrae de una población por lo fácil que resulta obtener datos de ella, sin tener en cuenta el grado en que es aleatoria o representativa de dicha población.

-*intencionada*: grupo de observaciones obtenidas a partir de una población de forma tal que la distribución muestral de los valores de la variable independiente no es necesariamente representativa de su distribución en la población. Este tipo de muestreo se utiliza ampliamente en los estudios médicos

Para expresar las propiedades de una población a través de un muestreo se determinan muestras representativas de la población y se procede a analizar sus parámetros estadísticos según dos técnicas posibles: distribución muestral de las medias o distribución muestral de las proporciones

2.1 Distribución muestral de las medias
Como los valores de un estadístico, tal como la media $\bar{x}$, varían de una muestra aleatoria a otra, se le puede considerar como una *variable aleatoria* y por tanto tener su correspondiente distribución de frecuencias.

La distribución de frecuencias de un estadístico muestral se denomina **distribución muestral**. En general, **la distribución muestral de un estadístico** es la de todos sus valores posibles calculados a partir de muestras del mismo tamaño.

Suponga que se han seleccionado muestras aleatorias de tamaño k en una población grande. Se calcula la media muestral $\bar{x}$ para cada muestra; la serie de todas estas medias muestrales recibe el nombre de **distribución muestral de medias,** lo que se puede ilustrar en la siguiente figura:

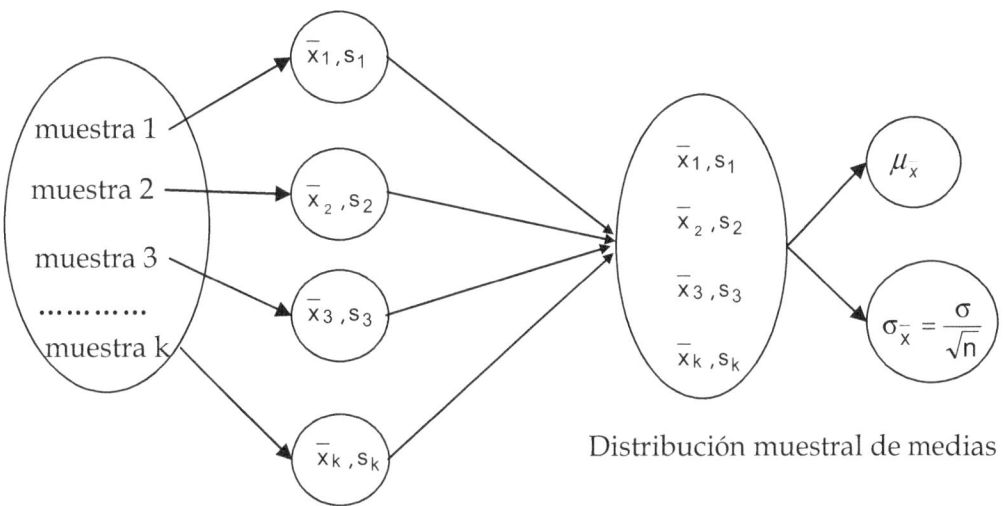

Distribución muestral de medias

Ejemplo 1

Se mezclan homogéneamente cinco muestras que contienen 58,0; 58,1; 58,2; 58,3; 58,4 y 58,5 % de Fe. De ésta muestra homogénea se toman muestras y se hace el análisis por duplicado. En todos los casos la precisión del resultado del análisis es de la décima. Indica todos los posibles resultados del análisis.

Calcular: a) la media poblacional b) la desviación estándar poblacional c) la frecuencia para la distribución muestral de medias d) la media de la distribución muestral de medias y la desviación estándar muestral

a) La media poblacional es: $\mu = \dfrac{58,0 + 58,1 + 58,2 + 58,3 + 58,4 + 58,5}{6} = 58,25$

b) La desviación estándar de la población es:

$$\sigma = \sqrt{\frac{(58,0 - 58,25)^2 + (58,1 - 58,25)^2 + \dots + (58,4 - 58,25)^2 + (58,5 - 58,25)^2}{6}} = 0,171$$

c) A continuación se listan todos los posibles resultados del muestreo y correspondiente análisis, así como la media de estos y la distribución de frecuencias.

Muestra	Media	Muestra	Media	Muestra	Media
(58,0-58,0)	58,0	(58,2-58,0)	58,10	(58,4-58,0)	58,20
(58,0-58,1)	58,05	(58,2-58,1)	58,15	(58,4-58,1)	58,25
(58,0-58,2)	58,10	(58,2-58,2)	58,20	(58,4-58,2)	58,30
(58,0-58,3)	58,15	(58,2-58,3)	58,25	(58,4-58,3)	58,35
(58,0-58,4)	58,20	(58,2-58,4)	58,30	(58,4-58,4)	58,40
(58,0-58,5)	58,25	(58,2-58,5)	58,35	(58,4-58,5)	58,45
(58,1-58,0)	58,05	(58,3-58,0)	58,15	(58,5-58,0)	58,25
(58,1-58,1)	58,10	(58,3-58,1)	58,20	(58,5-58,1)	58,30
(58,1-58,2)	58,15	(58,3-58,2)	58,25	(58,5-58,2)	58,35
(58,1-58,3)	58,20	(58,3-58,3)	58,30	(58,5-58,3)	58,40
(58,1-58,4)	58,25	(58,3-58,4)	58,35	(58,5-58,4)	58,45
(58,1-58,5)	58,30	(58,3-58,5)	58,40	(58,5-58,5)	58,50

Representamos la frecuencia para la distribución muestral de medias, según la tabla e histograma

Media	Frecuencia
58,00	1
58,05	2
58,10	3
58,15	4
58,20	5
58,25	6
58,30	5
58,35	4
58,40	3
58,45	2
58,50	1
58,25	36

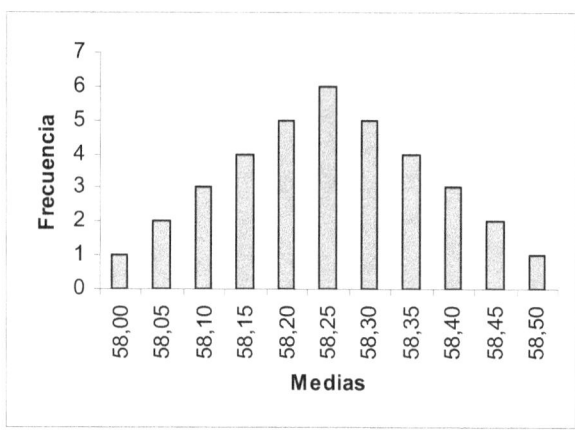

d) La media de la distribución muestral de medias, resulta:

$$\mu_{\bar{x}} = \frac{\sum_{1}^{n} x_i \cdot f_i}{n} = \frac{58,00 \times 1 + 58,05 \times 2 + 58,10 \times 3 + \dots 58,50 \times 1}{36} = 58,25$$

La desviación estándar de la distribución muestral de medias es:

$$\sigma_{\bar{x}} = \sqrt{\frac{\sum_{1}^{n}(\bar{x} - \mu_{\bar{x}})^2 \cdot f}{n}}$$

$$\sigma_{\bar{x}} = \sqrt{\frac{(58,0 - 58,25)^2 \times 1 + (58,1 - 58,25)^2 \times 2 + (58,2 - 58,25)^2 \times 3 + \cdots}{36}} = 0,121$$

De aquí podemos deducir que: $\sigma_{\bar{x}} = \dfrac{\sigma}{\sqrt{n}} = \dfrac{0,171}{\sqrt{2}} = 0,121$ *y* $\mu_{\bar{x}} = \mu = 58,25$, *verificando estos resultados el* **Teorema del límite central**.

2.2 Teorema del límite central

Como para cualquier variable aleatoria, la distribución muestral de medias tiene una media, una varianza y una desviación estándar, pudiéndose demostrar, según el **Teorema del límite central**, que si se seleccionan muestras aleatorias de tamaño n de una población con media μ y desviación estándar σ, la distribución muestral de medias tendrá aproximadamente una distribución normal con una media igual a $\mu_{\bar{x}} = \mu$ y una desviación estándar de $\sigma_{\bar{x}} = \dfrac{\sigma}{\sqrt{n}}$.

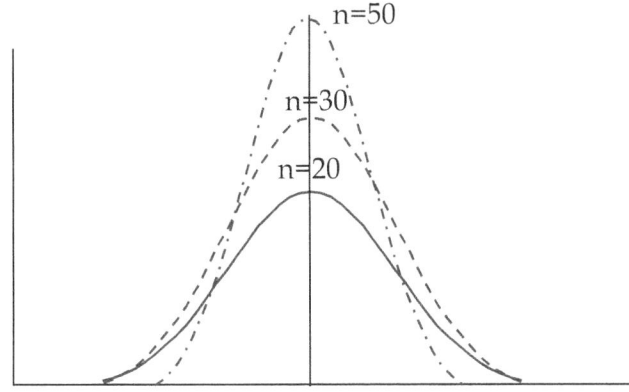

La aproximación será más exacta a medida que *n* sea cada vez mayor, según se muestra la figura.

Como hemos visto en el ejercicio anterior, una distribución muestral se forma extrayendo todas las posibles muestras del mismo tamaño de la población, pudiendo darse dos casos:

- *si la población de la que se extraen las muestras es normal*, la distribución muestral de medias será también normal, sin importar el tamaño de la muestra.

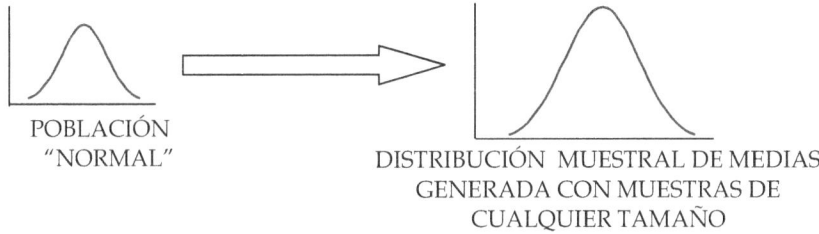

POBLACIÓN "NORMAL"

DISTRIBUCIÓN MUESTRAL DE MEDIAS GENERADA CON MUESTRAS DE CUALQUIER TAMAÑO

- *si la población de donde se extraen las muestras no es normal*, entonces el tamaño de la muestra debe ser mayor o igual a *30*, para que la distribución muestral tenga forma NORMAL (campana). Cuanto mayor sea el tamaño de la muestra, más cerca estará la distribución muestral de ser normal y, en general, la aproximación normal se considera buena, si se cumple *para n = 30*.

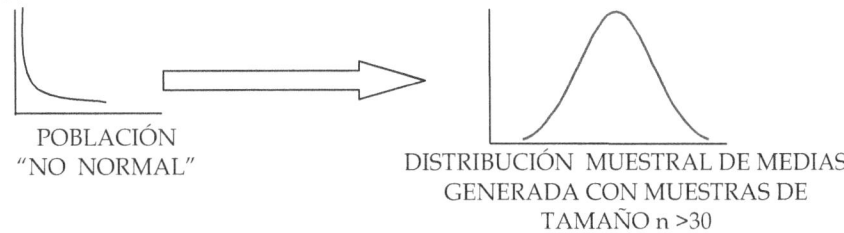

POBLACIÓN "NO NORMAL"

DISTRIBUCIÓN MUESTRAL DE MEDIAS GENERADA CON MUESTRAS DE TAMAÑO n >30

La desviación estándar de la distribución muestral de un estadístico se conoce también como **error estándar del estadístico (e.e.s.)** y viene dado por σ_x, pudiéndose concluir que si de una población se eligen muestras de tamaño *n* con **sustitución**, el error estándar de la media es igual a la desviación estándar de la distribución de los errores muestrales.

Ejemplo

Para la distribución muestral de medias del ejemplo anterior. Encontrar a) el error muestral de cada media b) la media de los errores muestrales c) la desviación estándar de los errores muestrales.

a) Después de calcular cada una de las medias muestrales se calcula la media muestral y el error muestral como: $\bar{x} - \mu_{\bar{x}}$*, que para el primer caso es* Error muestral $= \bar{x}_1 - \mu_{\bar{x}} = 58{,}0 - 58{,}25 = -0{,}25$ *y así sucesivamente mostrando los demás datos en la siguiente tabla:*

Muestra	Media	Error muestral	Muestra	Media	Error muestral	Muestra	Media	Error muestral
(58,0-58,0)	58,0	-0,25	(58,2-58,0)	58,10	-0,15	(58,4-58,0)	58,20	-0,05
(58,0-58,1)	58,05	-0,20	(58,2-58,1)	58,15	-0,10	(58,4-58,1)	58,25	0,00
(58,0-58,2)	58,10	-0,15	(58,2-58,2)	58,20	-0,05	(58,4-58,2)	58,30	0,05
(58,0-58,3)	58,15	-0,10	(58,2-58,3)	58,25	0,00	(58,4-58,3)	58,35	0,10
(58,0-58,4)	58,20	-0,05	(58,2-58,4)	58,30	0,05	(58,4-58,4)	58,40	0,15
(58,0-58,5)	58,25	0,00	(58,2-58,5)	58,35	0,10	(58,4-58,5)	58,45	0,20
(58,1-58,0)	58,05	-0,20	(58,3-58,0)	58,15	-0,10	(58,5-58,0)	58,25	0,00
(58,1-58,1)	58,10	-0,15	(58,3-58,1)	58,20	-0,05	(58,5-58,1)	58,30	0,05
(58,1-58,2)	58,15	-0,10	(58,3-58,2)	58,25	0,00	(58,5-58,2)	58,35	0,10
(58,1-58,3)	58,20	-0,05	(58,3-58,3)	58,30	0,05	(58,5-58,3)	58,40	0,15
(58,1-58,4)	58,25	0,00	(58,3-58,4)	58,35	0,10	(58,5-58,4)	58,45	0,20
(58,1-58,5)	58,30	0,05	(58,3-58,5)	58,40	0,15	(58,5-58,5)	58,50	0,25

b) La media de los errores muestrales es: $\mu_e = \dfrac{(-0{,}25)+(-0{,}20)+(-0{,}15)+\cdots}{36} = 0$

c) La desviación estándar de la distribución de los errores muestrales es: $\sigma_e = \sqrt{\dfrac{(-0{,}25-0)^2+(-0{,}20-0)^2+(-0{,}15-0)^2+\cdots}{36}} = 0{,}121$*, lo que verifica que **la desviación estándar de la distribución de los errores muestrales (σ_e) es igual al error estándar de la media ($\sigma_{\bar{x}}$).***

Cuando las muestras se toman de una población pequeña y sin sustitución, se puede usar la formula siguiente para encontrar la desviación estandar muestral $\sigma_{\bar{x}}$: $\sigma_{\bar{x}} = \dfrac{\sigma}{\sqrt{n}}\sqrt{\dfrac{N-n}{N-1}}$, donde σ es la desviación estándar de la población donde se toman las muestras, n es el tamaño de la muestra y N el tamaño de la población.

Como regla de cálculo, si el muestreo se hace **sin sustitición** y el tamaño de la muestra n es mayor que el 5% del tamaño de la población N ($n > 0{,}05N$ o $N < 20n$), la desviación estándar muestral σ_x se corrige, multiplicando por un *factor de corrección, que para una población finita* es igual a $\sqrt{\dfrac{N-n}{N-1}}$.

El diagrama de flujo resume las decisiones que deben tomarse cuando se calcula el valor de la desviación estándar:

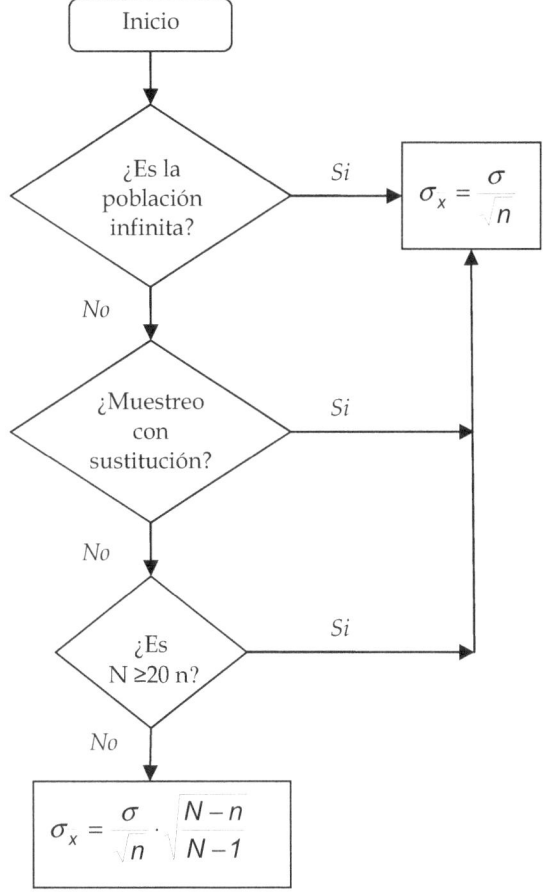

Ejemplo
500 bolas de alúmina de un molino de laboratorio tienen un peso medio de 10,0 g y una desviación estándar de 0,50. Calcular la probabilidad de que una muestra al azar de 50 bolas tenga un peso comprendido entre 9,8 y 9,9 g.

1° Al ser la muestra n mayor que el 5% de la población ya que: 50 > 25 (0,05.500)

2° Aplicamos el teorema del límite central a la distribución muestral de medias que tendrá una media igual a $\mu_x = \mu = 10,0$ g y una desviación estándar de:

$$\sigma_{\bar{x}} = \frac{\sigma}{\sqrt{n}} \sqrt{\frac{N-n}{N-1}} = \frac{0,50}{\sqrt{50}} \sqrt{\frac{500-50}{500-1}} = 0,067 \, g \, .$$

3° Convertimos los valores de 9 y 10 g en unidades tipificadas z como:

$$z = \frac{x - \mu}{\sigma} = \frac{(9,8 - 10,0)\,g}{0,067\,g} = -2,98 \qquad\qquad z = \frac{(9,9 - 10,0)\,g}{0,067\,g} = -1,49$$

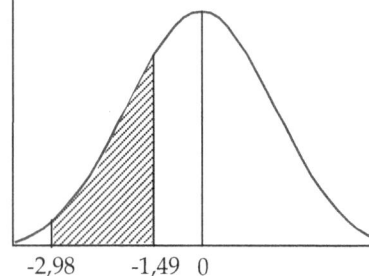

Buscamos en la tabla del Apéndice 3 los valores de probabilidad para los valores de z= -2,98 y z =-1,49 y como lo que buscamos son las bolas que estén comprendidas entre estos dos valores resulta:

P(-2,98 < z ≤ -1,49) = F(-1,49) - F(-2,98) = 0,0681- 0,0014 = 0.0667

*Resultando una proporción de bolas comprendidas entre 9,8 y 9,9 del **6,67 %.***

Comentario: De una muestra aleatoria de 50 bolas el 6,67 % (3 bolas aprox.) pesaran entre 9,8 y 9,9 g

Ejemplo

La cantidad media de nicotina en cigarrillos de una marca conocida es 0,940, con una desviación estándar de 0,310. Cual es la probabilidad de que en una muestra de 20 cigarrillos la media de nicotina sea igual o menor a 0,880 g.

1° Aplicamos el teorema del límite central a la distribución muestral de medias que tendrá una media igual a $\mu_x = \mu = 0,940$ g y una desviación estándar de:

$$\sigma_{\bar{x}} = \frac{\sigma}{\sqrt{n}} = \frac{0,310}{\sqrt{20}} = 0,069 \, g \, .$$

2° Convertimos el valor medio de 0,880 gramos de nicotina en unidades tipificadas z como:

$$z = \frac{x - \mu_{\bar{x}}}{\sigma_{\bar{x}}} = \frac{(0,880 - 0,940)}{0,069} = -0,87$$

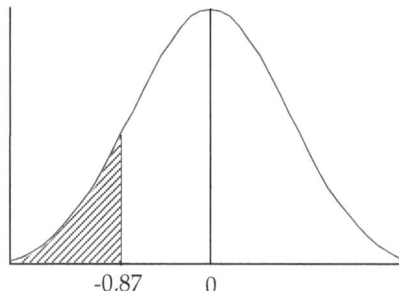

*3° Buscamos en la tabla del Apéndice 3 el valor de z= -0,87 y como lo que buscamos son los cigarrillos que son igual o están por debajo de este valor se lee directamente en las tablas según: P(z ≤ −0,87) = 0.1922, resultando una proporción en porcentaje del **19,22 %***

La interpretación sería que la probabilidad de que la media de nicotina de la muestra de 20 cigarrillos seleccionados al azar sea menor o igual a 0,880 es del 19,22 % (4 cigarros aproximadamente).

2.3 Distribución muestral de las proporciones

En algunos casos, no estamos interesados en la media de la muestra, sino que lo que queremos investigar es la proporción de artículos defectuosos en una muestra.

Supongamos que tenemos una muestra aleatoria de 300 piezas de un lote grande de producción y encontramos que el 2 % de las piezas muestreadas han salido defectuosas.

Algunas de las preguntas que nos podemos hacer son:

¿Qué porcentaje de las piezas del lote podemos esperar que salgan defectuosas?

¿Cuánto se espera que varíe la proporción de la muestra con respecto a la proporción de la población?

¿Cuál es la probabilidad de obtener una muestra que tenga una proporción de piezas defectuosas superior al 3 %?

Para dar respuestas a estas preguntas se utiliza la **distribución muestral de proporciones**, que se genera de igual manera que la distribución muestral de medias, a excepción de que al extraer las muestras de la población se calcula el estadístico proporción en lugar de la media, siendo $\hat{p} = \dfrac{x}{n}$ la proporción muestral de x casos favorables en una muestra aleatoria de tamaño n.

2.4 Propiedades de la distribución de proporciones muestrales

1. Si una muestra aleatoria de tamaño n es seleccionada de una población binomial con una proporción p, la distribución muestral de la proporción de la muestra $\hat{p} = \dfrac{x}{n}$ tiene de media: $\mu_{\hat{p}} = \hat{p}$ y una desviación estándar de $\sigma_{\hat{p}} = \sqrt{\dfrac{\hat{p} \cdot \hat{q}}{n}}$ si la población es infinita, donde $\hat{p}$ es la proporción muestral que se utiliza como mejor aproximación de la proporción poblacional p.

Este resultado viene de aplicar las fórmulas vistas en la distribución binomial. Si dividimos por n para muestras aleatorias de tamaño n de una **población binomial** con media $\mu = n \cdot p$ y desviación estándar $\sigma = \sqrt{n \cdot p \cdot q}$, resulta una media igual a $\mu_{\hat{p}} = \mu = \dfrac{n \cdot p}{n} = p$

y una desviación estándar de $\sigma_{\hat{p}} = \dfrac{\sqrt{n \cdot p \cdot q}}{n} = \sqrt{\dfrac{n \cdot p \cdot q}{n^2}} = \sqrt{\dfrac{p \cdot q}{n}}$

2. Cuando el tamaño de la muestra n es grande, la distribución muestral de $\hat{p}$ se aproxima a una distribución normal. La aproximación será adecuada cuando ambos valores np y nq sean mayores de 5: $np \geq 5$ y $nq \geq 5$.

3. En general, al no conocer los parámetros poblacionales p y q se sustituyen por los estadísticos muestrales $\hat{p}$ y $\hat{q}$.

Ejemplo

Sea la población de 3 números {1, 2, 3} y considerar que la característica impar vale 1 y la par vale 0.

Determinar a) todas las muestras posibles de tamaño 2 que puedan extraerse con reemplazamiento b) la media poblacional c) la media de la distribución muestral d) la desviación estándar de la distribución muestral.

a) En la tabla siguiente se construye una **distribución muestral de las proporciones**.

Muestra	p
1,1	1
1,2	0,5
1,3	1
2,1	0,5
2,2	0
2,3	0,5
3,1	1
3,2	0,5
3,3	1

El número posible de muestras de tamaño 2 con sustitución a extraer de una población de 3 elementos es $3^2=9$, las cuales se pueden desglosar de la forma que se muestra en la tabla, donde p representa la proporción de números impares.

b) Se calcula la media poblacional para los valores {1, 2, 3} donde la característica ser impar vale 1 y la par vale 0 como: $\mu = \dfrac{1\cdot 1 + 1\cdot 0 + 1\cdot 1}{3} = \dfrac{2}{3}$

c) Para calcular la media de la distribución muestral de proporciones se parte de la tabla de frecuencias que se obtiene de la distribución muestral anterior:

Proporción	Frecuencia
0	1
0,5	4
1	4

$\mu_{\hat{p}} = \dfrac{0\cdot 1 + 0,5\cdot 4 + 1\cdot 4}{9} = \dfrac{6}{9} = \dfrac{2}{3}$

Como se observa, la media de la distribución muestral de proporciones es igual a la media de la población: $\mu = \mu_{\hat{p}} = \dfrac{2}{3}$

d) Para calcular la desviación estándar, se utiliza la misma tabla de frecuencias:

$\sigma_p = \sqrt{\dfrac{(0-2/3)^2\cdot 1 + (0,5-2/3)^2\cdot 4 + (1-2/3)^2\cdot 4}{9}} = \sqrt{\dfrac{1}{9}} = \dfrac{1}{3} = 0,333$, *valor que coincide con el valor de aplicar la fórmula vista anteriormente para el caso de población infinita, y sin reemplazo :* $\sigma_{\hat{p}} = \sqrt{\dfrac{\hat{p}\cdot \hat{q}}{n}} = \sqrt{\dfrac{\frac{2}{3}\cdot\frac{1}{3}}{2}} = \sqrt{\dfrac{1}{9}} = \dfrac{1}{3} = 0,333$, *siendo p la proporción de sacar impar y q sacar par, verificando estos resultados el* **Teorema del límite central**, *donde* $\mu = \mu_{\hat{p}}$ *y* $\sigma_p = \sigma_{\hat{p}}$

Ejemplo

Volviendo a las cuestiones iniciales de este apartado, recordemos que se ha seleccionado una muestra aleatoria de 300 piezas de un lote grande, encontrando un 2% de las piezas muestreadas como defectuosas y se quiere determinar

a) ¿Qué porcentaje de las piezas del lote podemos esperar que salgan defectuosas?

b) ¿Cuánto se espera que varíe la proporción de la muestra con respecto a la proporción de la población?

c) ¿Cuál es la probabilidad de obtener una muestra que tenga una proporción de piezas defectuosas superior al 3 %?

a) El porcentaje de piezas defectuosas que podemos esperar es el valor de la media, el mismo que el de la muestra: $\mu = \mu_{\hat{p}} = \hat{p} = \dfrac{2}{100} = 0,02$

b) La medida de la variación de la proporción de la muestra con respecto a la proporción de la población, viene dada por la desviación estándar (error estándar):

$$\sigma_{\hat{p}} = \sqrt{\dfrac{\hat{p}.\hat{q}}{n}} = \sqrt{\dfrac{0,02\cdot(1-0,02)}{300}} = \sqrt{\dfrac{0,02\cdot 0,98}{300}} = 0,0081$$

c) El proceso para calcular la probabilidad de la proporción de defectos en una muestra es:

1° Identificar los valores de n y p, que para este caso son:

$n = 300; \ p = 0,02 \ (como \ mejor \ aproximación \ de \ \hat{p})$

2° Comprobar si es apropiada la aproximación a la normal, o sea np y nq ≥ 5

$n.p \geq 5 \Rightarrow 300\cdot 0,02 = 6 \geq 5 \ \ y \ \ n.q \geq 5 \Rightarrow 300\cdot 0,98 = 294 \geq 5$

Por lo tanto, consideramos apropiada la aproximación de la distribución binomial a la curva normal.

3° Describir el suceso en términos de $\hat{p}$ y acotar el área en la curva normal.

*Para el cálculo, hay que tener en cuenta que el número de piezas es una variable discreta y se debe corregir el valor de $\hat{p} = 0,03$ ya que tenemos que determinar la probabilidad de una proporción **mayor que** el 3 %.*

*Esta corrección se usa cuando usamos una **distribución normal**, que es una distribución **continua** como una aproximación a la distribución binomial **discreta** y se trata de corregir la variable x discreta en 0,5 unidades, que pasado a proporción sería:* $\dfrac{0,5}{n}$ *, resultando una corrección de* $\dfrac{0,5}{n} = \dfrac{0,5}{300} = 0,0017$

4° Convertir los valores de $\hat{p}$ en unidades de z aplicando la siguiente relación

$z = \dfrac{\hat{p} - p}{\sigma}$ *y para el caso que nos ocupa sumamos la corrección ya que lo que nos piden son valores **mayores que**:* $z = \dfrac{\hat{p} - p}{\sigma} = \dfrac{(0,03 + 0,0017) - 0,02}{0,0081} = \dfrac{0,0117}{0,0081} = 1,44$

5° Buscar en las tablas el valor correspondiente de Probabilidad.

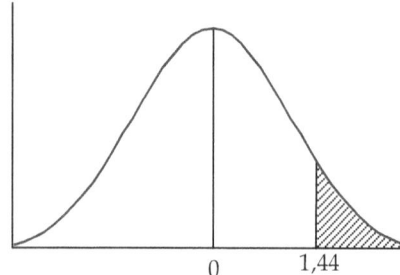

Para el problema buscamos a la izquierda del valor de 1,44 en el Apéndice 4 y el área a la derecha será el área total menos el área a la izquierda

$P(z > 1,44) = 1 - P(z \le 1,44) = 1 - 0,9251 = 0,0749$
= 7,5%

*Comentario: Por lo tanto, hay una probabilidad pequeña (7,5 %) que de las 300 piezas muestreadas nos encontremos **más** de 9 (300x3/100) piezas defectuosas.*

Digamos, por tanto, que una distribución muestral de las proporciones, se comporta como una distribución normal $N(\mu, \sigma)$ según $N\left(p, \sqrt{pq/n}\right)$, cuando np y nq sean mayores de 5.

Para otros casos, en la tabla se muestran los parámetros estadísticos de una distribución muestral de las proporciones de tamaño n:

| | | Extracción | |
		Con reemplazo	Sin reemplazo
Población	Infinita	$\mu_{\hat{p}} = \mu$ $\sigma_{\hat{p}} = \sqrt{\dfrac{p \cdot q}{n}}$	$\mu_{\hat{p}} = \mu$ $\sigma_{\hat{p}} = \sqrt{\dfrac{p \cdot q}{n}}$
	Finita (N)	$\mu_{\hat{p}} = \mu$ $\sigma_{\hat{p}} = \sqrt{\dfrac{p \cdot q}{n}}$	$\mu_{\hat{p}} = \mu$ $\sigma_{\hat{p}} = \sqrt{\dfrac{p \cdot q}{n}} \cdot \sqrt{\dfrac{N-n}{N-1}}$

3. Estimación de parámetros poblacionales

Hay dos maneras de estimar los parámetros de la población:

-estimación puntual: estima la media poblacional μ a partir de la media muestral $\bar{x}$, teniendo como inconveniente el no poder conocer como de buena es la aproximación entre la estimación $(\bar{x})$ y el parámetro de población (μ).
Ejemplo
1. Si se dice que la distancia entre dos puntos es de 2,34 cm. se está dando una estimación puntual.

2. La proporción muestral $\hat{p}$ es la mejor estimación puntual de la proporción poblacional p.

-estimación por intervalo de confianza: permite estimar el parámetro desconocido μ, proporcionando el error en nuestra estimación. El término "confianza" se utiliza para indicar que se confía en la exactitud o precisión de una medición o estimación.

Ejemplo
Si se dice que la distancia entre dos puntos es de 2,34 ± 0,05 cm. se está diciendo que la distancia real estará comprendida entre 2,39 y 2,29 cm, siendo este caso una estimación por intervalo. Solo nos faltaría confirmar la confianza que tenemos en este intervalo.

3.1 Estimación por intervalo de confianza

¿Como podemos determinar la media poblacional cuando solo disponemos de una muestra?

Es evidente que cualquier parámetro que determinemos en la muestra es una estimación de ese valor en la población, por lo que podemos concluir que la muestra solo nos sirve de aproximación a la población. Existen dos maneras de **estimar** los parámetros poblacionales:

-analizando toda la población, lo que se ve claramente imposible cuando de lo que se trata es de un gran número de elementos.

-estimando el rango dentro del cual el valor del parámetro de la población sea más probable. El **"nivel de confianza"** del intervalo lo podemos fijar y se suele trabajar con el 95%, aunque a veces también con el 99% o el 90%.

Por lo general, la prueba al nivel de confianza del 95 % se considera significativa y la prueba al nivel del 99% se considera altamente significativa.

Ejemplo
Otra interpretación del "nivel de confianza" es la probabilidad a largo plazo. Por ejemplo, si un resultado A tiene una probabilidad del 95 % quiere decir que si el experimento donde A está definido se realiza una y otra vez, a largo plazo el resultado A se dará en el 95% de los casos.

Hay que entender que solo hay un solo valor verdadero y que el **intervalo de confianza** define el rango o intervalo de valores donde hay una mayor probabilidad de que se encuentre el valor verdadero. Cuanto mayor sea el intervalo de confianza menor será la precisión de los resultados y cuanto menos sean las medidas, menor es el nivel de confianza que puede ser asignado a un intervalo particular.

Por lo tanto, para pocas medidas se utilizarán intervalos de confianza más grandes, para un nivel de confianza dado.

Los valores extremos del intervalo se denominan **límites de confianza**.

Ejemplo

Sea el siguiente resultado de la medida de la longitud de una barra: 20 ± 1 cm @95%. Esta medida nos indica que tenemos la probabilidad del 95% de que el valor "verdadero" esté comprendido en el intervalo comprendido entre 19 y 21 cm. Por otra parte, existe también un 5% de que la medida esté fuera del intervalo.

También podemos considerar que de cada 100 mediciones 95 nos darán que la longitud de la barra está comprendida entre 19 y 21 centímetros.

Esto se puede expresar con un gráfico en el que observamos que de 20 medidas solo una está fuera de estos límites (1/20=0,05=5%).

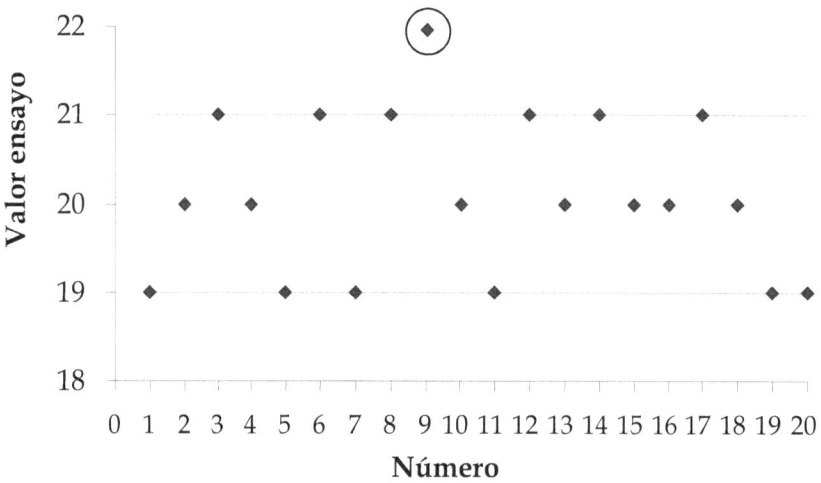

3.2 Cálculo de intervalos de confianza para la media poblacional

Un *intervalo de confianza* es un rango o intervalo de valores en que es probable que se encuentre el valor verdadero de un parámetro de la población.

Un intervalo de confianza está asociado a un **nivel de confianza** $1-\alpha$, que representa la probabilidad de que el parámetro a estimar se encuentre en el intervalo de confianza, siendo α el **nivel de significación,** que es la probabilidad (en tanto por uno) de fallar en nuestra estimación, o sea, la diferencia entre la certeza 1 y el nivel de confianza: $1-(1-\alpha) = \alpha$.

De una forma más clara, el valor de α es el complemento del nivel de confianza. Así, para un nivel de confianza del 95%, α es $1 - 0,95 = 0,05$ y en general, los valores típicos para α son *0,1, 0,05* y *0,01* que corresponden a niveles de confianza del *90%*, *95%* y *99%* respectivamente.

En una estimación paramétrica, el intervalo de confianza *[L₁, L₂]* debe contener en su interior a la media de la población μ con una probabilidad igual a *1 -α*, según:

$$P(L_1 \leq \mu \leq L_2) = 1 - \alpha$$

Es mejor hablar de nivel de confianza y no de probabilidad, ya que una vez extraída la muestra, el intervalo de confianza contendrá al verdadero valor del parámetro o no, lo que si sabemos, es que si repitiésemos el proceso con muchas muestras, podríamos afirmar que el *(1- α)* % de los intervalos así construidos contendría al verdadero valor del parámetro.

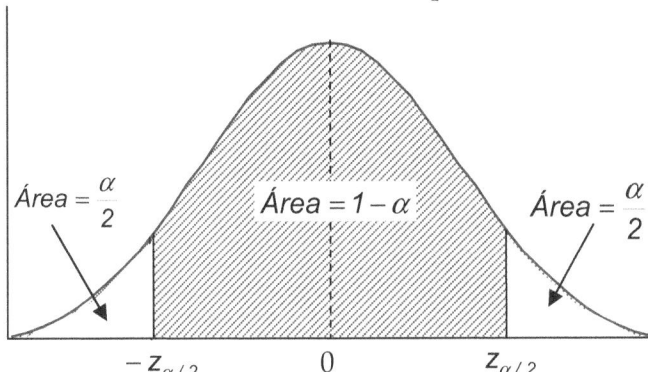

Si elegimos un nivel de confianza, tal que *1- α,* y debido a que la curva normal es simétrica, la mitad de la zona de rechazo, se encuentra en la cola izquierda de la curva, y la otra mitad de la zona se encuentra en la cola derecha de la curva.

Como se muestra en la figura, para un intervalo de confianza con el nivel *1- α* el área en cada cola de la curva es igual a *[1 – (1- α)] /2 = α/2*.

Ejemplo
Para un nivel de confianza 95% (0,95), el área en cada cola es igual a (1-0,95)/2 = 0,05 / 2 = 0,025 y los límites de confianza L₁ y L₂ serían 0,025 y 0,975 respectivamente.

El valor $z_{\alpha/2}$ que se muestra en la gráfica, se denomina **valor crítico** y es el valor límite de la línea vertical que separa el área a estadísticos de muestras que son probables de ocurrir de aquellas que no son probables.

Para una distribución normal, el 95% de los datos cae dentro de los límites de $z_{\alpha/2}$ = -1,96 a $z_{\alpha/2}$ = + 1,96. Según la siguiente tabla y teniendo en cuenta que $z = \dfrac{x - \mu}{\sigma}$ se puede indicar que hay una probabilidad del 95% de que el valor verdadero μ caiga dentro del intervalo $(\mu - 1,96\sigma, \ \mu + 1,96\sigma)$.

1-α	z
50%	0,67
68,2%	1
90%	1,65
95%	1,96
99%	2,58
99,7	3

A continuación se muestran algunos valores críticos de *z* que se resumen en la tabla anexa.

Aplicando esto a la **distribución de las medias muestrales**, podemos decir que tendremos un nivel de confianza del 95% que la media caiga en el intervalo $\left(\mu - 1{,}96 \cdot \sigma_{\bar{x}}, \mu + 1{,}96 \cdot \sigma_{\bar{x}}\right) = \left(\mu - 1{,}96\,\sigma/\sqrt{n}, \mu + 1{,}96\,\sigma/\sqrt{n}\right)$, y por tanto la media poblacional será: $\mu = \mu_{\bar{x}} \pm 1{,}96\sigma/\sqrt{n}$.

Sin embargo, en la práctica, se dispone habitualmente de una sola muestra de media conocida $\bar{x}$, por lo que la media poblacional será: $\mu = \bar{x} \pm 1{,}96 \cdot \sigma/\sqrt{n}$

Concluyendo, que en una distribución muestral de medias con media poblacional μ, desviación típica poblacional σ, tamaño de la muestra n, media muestral $\mu_{\bar{x}}$ e intervalo de confianza predeterminado $1 - \alpha$ (expresado en tanto por 1), es posible calcular el intervalo de confianza a partir de la expresión:

$$P\left(\mu_{\bar{x}} - z_{\alpha/2} \cdot \frac{\sigma}{\sqrt{n}} \leq \mu \leq \mu_{\bar{x}} + z_{\alpha/2} \cdot \frac{\sigma}{\sqrt{n}}\right) = 1 - \alpha$$

Donde α es una probabilidad, aunque pequeña, de que la media caiga en una de las colas extremas, $\alpha/2$ es el área de cada cola y $z_{\alpha/2}$ es el valor crítico de z y por ser simétrica $z_{\alpha/2} = -z_{\alpha/2}$.

La notación puede ser generalizada, escribiendo que **el intervalo de confianza (1-α) en % para la media de una población está dado por:** $\bar{x} \pm z_{\alpha/2} \cdot \left(\sigma/\sqrt{n}\right)$

Un <u>intervalo de confianza se calcula siempre seleccionando primero un nivel de confianza</u>, que es una medida del grado de fiabilidad en el intervalo.

Ejemplo
Se mide la temperatura de ebullición de un líquido (en grados Celsius) obteniendo los datos de la tabla.

Obs. Nº	°C
1	102,5
2	101,7
3	103,1
4	100,9
5	100,5
6	102,2

Sabiendo que la desviación estándar para el procedimiento es de 1,2 grados.
Calcular el intervalo de confianza para la media con un nivel de confianza del 95%.

Se desea estimar la verdadera media de la temperatura de ebullición del líquido, utilizando los resultados de las mediciones. Para ello:

1º Se calcula la media de la muestra, que se muestra en la tabla siguiente.

Obs. N°	Grado
1	102,5
2	101,7
3	103,1
4	100,9
5	100,5
6	102,2
Suma=	610,9
Media=	101,82

Resultando una media de 101,82 y si las mediciones siguen una distribución normal, entonces la media de la muestra tendrá una distribución $N\left(\mu, \sigma/\sqrt{n}\right)$ *y por tanto la distribución estándar de la muestra es:* $\sigma_{\bar{x}} = \dfrac{\sigma}{\sqrt{n}} = \dfrac{1,2}{\sqrt{6}} = 0,49$

El valor crítico para un nivel de confianza del 95% es de 1,96 y por tanto el intervalo $\left(\pm 1,96 \cdot \sigma_x = \pm 1,96 \cdot 0,49 = 0,96\right)$, *resultando que la media estará comprendida entre 101,82 - 0,96 = 100,86 y 101,82 + 0,96 = 102,78 con una probabilidad del 95% que el valor verdadero este dentro de este intervalo.*

El resultado de la temperatura de ebullición del líquido se expresaría como:

Temperatura de ebullición: 101,82 ± 0,96 @95%

Ejemplo

Se encuentra que la concentración promedio de Cobre en un agua residual que se mide en 25 sitios diferentes es de 2,6 miligramos por litro. Encontrar los intervalos de confianza de a) 95% y b) 99% para la concentración media de cobre en el agua, suponiendo que la desviación estándar poblacional es 0,3 mg/l.

La estimación puntual de μ es la media muestral $\bar{x} = 2,6$ *mg/l.*

a) El valor de z para un nivel de confianza del 95% es 1.96 y por lo tanto: $\mu = \bar{x} \pm 1,96\sigma/\sqrt{n} = 2,6 \pm \dfrac{(1,96)\cdot(0,3)}{\sqrt{25}} = 2,6 \pm 0,12$

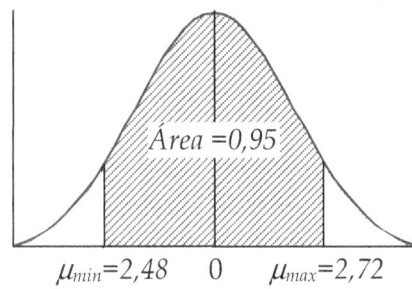

Por lo que la media tendrá un valor comprendido entre 2,48 y 2,72 con un nivel de confianza del 95%.

b) Para un nivel de confianza de 99%, el valor de z es de 2,575 por lo que el intervalo será más amplio: $\mu = \bar{x} \pm 2,575\sigma/\sqrt{n} = 2,6 \pm \dfrac{(2,575)\cdot(0,3)}{\sqrt{25}} = 2,6 \pm 0,15$

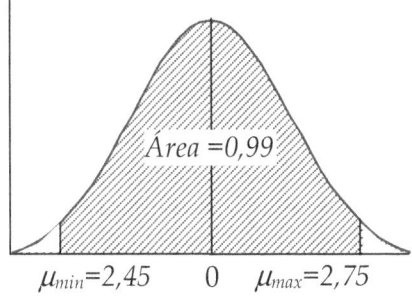

Por lo que la media tendrá un valor comprendido entre 2,45 y 2,75 con un nivel de confianza del 99%.

Comentario: como se puede observar en los resultados de este ejercicio se tiene un error de estimación mayor cuando el nivel de confianza es del 99% (0,15) y más pequeño cuando se reduce a un nivel de confianza del 95% (0,12), pudiéndose interpretar como: si queremos tener mayor confianza en el resultado, debemos ampliar el intervalo y por tanto disminuir la precisión.

El intervalo de confianza proporciona una estimación de la precisión de la muestra. Si μ es realmente el valor central de intervalo, entonces $\bar{x}$ es una estimación de μ sin error. Sin embargo, la mayor parte de las veces, $\bar{x}$ no será exactamente igual a μ y la estimación puntual es errónea, considerando un margen de error E que es el valor absoluto de la diferencia entre μ y $\bar{x}$, pudiendo tener el nivel de confianza de que esta diferencia no excederá del error, según: $E \leq |\mu - \bar{x}| \leq E$, donde $E = z_{\alpha/2} \cdot \sigma / \sqrt{n}$.

3.3 Cálculo de intervalos de confianza para una proporción poblacional

Análogamente, para la **distribución muestral de las proporciones**, podemos decir que el 95% de los datos estará dentro del intervalo $\left(\mu_p - z_{\alpha/2} \cdot \sigma_{\hat{p}} , \mu_p + z_{\alpha/2} \cdot \sigma_{\hat{p}} \right)$, y

la media será: $\mu_p = \mu_{\hat{p}} \pm z_{\alpha/2} \cdot \sqrt{\dfrac{\hat{p} \cdot \hat{q}}{n}}$.

Sustituyendo los valores de la media poblacional y muestral por sus valores proporcionales $\mu_p = p$ $\mu_{\hat{p}} = \hat{p}$, resulta, para un nivel de confianza del 95%:

$p = \hat{p} \pm 1{,}96 \cdot \sqrt{\dfrac{\hat{p} \cdot \hat{q}}{n}}$ donde $\hat{p}$ es el parámetro de la muestra que representa la proporción de casos favorables con una determinada propiedad.

En el cálculo de intervalos de confianza para las proporciones, cuando el valor de n es grande *(n ≥ 30)* y no se conoce el parámetro poblacional p, puede sustituirse éste por el parámetro $\hat{p}$ de la muestra. Por tanto, la proporción de la muestra $\hat{p}$ se utilizará como estimador puntual del parámetro p, pudiendo sustituirse en la ecuación anterior.

Por lo tanto, en una distribución muestral de las proporciones de tipo $N\left(p, \sqrt{pq/n} \right)$ puede determinarse el intervalo de confianza, para el cual existe una proporción p de elementos que poseen una cierta característica.

El intervalo de confianza para una distribución muestral de proporciones, se determina a partir de una muestra representativa, donde la proporción es $\hat{p}$, por medio de la siguiente expresión: $P\left(\hat{p} - z_{\alpha/2} \cdot \sqrt{\dfrac{\hat{p} \cdot \hat{q}}{n}} \leq p \leq \hat{p} + z_{\alpha/2} \cdot \sqrt{\dfrac{\hat{p} \cdot \hat{q}}{n}}\right) = 1 - \alpha$

Cuando n es pequeña y la proporción desconocida p se considera cercana a 0 ó a 1, se debe requerir que $n.\hat{p}$ y $n \cdot \hat{q}$ sean ambas, mayor o igual a 5, para poder aplicar las relaciones anteriores.

Ejemplo

Un investigador médico determina que de 500 individuos 50 presentan reacción adversa a un nuevo medicamento. Indica el intervalo de confianza para la proporción de individuos que presentan reacción adversa, con un nivel de confianza de a) 95% b) 99%

1° Se identifican los valores de n y $\hat{p}$, que para este caso son:

$$n = 500 \; ; \quad \hat{p} = \frac{50}{500} = 0{,}1$$

2° Se comprueba si es apropiada la aproximación a la normal, o sea, np y $nq \geq 5$

$$n.\hat{p} \geq 5 \Rightarrow 500 \cdot 0{,}1 = 50 \geq 5 \quad y \quad n.\hat{q} \geq 5 \Rightarrow 500 \cdot 0{,}9 = 450 \geq 5$$

Por lo tanto, consideramos apropiada la aproximación de la distribución binomial a la curva normal.

3° Aplicando la relación anterior, para un nivel de confianza del 95 % => z=1,96 resulta

un intervalo de $\pm 1{,}96 \cdot \sqrt{\dfrac{\hat{p} \cdot \hat{q}}{n}} = \pm 1{,}96 \cdot \sqrt{\dfrac{0{,}1 \cdot 0{,}9}{500}} = \pm 0{,}026$, por lo que la media proporcional estará comprendida entre 0,074 (0,1-0,026) y 0,126 (0,1+0,026) o, lo que es lo mismo, una media entre 37 (0,074 . 500) y 63 (0,126 . 500) individuos presentarán reacción adversa, para un nivel de confianza del 95%.

b) Para el caso del 99% =>z = 2,58 y el intervalo $\pm 2{,}58 \cdot \sqrt{\dfrac{0{,}1 \cdot 0{,}9}{500}} = \pm 0{,}035$, resultando que la media proporcional estará comprendida entre 0,065 (32 individuos) y 0,135 (68 individuos)

	Pacientes con reacción adversa		
Nivel de confianza	*Media*	*Intervalo*	
95%	50	37	63
99%	50	32	68

Comentario: Observar que al aumentar el nivel de confianza aumenta el intervalo y por tanto disminuye la precisión del resultado, según se muestra en la tabla anterior.

4. Tamaño de muestra

En la realización de estudios estadísticos, el tamaño n de una muestra representativa depende del tamaño de la población N, del error máximo admisible E en la estimación de n y del **nivel de confianza** (z es el valor asociado con el nivel de confianza deseado), según las expresiones siguientes para determinar el tamaño de una muestra representativa:

	Distribución muestral para estimar medias	Distribución muestral para estimar proporciones
Población infinita o finita **con** reemplazamiento	$n = \left(\dfrac{z_{\alpha/2} \cdot \sigma}{E} \right)^2$	$n = \hat{p} \cdot \hat{q} \cdot \left(\dfrac{z_{\alpha/2}}{E} \right)^2$
Población infinita o finita **sin** reemplazamiento	$n = \dfrac{N \cdot z_{\alpha/2}^2 \cdot \sigma^2}{E^2 \cdot (N-1) + z_{\alpha/2}^2 \cdot \sigma^2}$	$n = \dfrac{N \cdot z_{\alpha/2}^2 \cdot \hat{p} \cdot \hat{q}}{E^2 \cdot (N-1) + z_{\alpha/2}^2 \cdot \hat{p} \cdot \hat{q}}$

A la vista de las expresiones anteriores se considera que:

- *si aumentamos el nivel de confianza*, debe aumentar el tamaño de la muestra.
- *si queremos disminuir el error*, tenemos que aumentar el tamaño de la muestra.

Ejemplo

En un ejemplo anterior, determinamos el contenido en cobre de un agua residual, muestreando 25 puntos y obteniendo el resultado de 2,6 ± 0.12 @95%

En otras palabras, 2,6 es una estimación del valor desconocido y existe un 95% de probabilidad que el intervalo (2,48 - 2,72) contenga a la media poblacional (μ) o valor "verdadero".

Supongamos que el resultado no nos resulta satisfactorio y deseamos un intervalo de confianza menor, por ejemplo 0,06. ¿Cómo podemos conseguir ese valor?

El valor 0,12 ha sido calculado como: $\pm 1{,}96\sigma / \sqrt{n} = \pm 0{,}12$ donde σ es la desviación típica del proceso de medición y que se considera constante para una población. Solo queda n para cambiar, y llamaremos n' al tamaño de muestra necesaria para obtener un intervalo de confianza menor: $\pm 1{,}96 \cdot \sigma / \sqrt{n'} = \pm 0{,}06$ y dividiendo ambas ecuaciones resulta:

$$\frac{1{,}96 \cdot \sigma / \sqrt{n}}{1{,}96 \cdot \sigma / \sqrt{n'}} = \frac{0{,}12}{0{,}06} \Rightarrow \frac{\sqrt{n'}}{\sqrt{n}} = 2 \Rightarrow \frac{n'}{n} = 4 \Rightarrow n' = 4 \cdot n = 4 \cdot 25 = 100$$

De aquí se deduce que si aumentamos el tamaño de la muestra (puntos de muestreo) podemos hacer más estrecho el intervalo de confianza, para el mismo nivel de confianza (95 %)

Debido a que el tamaño de la muestra n depende de su raíz cuadrada ($\sqrt{n}$) el tamaño de la muestra n requerido para obtener ciertos límites de confianza, podría ser poco práctico en muchas situaciones experimentales.

Ejemplo

Un biólogo quiere estimar el peso promedio de los corzos cazados en una temporada. Un estudio anterior de diez corzos cazados, mostró que la desviación estándar de sus pesos era de 5 kg. ¿Cuál debe ser el tamaño de la muestra para que el biólogo tenga un 95% de confianza de que el error de estimación no sea mayor de 2 kg ?

Aplicando la relación anterior, para una población infinita, ya que no sabemos el tamaño de la población, resulta: $n = \left(\dfrac{z \cdot \sigma}{E}\right)^2 = \left(\dfrac{1,96 \cdot 5}{2}\right)^2 = 24$

En consecuencia, si el tamaño de la muestra es 24, se puede tener un 95% de confianza en que la media μ difiera en menos de 2 kilos de $\overline{x}$.

Ejemplo:

En un estudio de mercado se desea estudiar la proporción de hogares que disponen de filtros de agua. Si se quiere un nivel de confianza del 95 % y un margen de error del 3%. ¿Cuántos hogares se debería contactar, suponiendo a) que una estimación anterior daba un porcentaje del 76 % b) no se conoce ninguna estimación

a) En el primer caso, se aplica la fórmula: $n = \hat{p} \cdot \hat{q} \cdot \left(\dfrac{z}{E}\right)^2$ *, donde n es el tamaño de la muestra, $\hat{p}$ es la proporción estimada basada en el muestreo, z es el valor asociado con el nivel de confianza deseado y E es el error máximo que tolerará el investigador, resultando:*

$$n = \hat{p} \cdot \hat{q} \cdot \left(\dfrac{z}{E}\right)^2 = 0,76 \cdot 0,24 \cdot \left(\dfrac{1,96}{0,03}\right)^2 = 778,6 \approx 779$$

b) En este segundo caso, al carecer de información, se supone una estimación de $\hat{p} = 0,5$, resultando una población para el mismo margen de error (3%) y nivel de confianza (95%) de: $n = \hat{p} \cdot \hat{q} \cdot \left(\dfrac{z}{E}\right)^2 = 0,5 \cdot 05 \cdot \left(\dfrac{1,96}{0,03}\right)^2 = 1067,1 \approx 1068$

Siguiendo las reglas del Apéndice 12 y en orden a asegurar que la muestra requerida tenga el tamaño adecuado, se redondea al número entero siguiente.

Comentario: Observar como aumenta el tamaño de la muestra necesario, cuando carecemos de información previa.

5. Pequeñas muestras y la distribución t

En las ecuaciones anteriores se utiliza σ, dándola por conocida, pero en muchas ocasiones no se conoce σ y se utiliza s como una estimación de σ.

Para el caso de un número de datos $n \leq 30$, puede hacerse la sustitución de $\mu = \bar{x} \pm z_{\alpha/2} \cdot (\sigma / \sqrt{n})$ *para* $(n > 30)$ por $\mu = \bar{x} \pm t_{\alpha/2}^{n-1} \cdot (s / \sqrt{n})$ $(n \leq 30)$, donde :

- s es una estimación de σ.

- $z_{\alpha/2}$ se sustituye por el parámetro estadistico $t_{\alpha/2}$ derivado de la distribución de Student.

- n-1 es el número de grados de libertad con el que debe determinarse t en la correspondiente tabla de t de dos colas.

El término "grados de libertad" es referido al número de desviaciones independientes $(x_i - \bar{x})$ que se utilizan en calcular s y que en este caso son n-1 desviaciones ya que la última desviación se puede calcular debido a que la suma de todas las desviaciones es 0.

- α es el nivel de significación, empleándose habitualmente $\alpha = 0{,}05$ (nivel de confianza del 95 %).

Para determinar el valor de t si se dispone de una **tabla de una cola** como la del Apéndice 5 y lo que se desea es:

a) buscar el ***valor de una cola,*** se entra por la columna encabezada por α y el *área en una cola.*

b) buscar el ***valor de dos colas***, hay que entrar por la columna encabezada por α y el *área en dos colas.*

Ejemplo

Se desea determinar el valor de t para un nivel de confianza del 95% en un intervalo con 9 grados de libertad.

Al ser un intervalo de confianza debemos buscar el valor de dos colas, en el Apéndice 5.

*Para determinar el valor de t entramos por la columna **Área en dos colas** de 0,05 y con 9 grados de libertad nos da un valor de $t_{\alpha/2} = 2{,}262$*

En la tabla se resumen los parámetros vistos anteriormente:

Característica	Distribución Población	Distribución muestral	
		Medias	*Proporciones*
Media	μ	$\mu_{\bar{x}} = \mu$	$\mu_{\bar{x}} = p$
Desviación	σ	$\sigma_{\bar{x}} = \dfrac{\sigma}{\sqrt{n}}$	$\sigma_{\bar{x}} = \sqrt{\dfrac{\hat{p} \cdot \hat{q}}{n}}$
Valor z	$z = \dfrac{x - \mu}{\sigma}$	$z = \dfrac{\bar{x} - \mu}{\sigma / \sqrt{n}}$	$z = \dfrac{\bar{x} - \mu}{\sqrt{\dfrac{\hat{p} \cdot \hat{q}}{n}}}$
Estadístico t		$t = \dfrac{\bar{x} - \mu}{s / \sqrt{n}}$	

En la gráfica se muestra como elegir la distribución adecuada, según se conozca o no la desviación estándar o el tamaño de la muestra:

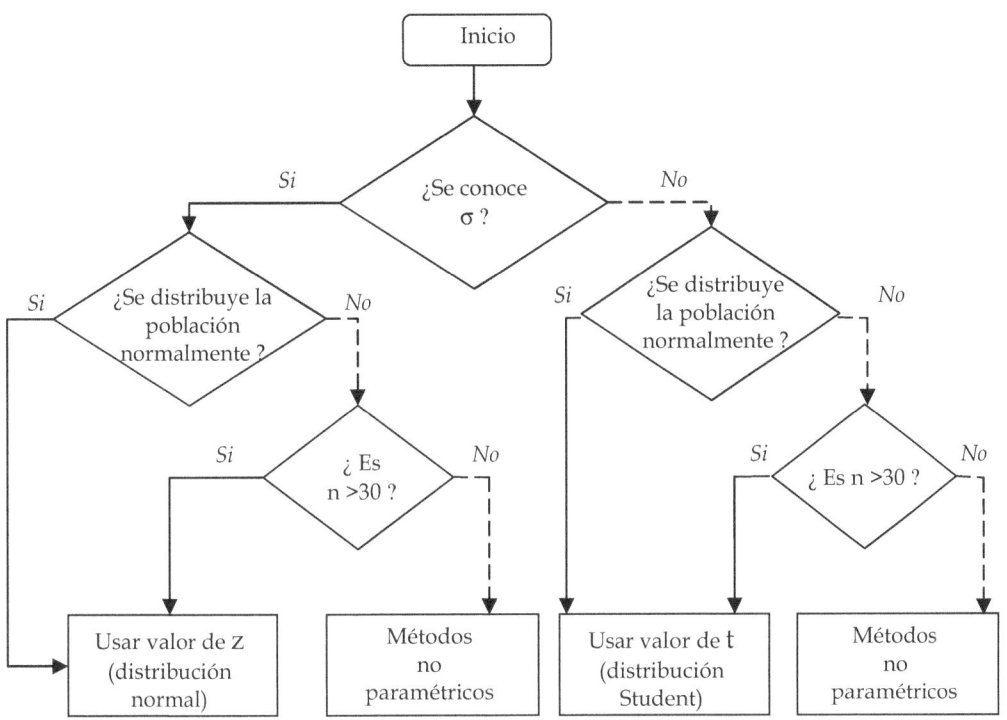

Ejemplo

El contenido de siete sacos de pienso son 49, 51, 52, 49, 50, 51, y 48 kilogramos. Encontrar un intervalo de confianza del 95% para la media de todos los sacos si se supone una distribución aproximadamente normal.

a) Primero, determinamos la media muestral y la desviación estándar para los datos dados, según:

Muestra	Peso, kg	$x - \bar{x}$	$(x - \bar{x})^2$
1	49	-1,0	1
2	51	1,0	1
3	52	2,0	4
4	49	-1,0	1
5	50	0,0	0
6	51	1,0	1
7	48	-2,0	4
Suma=	350	0	12

$$\text{Media} \quad \bar{x} = \frac{350}{7} = 50,0 \quad \text{Desviación estándar} \quad s = \sqrt{\frac{12}{7-1}} = 1,414$$

Al ser una muestra pequeña (n<30), debemos aplicar el estadístico t y como es un intervalo de confianza, debemos buscar el valor en el Área de dos colas y hay que entrar por la columna encabezada por $\alpha = 1 - 0,95 = 0,05$

Para determinar el valor de t entramos por la columna Área de dos colas 0,05 y con 6 (7-1) grados de libertad, nos da un valor de $t_{\alpha/2} = 2,447$

Sustituyendo, queda $\mu = \bar{x} \pm t_{\alpha/2}^{n-1} \cdot (s/\sqrt{n}) = 50,0 \pm 2,447 \cdot (1,414/\sqrt{7}) = 50,0 \pm 1,31\, kg$

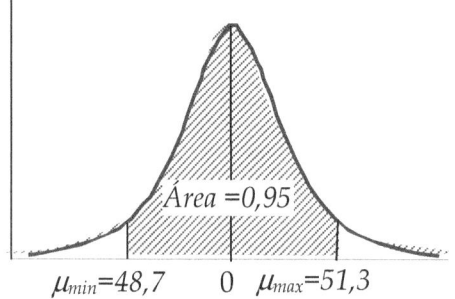

Con un nivel de confianza del 95% se sabe que el promedio del contenido de los sacos es de 50,0 ± 1,3 o lo que es lo mismo, está comprendido entre 51,3 y 48,7 kilogramos.

Ejemplo
La determinación del grado alcohólico de 10 botellas de vino ha dado los siguientes resultados en % volumen etanol (grado).

Muestra Nº	Grado
1	12,8
2	12,3
3	11,9
4	12,2
5	11,8
6	12,2
7	11,9
8	12,0
9	11,8
10	12,1

Calcular el contenido medio y sus límites de confianza para los niveles de significación a) $\alpha=0,1$ b) $\alpha=0,05$ c) $\alpha=0,01$

Primero, determinamos la media y la desviación estándar, según se muestra en la tabla:

Muestra	Grado	$x - \bar{x}$	$(x - \bar{x})^2$
1	12,8	0,70	0,490
2	12,3	0,20	0,040
3	11,9	-0,20	0,040
4	12,2	0,10	0,010
5	11,8	-0,30	0,090
6	12,2	0,10	0,010
7	11,9	-0,20	0,040
8	12,0	-0,10	0,010
9	11,8	-0,30	0,090
10	12,1	0,00	0,000
Suma=	121	0	0,820
Media $\bar{x} = \dfrac{121}{10} = 12,10$		*Desviación estándar*	$s = \sqrt{\dfrac{0,820}{10-1}} = 0,302$

a) Un nivel de significación de $\alpha = 0,1$, indica un nivel de confianza del $(1 - 0,1) \cdot 100 = 90\%$.

Al ser un intervalo de confianza, debemos buscar el valor de dos colas y hay que entrar por la columna encabezada por Área de dos colas con $\alpha = 0,1$
Para determinar el valor de t, entramos por la columna 0,1 y con 9 grados de libertad nos da un valor de $t_{\alpha/2} = 1,833$.

Sustituyendo, queda $\mu = \bar{x} \pm t_{\alpha/2}^{n-1} \cdot (s / \sqrt{n}) = 12,10 \pm 1,833 \cdot (0,302 / \sqrt{10}) = 12,10 \pm 0,175$, *siendo el resultado promedio para un nivel de confianza del 90 % de $12,10 \pm 0,18$.*

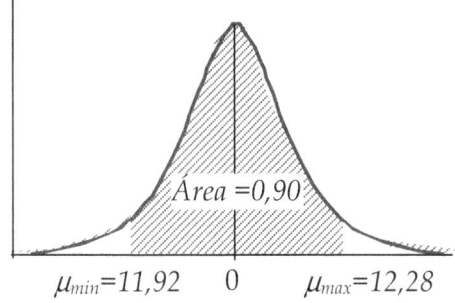

Área =0,90

$\mu_{min} = 11,92$ 0 $\mu_{max} = 12,28$

Los casos b) y c) se resuelven de la misma manera y se resumen en la tabla:

Nivel de significación	P, (%)	t	Intervalo de confianza	Limite inferior	Límite Superior
0,1	90	1,83	0,17	11,92	12,28
0,05	95	2,26	0,21	11,89	12,31
0,01	99	3,25	0,30	11,80	12,40

Comentario: Observar, como a medida que aumenta el nivel de confianza aumenta el intervalo, disminuyendo la precisión de la determinación y de ahí lo importante que resulta conjugar estas dos variables: precisión y confianza.

1. Introducción

Debido a que la población es muy grande, es necesario trabajar con muestras, pero los parámetros que se obtienen de la muestra solo se pueden trasladar a la población si superan una **prueba o test de significación**.

Para ello, se debe estudiar si alguno de los estadísticos muestrales obtenidos experimentalmente es significativamente diferente del valor verdadero o teórico esperado, pudiéndose determinar si nuestros datos llevan asociado un componente de error sistemático, además del error aleatorio inevitable.

En el caso de la media, se trata de ver si la diferencia entre x y μ es superior al error que conlleva toda determinación experimental y para ello se llevan a cabo test o pruebas de significación, que tratan de encontrar si hay diferencias estadísticamente significativas entre μ y x.

Es importante destacar que cada uno de los test que se aplique dependerá de la cantidad de información que tengamos en cada circunstancia, como el tamaño de la muestra.

Así, cuando hay un gran tamaño de muestra, pequeñas diferencias, aparentemente no importantes, pueden resultar significativas, indicando esto, que estamos seguros de que la diferencia es real y no ocurrió por aleatoriedad. Inversamente, cuando hay muestras demasiado pequeñas o de gran variabilidad, diferencias importantes, pueden no ser estadísticamente significativas.

El término "significativo" tiene una gran importancia en estadística e indica que la diferencia entre parámetros no puede deberse al azar y de aquí que algunos estadísticos adopten la siguiente terminología:

> -Si las diferencias encontradas son significativas al nivel del 0,01 se dice que son *altamente significativas*.
> -Si las diferencias encontradas son significativas al nivel del 0,05 se dice que son *estadísticamente significativas*.
> -Si las diferencias encontradas son significativas al nivel de 0,05 pero no al nivel de 0,1 se dice que son *probablemente significativas*.
> -Si los resultados son significativos a niveles superiores al 0,1 se dice que *no son estadísticamente significativos*.

La alternativa más usada es la de trabajar con un nivel de significación del 5 % (α=0,05) para la mayoría de la determinaciones y ensayos, debido a que proporciona un buen balance entre precisión (ancho del intervalo de confianza) y confiabilidad, expresada como el grado de confianza (1-α = 0,95).

El decir "estadísticamente significativo" indica la seguridad con la que aceptamos la prueba. Después de encontrar una relación significativa, es importante evaluar su fuerza, ya que las diferencias significativas pueden ser grandes o pequeñas, dependiendo del tamaño de la muestra.

2. Test o prueba estadística.

2.1 Conceptos

Una **prueba estadística o test de significación** es una técnica estadística que nos permite juzgar si hay diferencias entre una propiedad que se supone cumple la población estadística y la observada en una muestra de dicha población.
En la curva de distribución, podemos considerar:

- *región crítica*: conjunto de valores de la prueba estadística que muestran diferencias significativas entre la muestra y la población.

- *nivel de significación (α)*: probabilidad de que la prueba estadística caiga dentro de la región crítica. Si la prueba estadística cae dentro de la región crítica, se admite que hay diferencias significativas entre muestra y población. Los valores de α comúnmente seleccionados son 0,01; 0,05 y 0,1.

- *valor crítico*: cualquier valor que separa la región crítica de rechazo de la región de aceptación, donde no existen diferencias significativas entre muestra y población. El valor crítico depende de la distribución muestral a la que se aplique.

Los extremos o colas de una distribución son las regiones limitadas por los valores críticos. Las pruebas pueden ser:

- *unilaterales o de una sola cola*: prueba de significación estadística en la cual solo se toman en cuenta las desviaciones respecto de la población en una sola dirección de la curva de distribución.
El empleo de una prueba unilateral implica que el investigador no considera posible una desviación verdadera en dirección opuesta, pudiendo diferenciar:
- *Prueba de cola derecha*: donde la región crítica está en la región extrema derecha de la curva.
- *Prueba de cola izquierda*: donde la región crítica está en la región extrema izquierda de la curva.

Son ejemplos de pruebas de una cola o unilaterales aquellas que si tienen en cuenta el signo de la distribución, como cuando nos interesa saber cual de los dos métodos es más preciso o queremos probar si algo es mejor o peor que lo establecido. Términos como *"mayor que"*, *"menor que"*, *"superior a"* y otros similares son los más adecuados para la prueba unilateral.

-bilaterales o de dos colas: prueba de significación estadística en la que se toman en cuenta las desviaciones respecto de la población en cualquier dirección de la curva de distribución. La región crítica está en las dos regiones extremas de la curva.

El uso de una prueba bilateral implica que el investigador desea considerar las desviaciones en cualquier dirección antes de la toma de datos.

Son ejemplos de pruebas bilaterales los casos que se refieren a probar si existen diferencias significativas entre una población establecida y una muestra representativa de esa población.

En la gráfica se muestran los tipos de pruebas para un nivel de significación del *0,05*:

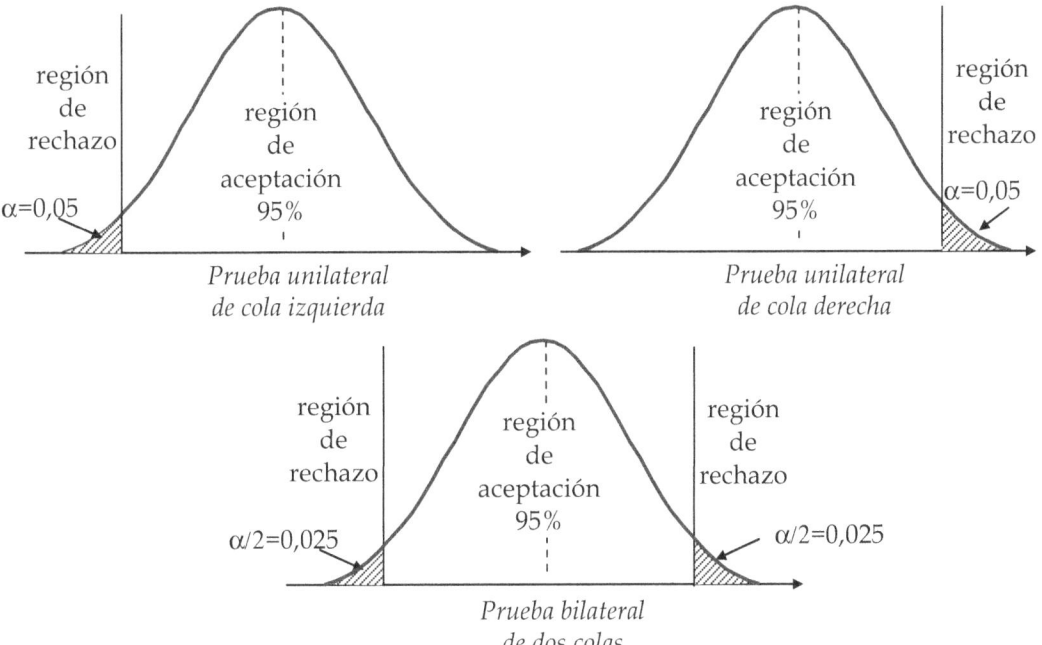

Prueba unilateral
de cola izquierda

Prueba unilateral
de cola derecha

Prueba bilateral
de dos colas

En la tabla se resumen estas diferencias:

Prueba	Nivel de significación	Región de rechazo	Intervalo de confianza	Nivel de confianza
Una cola	α	α	$1-\alpha$	$(1-\alpha) \cdot 100$
Ejemplo	*0,05*	*0,05*	*1- 0,05 = 0,95*	*95%*
Dos colas	α	$2.(\alpha/2)$	$[1-2.(\alpha/2)]$	$[1-2.(\alpha/2)] \cdot 100$
Ejemplo	*0,05*	*2.(0,5/2)=0,05*	*1- 2.(0,025) = 0,95*	*95%*

En muchas situaciones experimentales no se tiene una idea preconcebida en que dirección se encontrarán las diferencias entre la medida experimental y el valor de referencia, y para cubrir cualquier posibilidad se elige la prueba bilateral, aunque en otras ocasiones sólo nos interesa ver si esa diferencia es mayor o menor, y entonces se elige la prueba unilateral.

No obstante, *la decisión sobre si la prueba es bilateral o unilateral debe tomarse antes de realizar el experimento*, y no después cuando los resultados podrían prejuzgar la elección.

2.2 Procedimiento utilizado para los test de significación

Siempre que se realice una prueba o test de significación, se trata de un ensayo comparando el valor que hemos calculado con un valor crítico.

No importa qué tipo de test apliquemos (t-estadístico, chi-cuadrado estadístico, F-estadístico, etc.), el procedimiento es siempre el mismo:

$1°$ Decidir el nivel de significación α, es decir, el error que se está dispuesto a aceptar.

$2°$ Elegir la distribución muestral más adecuada.

- *cuando σ es conocida* se elige la distribución normal y se calcula el parámetro z.

- *cuando σ es desconocida* y <u>alguna o ambas</u> de las siguientes condiciones se cumple:

- *la población* sigue una distribución normal
- *el n° de datos de la muestra* es mayor que 30: *n>30*

Entonces, se elige la distribución de Student y se calcula el parámetro *t*.

$3°$ Tomar la decisión sobre si la prueba es bilateral o unilateral.

$4°$ Calcular el valor experimental del parámetro estadístico correspondiente a partir de los datos experimentales.

$5°$ Comparar el parámetro estadístico calculado con el valor crítico del estadístico correspondiente, siguiendo los siguientes procedimientos:

- <u>*Método tradicional o comparación con valores críticos*</u>, pudiendo darse dos casos:

- *Si el estadistico calculado es mayor que el valor crítico* de la tabla (en valores absoluto), las diferencias entre muestra y población **si** se consideran significativas.

- *Si el estadistico calculado es igual o inferior al valor crítico* de la tabla (en valores absoluto), las diferencias entre muestra y población **no** se consideran significativas.

*- **Método por intervalo de confianza*** pudiendo darse dos casos:

- Si el parámetro de la población calculado no está dentro del intervalo de confianza, las diferencias entre muestra y población **si** se consideran significativas.

- Si el parámetro de la población calculado está dentro del intervalo de confianza, las diferencias entre muestra y población **no** se consideran significativas.

*- **Método de cálculo del valor P*** donde el valor P representa el nivel de significación hasta el cual se puede mantener que no hay diferencias significativas:

- Si P > a **no** hay diferencias significativas entre muestra y población.
- Si P < a **si** hay diferencias significativas entre muestra y población.

En el siguiente gráfico se resumen las condiciones a cumplir para elegir una prueba, comparando con valores críticos.

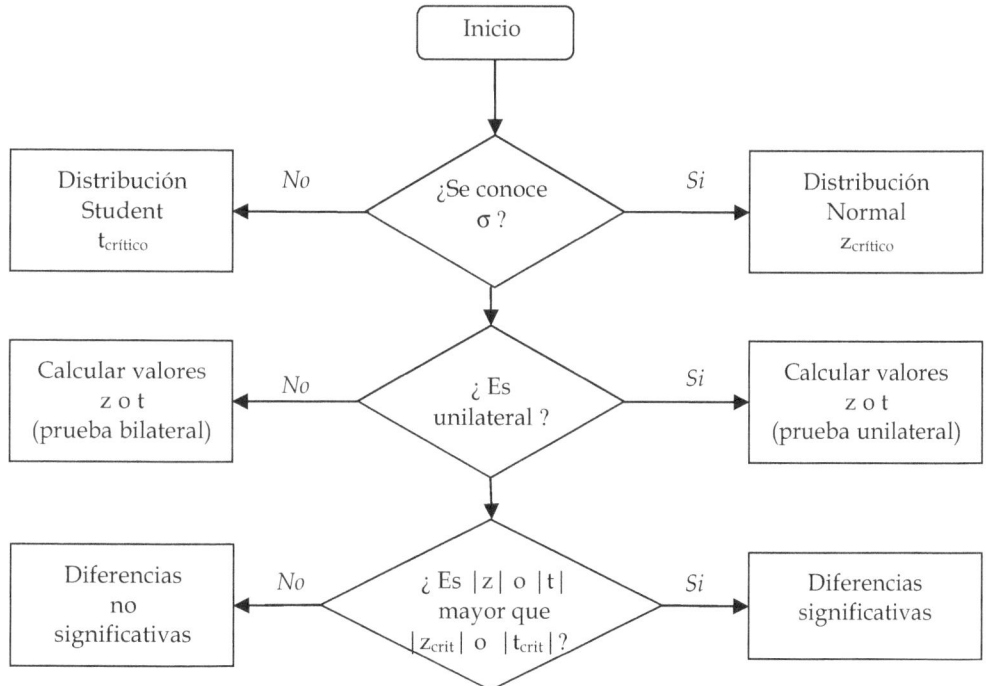

3. Test de significación

Los test que se van a aplicar, se resumen en la siguiente tabla:

N^o	Tipo Test	Comprobar si existen diferencias significativas entre:	Cuando
1	z	Media muestral $\bar{x}$ y media poblacional (μ)	Desviación estándar poblacional σ es conocida.
2	t	Media muestral $\bar{x}$ y media poblacional (μ)	Desviación estándar poblacional σ es desconocida.
3	z	Media muestral $\bar{x}_1$ y media muestral $\bar{x}_2$	Desviación estándar poblacional conocida para ambas muestras
4	t	Media muestral $\bar{x}_1$ y media muestral $\bar{x}_2$	Desviación estándar poblacional no es conocida, pero se considera iguales para ambas muestras.
5	t	Media muestral $\bar{x}_1$ y media muestral $\bar{x}_2$	Desviaciones estándar poblacionales no conocidas, pero poco probable que sean iguales.
6	t	Media muestral $\bar{x}_1$ y media muestral $\bar{x}_2$ dependientes	Desviaciones estándar son esencialmente iguales y no dependen del tipo de muestra.
7	χ^2	Variabilidad muestral y variabilidad poblacional	Desviación estándar poblacional σ conocida.
8	F	Desviación muestral s_1^2 y desviación muestral s_2^2	Desviación estándar poblacional σ desconocida.

En los ejemplos que vamos a ver se utilizarán muestras pequeñas y las distribuciones que se aplican (z, t de student, χ^2 chi-cuadrada y F de Fisher) vendrán condicionadas a que la distribución de donde proviene la muestra se ajuste a la curva normal vista anteriormente.

3.1 Test que compara la media muestral con una media anterior, cuando la media y la desviación estándar poblacional son conocidas.

Ejemplo

En un laboratorio de química orgánica se llevan años haciendo extracciones de soluciones etanol-agua (10-15% p/v) con el disolvente benceno con un rendimiento promedio del 85% y una desviación estándar de 5.

	R, %	
84	81	84
82	83	79
80	82	83
Media=	82,0	

Debido a su toxicidad, se cambia el disolvente benceno por hexano. Se hacen 9 extracciones y los rendimientos obtenidos han sido los que se muestran en la tabla.

Indica si las diferencias son significativas para un nivel de confianza del 95%.

Para resolver el problema, necesitamos hacer algunas suposiciones:

- El conjunto de resultados de la extracción con hexano sigue una distribución normal.

- Las condiciones de aleatoriedad no cambian por el cambio de disolvente y se supone que las 9 extracciones constituyen una muestra de la población que representan las extracciones anteriores, pudiendo asumir que, las extracciones realizadas durante años constituyen una buena estimación de la media y desviación estándar, por lo que consideramos que conocemos la media y la desviación estándar que representamos en la figura:

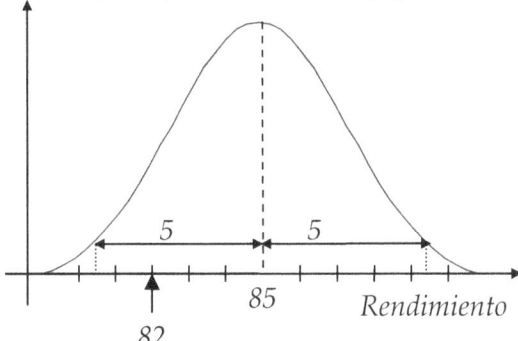

Según la gráfica anterior, parece que los datos obtenidos con benceno no excluyen el resultado del 82% con hexano, sin embargo, es necesario tener en cuenta que aunque la media es de 85, es posible que se hayan obtenido resultados iguales o inferiores al 82% en el pasado y la pregunta que nos haríamos ¿Es muy común encontrar resultados iguales o inferiores al 82 %? e igualmente podemos preguntarnos ¿Es poco común encontrarnos resultados iguales o inferiores al 82%?

Para responder a las preguntas anteriores es necesario acudir a la prueba estadística y para ello:

1º Se decide el nivel de significación α, es decir, el error que se está dispuesto a aceptar, que para este cas, viene dado por el problema: α=1-0,95 = 0,05

2º Elegir la distribución muestral más adecuada. Como en este caso, σ es conocida, se elige la distribución normal

*3º Decidir si la prueba es bilateral o unilateral. En este caso y **solo como ejemplo** vamos a desarrollar las dos pruebas, siendo las preguntas en:*

- prueba unilateral: ¿Se obtiene un mayor rendimiento con el disolvente hexano que con el disolvente benceno?

- prueba bilateral: ¿Hay diferencias significativas entre utilizar uno u otro disolvente?

Recordando, que la decisión sobre si la prueba es bilateral o unilateral debe tomarse antes de realizar el experimento y no después, ya que los resultados podrían prejuzgar la elección.

4° Se Calcula el valor experimental del parámetro estadístico z correspondiente, a partir de los datos experimentales, según: $z = \dfrac{\overline{x} - \mu}{\sigma/\sqrt{n}} = \dfrac{82 - 85}{\dfrac{5}{\sqrt{9}}} = -1,8$

5° Se compara el parámetro estadístico calculado con el valor crítico del estadístico correspondiente, siguiendo el procedimiento:

a) prueba unilateral, donde el valor de P representa el nivel de significación hasta el cual se puede mantener que no hay diferencias entre utilizar el disolvente hexano y el disolvente benceno.

*- Si la probabilidad es **mayor** que 0,05, se acepta que con el disolvente benceno **no** se obtienen mayores rendimientos que con el hexano.*

*- Si la probabilidad es **menor** que 0,05, se acepta que con el disolvente benceno **si** se obtienen mayores rendimientos que con el hexano.*

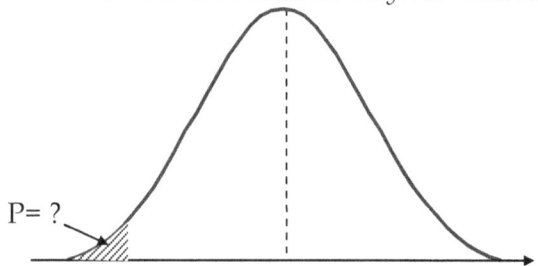

P= ?

Prueba unilateral de cola izquierda

Con el valor de z, vamos a las tablas (ver apéndice 3) y determinamos el valor P según:

z	.00	.01	.02	.03	,04	.05	.06	.07	.08	.09
…	…	…	…	…	…	…	…	…	…	…
-1,8	0,0359	…	…	…	…	…	…	…	…	…

*El valor de z = -1,8 da un valor de P =0,0359, observando que el valor es menor que el valor de α, ya que 0,0359 < 0,05, concluyendo, que con el disolvente benceno **si** se obtienen mayores rendimientos que con el hexano, y por tanto **hay diferencias significativas** entre los dos disolventes.*

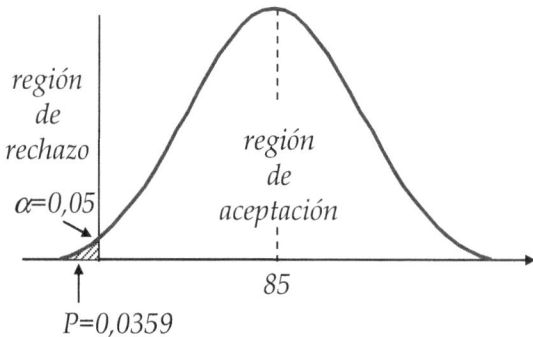

región de rechazo

α=0,05

región de aceptación

85

P=0,0359

b) prueba bilateral, donde el valor de P representa el nivel de significación hasta el cual se puede mantener que no hay diferencias significativas entre utilizar el disolvente hexano y el disolvente benceno.

-Si la probabilidad es **mayor** que 0,05 se acepta que **no** hay diferencias significativas entre el hexano y el benceno.
-Si la probabilidad es **menor** que 0,05 se acepta que **si** hay diferencias significativas entre el disolvente entre el hexano y el benceno.

En la tabla del Apéndice 3 se buscan los valores de P, que para el caso del valor calculado z = -1,8, resulta:

z	.00	.01	.02	.03	,04	.05	.06	.07	.08	.09
...	...	...	...	...	...	...	...	...	...	...
-1,8	0,0359	...	...	...	...	...	...	...	...	...

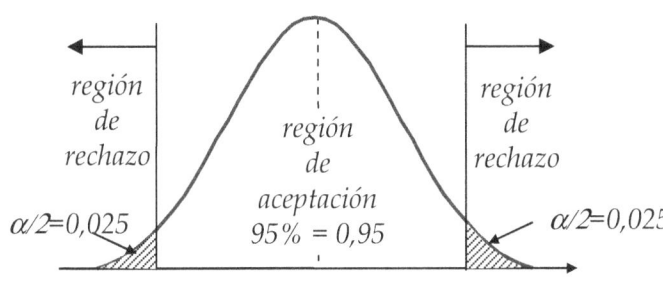

Dando como resultado 0,0359, pero como es una prueba bilateral el valor de P debe multiplicarse por 2 ya que el dato anterior de la tabla se refiere solo a la cola izquierda resultando un valor de:
P = 2. 0,0359 = 0,0718.

Como la probabilidad (P = 0,0718) es **mayor** que 0,05, se acepta que **no** hay diferencias significativas entre el disolvente benceno y el disolvente hexano.

En la tabla se resumen los cálculos:

Probabilidad	95%	95%
Nivel de significación	0,05	0,05
Ensayo	Unilateral	Bilateral
Valor P crítico	0,05	0,05
Valor P calculado	0,0359	0,0718
Conclusión	Hay diferencias significativas	No hay diferencias significativas

Comentario: En este ejemplo, se aprecia claramente como un mismo resultado puede tener conclusiones opuestas, dependiendo de si aplicamos la prueba unilateral o bilateral. No obstante, para obviar este problema, debemos tomar la decisión sobre si la prueba es bilateral o unilateral antes de realizar el experimento y no después, cuando los resultados podrían prejuzgar la elección.

Ejemplo

Dato	microgramos/Litro
1	83
2	90
3	78
4	86
5	94
6	84
7	89
8	79
9	85
10	93

Se ha determinado el contenido de plomo (Pb) en sangre en operarios de estaciones de servicio y los datos se recogen en la tabla anexa. Pruebas anteriores determinaron un contenido medio de plomo 89 y una desviación estándar de 4,5.

¿Es estadísticamente significativa esta muestra de control de los datos recogidos anteriormente para niveles de confianza del a) 95 % b) 99 %

1° *Se decide el nivel de significación α, que para el primer caso es: $\alpha =1-0,95 = 0,05$*

2° *Se elige la distribución muestral más adecuada y como en este caso σ es conocida, se elige la **distribución normal***

3° *Se decide que la prueba sea **bilateral o de dos colas,** ya que las desviaciones de la media muestral con respecto a la media poblacional pueden ser en cualquier dirección, estando la región crítica en las dos regiones extremas de la curva.*

Dato	microgramos/L
1	83
2	90
3	78
4	86
5	94
6	84
7	89
8	79
9	85
10	93
Media=	86,1

4° *Se calcula el valor experimental del parámetro estadístico z correspondiente, a partir de los datos experimentales. Para ello, debemos primero determinar la media, que viene dada en la tabla adjunta.*

El valor de z se calcula como:

$$z = \frac{\bar{x} - \mu}{\sigma / \sqrt{n}} = \frac{89,0 - 86,1}{\dfrac{4,5}{\sqrt{10}}} = -2,038$$

5° *Se compara el parámetro estadístico calculado con el valor crítico del estadístico correspondiente, siguiendo los siguientes procedimientos:*

a) Método tradicional o comparación con valores críticos,

Bajo la hipótesis de normalidad, la comparación de ambos grupos (muestra y población) puede realizarse en términos de un único parámetro como la media, de forma que en este ejemplo, la hipótesis inicial de partida sería: "es esta muestra (x) de control, diferente de muestras previas ($\mu = 86,0$)".

*Para ver si la muestra (media) es estadísticamente diferente, es necesario consultar el valor de z crítico para un valor de probabilidad de 0,05, y al ser un ensayo **bilateral** debemos dividir entre 2 ya que el área se distribuye entre las dos colas resultando para un valor de $\alpha/2 = 0,05/2 = 0,025$, valores críticos de z =- 1,96 y z =1,96*

En la tabla se muestra como se buscan estos datos:

    -1° se busca el valor de z para una probabilidad de 0,025 (cola izquierda)

    -2° se busca el valor de z para una probabilidad de 0,975 (0,95 + 0,025: cola derecha)

z	.00	.01	.02	.03	,04	.05	.06	.07	.08	.09
…	…	…	…	…	…	…	…	…	…	…
-1,9	…	…	…	…			0,025	…	…	…
…	…	…	…	…	…	…	…	…	…	…
1,9							0,975			

En la figura se muestran las dos colas y los valores correspondientes de z por simetría:

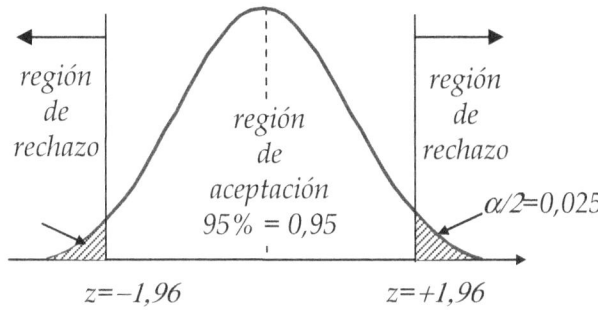

El estadístico calculado -2,038 en valor absoluto   es mayor que el valor crítico de la tabla $z_{crítico}= -1,96$

$|-2,038| > |-1,96|$

*Por lo tanto, las diferencias entre la muestra y la población **si** se consideran significativas para un nivel de significación del 0,05.*

En la tabla, se resumen los resultados para el nivel de confianza del 99%

Nivel de confianza	95%	99%
Nivel de significación	0,05	0,01
Ensayo	Bilateral	Bilateral
$z_{crítico}$ (tablas)	1,96	2,575
$z_{calculado}$	-2,038	-2,038
Conclusión	Hay diferencias significativas	No hay diferencias significativas

*Comentario: Como vemos, debemos aumentar el nivel de confianza al 99 % para que no haya diferencias significativas, concluyendo que las diferencias entre las muestras anteriores y el resultado promedio de la nueva muestra **no son altamente significativas**.*

b) Método por intervalo de confianza

1° Determinamos el intervalo de confianza, alrededor de la media poblacional, para un nivel de confianza del 95 %.
Para ello, calculamos la media y su intervalo para un nivel de confianza del 95%
según: $\mu = \mu_{\overline{x}} \pm z_{\alpha/2} \cdot (\sigma / \sqrt{n}) = 89{,}0 \pm 1{,}960 \cdot 4{,}5 / \sqrt{10} = 89{,}0 \pm 2{,}8$

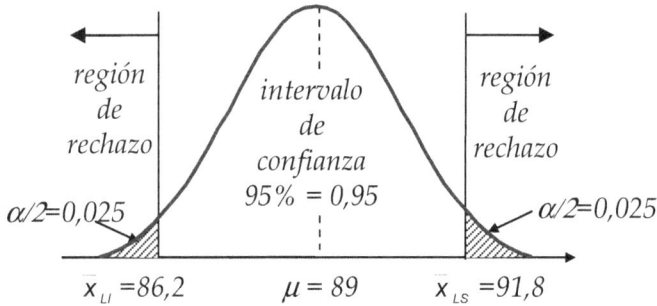

Esto indica que la media poblacional para un nivel de significación del 0,05 estará comprendida entre 86,2 y 91,8, según se muestra en la figura.

*2° Si la media muestral cae dentro del intervalo, no hay diferencias significativas. En este caso, **si** hay diferencias significativas, ya que la media de la muestra 86,1 no cae dentro del intervalo calculado con un nivel de confianza del 95%.*

En la tabla se resumen los resultados para otros niveles de confianza:

Probabilidad	95%	99%
Nivel de significación	0,05	0,01
Ensayo	Bilateral	Bilateral
$z_{crítico}$ (tablas)	1,96	2,575
Limite superior	91,8	92,7
Media	89	89
Limite inferior	86,2	85,3
Media Muestra	86,1	86,1
Media en el Intervalo	fuera	dentro
Conclusión	Hay diferencias Significativas	No hay diferencias significativas

Concluyendo, no hay diferencias significativas para un nivel de confianza del 99 %, pero si las hay para un nivel de confianza del 95 %.

Comentario: Observar que a medida que aumentamos el nivel de confianza aumenta el intervalo de confianza, o en otras palabras, si queremos que no haya diferencias significativas debemos aumentar las posibilidades.

c) Método de cálculo del valor P

1° Calculamos la probabilidad P, donde el valor P representa el nivel de significación hasta el cual se puede mantener que no hay diferencias significativas. En la tabla del apéndice 3 se busca los valores de z, con su valor de P, entre los cuales estará el valor de z calculado. En este caso, buscamos para el valor de z = -2,038

z	.00	.01	.02	.03	,04	.05	.06	.07	.08	.09
...	...	...	...	...	...	...	...	...	...	...
-2,0	...	...	...	0,0212	0,0207	...	...	...	...	...

Como no es valor exacto, debemos interpolar:

	z	P
	-2,03	0,0212
	-2,04	0,0207
Diferencias	0,01	0,005

Calculando la diferencia entre el valor de z calculado 2,038 y 2,03 resulta 0,008 y relacionando: $0,01 \rightarrow 0,0005$

$$0,008 \rightarrow x \quad ; \quad x = \frac{0,008 \cdot 0,0005}{0,01} = 0,0004$$

Dando como resultado 0,0212 - 0,0004 = 0,0208 y para calcular el valor de P lo multiplicamos por 2 ya que el cálculo anterior se refiere solo a la cola izquierda, resultando un valor de P = 2 . 0,0208 = 0,0416.

2° Se aplica el criterio de
     *-Si P >α **no** hay diferencias significativas entre muestra y población.*
     *-Si P < α **si** hay diferencias significativas entre muestra y población*

Resultando que 0,0416 es menor que 0,05 y mayor que 0,01, estando la muestra en el primer caso en la región de rechazo y por tanto no representativa de muestras anteriores y en el segundo caso en la región de aceptación y si representativa, siendo el límite de aceptación el valor de 4,16 %.

En la tabla se resumen los cálculos:

Probabilidad	95%	99%
Nivel de significación	0,05	0,01
Ensayo	Bilateral	Bilateral
Valor P crítico	0,05	0,01
Valor P calculado	0,0416	0,0416
Conclusión	Hay diferencias significativas	No hay diferencias significativas

*La conclusión final es que el grupo de control es **altamente representativo** de las muestras anteriores y puede ser considerado parte de la población con un nivel de confianza del 99%.*

3.2 Test para ver si hay diferencia entre la media de una muestra y la media de una población, cuando la desviación estándar no es conocida y puede estimarse a partir de la muestra.

Para aplicar este tipo de test, una o ambas condiciones deben ser satisfechas:
- los datos deben seguir una distribución normal.
- el número de datos debe ser mayor que 30: *n>30*

Ejemplo

Se ha registrado durante un año la media de SO_2 en el aire de una estación de autobuses en un punto determinado y dando una concentración media anual de 62 $\mu g/m^3$. Después de cambiar algunos autobuses de gasóleo a biodiesel y hacer un registro diario durante 1 mes (30 días) en el mismo punto de muestreo, se encontró una concentración media de SO_2 de 59 $\mu g/m^3$ con una desviación estándar de 6,5. Suponiendo que los datos siguen una distribución normal, indica si hay diferencias significativas entre el gasóleo y el biodiesel en cuanto al grado de contaminación producida a) a un nivel de confianza del 95% b) a un nivel de confianza del 99%

1º Se decide el nivel de significación α, que para el primer caso es: α =1-0,95 = 0,05

*2º Se elige la distribución muestral más adecuada. Como en este caso, σ es desconocida y se cumple que los datos siguen una distribución normal, se elige la **distribución de Student**, calculando el parámetro **t**.*

*3º Se decide la prueba unilateral ya que antes de empezar el experimento el único resultado que interesa es si el biodiesel disminuye la concentración de SO_2 a niveles significativos, estadísticamente hablando, y por tanto solo es necesario contrastar la disminución. Para ello se realiza una prueba **unilateral de una sola cola** en la cual solo se toman en cuenta las desviaciones respecto de la población en una sola dirección. En este caso se utiliza la prueba de **cola izquierda** ya que la región crítica (media) está en la región de la izquierda.*

4º Se Calcula el valor experimental del parámetro estadístico t correspondiente a partir de los datos experimentales. El valor de t se calcula como: $t = \dfrac{\bar{x} - \mu}{\sigma / \sqrt{n}} = \dfrac{59 - 62}{\dfrac{6,5}{\sqrt{30}}} = -2,528$

5º Se compara el parámetro estadístico calculado con el valor crítico del estadístico correspondiente, siguiendo los siguientes procedimientos:

a) Método tradicional o comparación con valores críticos

La comparación de ambos grupos (muestra y población) da lugar a la hipótesis inicial de partida: "¿contribuye el biodiesel a disminuir el grado de contaminación en sulfuroso del medio ambiente?". Para ver si la muestra (media) de biodiesel es estadísticamente diferente es necesario consultar el valor de t crítico para un valor de probabilidad de 0,05 en el área de una cola y 29 grados de libertad.

En la tabla se muestra como se buscan este dato:

	Área en una cola				
	0,005	0,01	0,025	0,05	0,1
Grados	Área en dos colas				
de libertad	0,01	0,02	0,05	0,10	0,20
....	....	...	....	...	...
29	...	...	...	1,699	...

Resultando un valor de t de 1,699 y   por simetría, $t_{crítico}$ =- 1,699

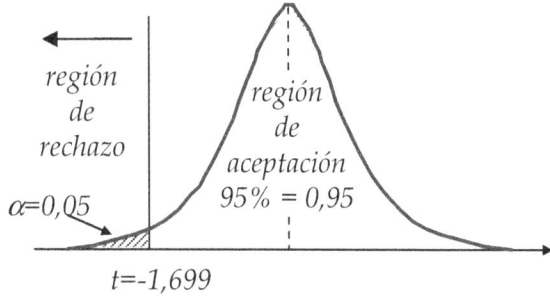

*Como el estadístico calculado -2,528 en valor absoluto es mayor que el valor crítico de la tabla, t-crítico = -1,699 y como |-2,528|>|-1,699|, se concluye que **si** hay diferencias significativas y por tanto el biodiesel disminuye la concentración de SO_2 a niveles significativos.*

En la tabla se resumen los resultados, incluyendo el nivel de confianza del 99%:

Nivel de confianza	95%	99%
Nivel de significación	0,05	0,01
Ensayo	Unilateral	Unilateral
Grados libertad	29	29
t crítico (tablas)	-1,699	-2,462
t calculado.	-2,528	-2,528
Conclusión	Hay diferencias significativas	Hay diferencias significativas

*Por tanto la **diferencia es significativa** para un nivel de significación de 0,05 y 0,01, demostrando que el biodiesel contribuye a disminuir la contaminación ambiental con un nivel de confianza del 95 y 99 %. En otras palabras, la probabilidad de que la diferencia se deba al azar es menor del 1%.*

b) *Método por intervalo de confianza*

1° *Se determina el valor límite de la media a partir de la cual no hay diferencias significativas:* $\bar{x}_L = \mu - \dfrac{t \cdot s}{\sqrt{n}} = 62 - \dfrac{1,699 \cdot 6,5}{\sqrt{30}} = 60,0$

2° *En este caso, si hay diferencias significativas, ya que la media de la muestra 59 es menor que 60,0 (límite inferior de la media poblacional).*

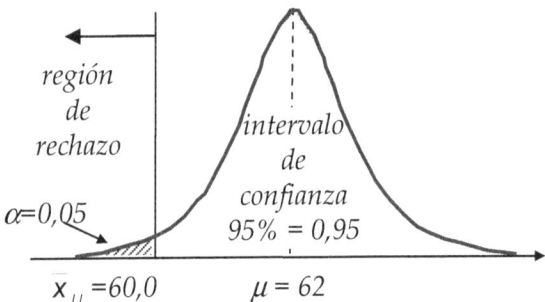

En la tabla se resumen los resultados para los dos niveles de confianza:

Probabilidad	95%	99%
Nivel de significación	0,05	0,01
Ensayo	Unilateral	Unilateral
t-crítico (tablas)	-1,699	-2,462
Media	62	62
Limite inferior	60,0	59,1
Media Muestra	59	59
Conclusión	Hay diferencias Significativas	Hay diferencias significativas

*Concluyendo, que **si** hay diferencias significativas para un nivel de confianza del 95 % y del 99 %.*

c) *Método de cálculo del valor P*

1° *Calculamos la probabilidad P*

Con el valor de t calculado previamente, se va a la tabla de distribución del parámetro t (Apéndice 5) y se busca la probabilidad de un valor de t igual 2,528. Según la tabla del apéndice, el valor de t para 29 grados de libertad más próximo se encuentra entre 2,756 y 2,462. Por lo tanto, el valor de P estará comprendido entre 0,005 y 0,01: 0,005 < P < 0,01

	Área en 1 cola				
	0,005	0,01	0,025	0,05	0,1
Grados	Área en 2 colas				
de libertad	0,01	0,02	0,05	0,10	0,20
....	....	...	....	...	...
29	2,756	2,462	....	...	...

	t	P
	2,756	0,005
	2,462	0,01
Diferencias	0,294	0,005

Interpolamos, calculando la diferencia entre el valor de t calculado 2,756 y 2,528 resulta 0,228 y relacionando:

$$0,294 \rightarrow 0,005$$
$$0,228 \rightarrow x \qquad ; x = (0,228 \cdot 0,005)/0,294 = 0,0039$$

Dando como resultado: $0,005 + 0,0039 = 0,0089$

Se puede utilizar directamente la función Excel® =DISTR.T (2,528 ; 29; 1) con un resultado de P = 0,0086

En la tabla se resumen los siguientes cálculos:

	95%	99%
Probabilidad		
Nivel de significación	0,05	0,01
Ensayo	Bilateral	Bilateral
Valor P crítico	0,05	0,01
Valor P calculado	0,0089	0,0089
Conclusión	Hay diferencias significativas	Hay diferencias significativas

En cualquiera de los casos, el valor de P es menor que 0,05 (1-0,95) y 0,01 (1-0,99) y por tanto, fuera de la región de aceptación, se concluye que si hay diferencias significativas entre las medias, para niveles de significación del 0,05 y 0,01.

Comentario: Los resultados de este experimento eran previsibles, ya que el biodiesel carece de azufre en su composición, al ser de origen vegetal.

3.3 Test para ver si hay diferencia entre las medias de dos muestras independientes cuando la desviación estándar poblacional es conocida para ambas muestras.

Para hacer inferencias estadísticas sobre dos poblaciones, se necesita tener una muestra de cada población y se consideran **muestras independientes** cuando la selección de los datos de una población no está relacionada con los datos de la otra. Así, se consideran muestras independientes cuando se comparan dos grupos independientes de observaciones.

Para aplicar este test **una o ambas condiciones** deben ser satisfechas:
- las dos muestras deben tener un tamaño mayor de 30: $n_1 > 30$ y $n_2 > 30$
- las dos muestras proceden de una distribución normal

Ejemplo

Se ha realizado el estudio de operarios que trabajan en Galvanotecnia con baños de Cromo en dos plantas diferentes, pero con similares condiciones de trabajo. Los resultados de Cromo en sangre, en µg/ml han sido los que se muestran en la tabla. Sabiendo que en estudios previos se ha estimado una desviación estándar para la población de 0,10 µg/ml de Cromo en sangre, indica si hay diferencias significativas en la exposición al Cromo entre las dos plantas para un nivel de confianza a) 95% b) 99%, suponiendo que las dos muestras proceden de una distribución normal.

Planta A, µg/ml Cr	Planta B, µg/ml Cr
0,5	0,2
0,4	0,3
0,4	0,4
0,3	0,1
0,6	0,2
0,4	0,4
0,4	0,3
0,3	0,1
0,4	0,5
0,7	0,6

1° Se determina la media de cada una de las muestras, según los procedimientos vistos anteriormente.

Planta A µg/ml Cr	Planta B µg/ml Cr
0,5	0,2
0,4	0,3
0,4	0,4
0,3	0,1
0,6	0,2
0,4	0,4
0,4	0,3
0,3	0,1
0,4	0,5
0,7	0,6
$\bar{x} = 0,44$	0,31

2° Para decidir si hay diferencias entre las dos medias muestrales, se calcula el estadístico z: $z = \dfrac{\bar{x}_1 - \bar{x}_2}{\sqrt{\dfrac{\sigma_1^2}{n_1} + \dfrac{\sigma_2^2}{n_2}}}$, donde la desviación estándar es una desviación estándar compuesta de las dos desviaciones muestrales.

Suponiendo que la desviación estándar de cada una de las muestras son iguales a la desviación estándar poblacional $\sigma_1 = \sigma_2 = \sigma$, resulta:

$$z = \frac{\bar{x}_1 - \bar{x}_2}{\sqrt{\dfrac{\sigma_1^2}{n_1} + \dfrac{\sigma_2^2}{n_2}}} = \frac{\bar{x}_1 - \bar{x}_2}{\sigma \cdot \sqrt{1/n_1 + 1/n_2}} = \frac{0,44 - 0,31}{0,10 \cdot \sqrt{1/10 + 1/10}} = 2,907$$

3° Se considera un ensayo bilateral, ya que las diferencias entre medias pueden ser positivas o negativas, o sea, en las dos direcciones.

Para ver si las muestras (media) son significativamente diferentes, determinamos el valor de z crítico para un valor de probabilidad de 0,05, que al ser un ensayo bilateral debemos dividir entre 2, ya que el área se distribuye entre las dos colas, resultando para un valor de α/2 = 0,05/2=0,025, valores críticos de z = - 1,96 para 0,025 y z =1,96 para 0,975

En la tabla se muestran estos datos:

z	.00	.01	.02	.03	,04	.05	.06	.07	.08	.09
-1,9	…	…	…	…			0,025	…	…	…
…	…	…	…	…	…	…	…	…	…	…
1,9							0,975			

En la figura se muestran las dos colas y los valores correspondientes de z:

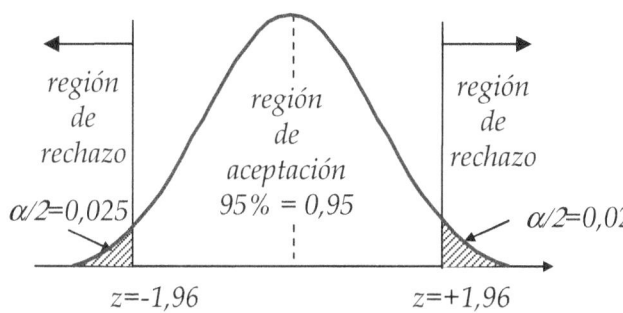

Como el estadístico calculado z= 2,907 en valor absoluto es mayor que el valor crítico de la tabla $z_{crítico}$ =1,96.

*Al ser |2,907| > |1,96| las diferencias entre ambas muestras **si se consideran significativas** para un nivel de significación del 0,05.*

En la tabla se resumen los resultados, incluyendo el nivel de confianza del 99%:

Probabilidad	95%	99%
Nivel significación	0,05	0,01
Ensayo	Bilateral	Bilateral
z-calculado=	2.907	2.907
z-crítico=	1,96	2,575
Conclusión	Hay diferencias significativas	Hay diferencias significativas

*Por tanto, se concluye que las diferencias son **altamente significativas** ya que las diferencias encontradas son también significativas al nivel de significación del 0,01.*

Comentario: En cualquier caso, se debería considerar la mejora de las instalaciones de la planta A, estudiando aquellas condiciones que la diferencian de la planta B, cuya media es inferior.

3.4 Test para ver si hay diferencia entre las medias de dos muestras independientes cuando la desviación estándar poblacional es desconocida, pero se consideran iguales.

Esta forma de test se aplica cuando se dan las siguientes condiciones:

- las dos muestras son independientes y aleatorias
- la desviación estándar poblacional es desconocida, pero se supone que es la misma para las dos muestras y alguna o ambas de estas condiciones se cumplen:
  - *los dos tamaños de muestra son mayores que 30: $n_1 > 30$ y $n_2 > 30$*
  - *las dos muestras proceden de una distribución normal*

Ejemplo:

Los resultados analíticos representan el análisis del contenido en hierro de un mineral llevado a cabo por el mismo laboratorio y utilizando dos métodos diferentes para la misma muestra.

Método A	Método B
55,3	52,6
56,9	54,3
55,8	58,0
57,3	52,7
57,7	60,0

Indica si hay diferencias significativas entre el método A y el método B para un nivel de confianza a) del 95% b) 99%. Suponer que las dos poblaciones normales tienen la misma desviación estándar.

Para decidir si hay diferencias entre las dos medias muestrales:

$1°$ Determinamos la media y la desviación estándar para cada muestra, según se ve en la tabla:

Muestra	Método A	$x - \bar{x}$	$(x - \bar{x})^2$	Método B	$x - \bar{x}$	$(x - \bar{x})^2$
1	55,3	-1,3	1,69	52,6	-4,0	16,00
2	56,9	0,3	0,09	54,3	-2,3	5,29
3	55,8	-0,8	0,64	58,0	1,4	1,96
4	57,3	0,7	0,49	52,7	-3,9	15,21
5	57,7	1,1	1,21	60,0	3,4	11,56
Suma =	283,0	0,0	4,120	277,6	0,000	44,188

$$\bar{x} = \frac{283}{5} = 56,60 \qquad s = \sqrt{\frac{4,120}{5-1}} = 1,015 \qquad \frac{277,6}{5} = 55,52 \qquad s = \sqrt{\frac{44,188}{5-1}} = 3,324$$

*$2°$ Se calcula la **desviación estándar ponderada** a partir de una varianza ponderada*

según: $s_p^2 = \dfrac{(n_1-1)\cdot s_1^2 + (n_2-1)\cdot s_2^2}{n_1 + n_2 - 2} = \dfrac{4\cdot 1,015 + 4\cdot 3,324}{5+5-2} = 2,170$ *que nos da una*

desviación estándar ponderada de $s_p = \sqrt{2,170} = 1,473$

3° Aunque los dos tamaños de muestra no son mayores que 30, **se supone que las dos muestras proceden de una distribución normal** y así poder aplicar la distribución de Student, calculando el valor del estadístico t, según $t = \dfrac{\overline{x_1} - \overline{x_2}}{\sqrt{\dfrac{s_p^2}{n_1} + \dfrac{s_p^2}{n_2}}} = \dfrac{56{,}60 - 55{,}52}{1{,}473 \cdot \sqrt{\dfrac{1}{5} + \dfrac{1}{5}}} = 1{,}18$

4° Se considera un ensayo bilateral ya que las diferencias pueden darse en las dos direcciones y se determina el valor de t crítico en las tablas para un valor de P = 0,05 de dos colas para 8 grados de libertad (GL = n_1 + n_2- 2 = 5 + 5 – 2 = 8), resultando un valor de 2,306. En la tabla se muestra como se busca este dato:

	Área en 1 cola				
	0,005	0,01	0,025	0,05	0,1
Grados	Área en 2 colas				
de libertad	0,01	0,02	0,05	0,10	0,20
….	….	…	….	…	…
8	…	…	2,306	…	…

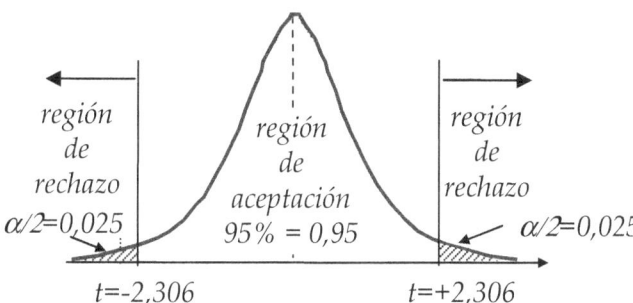

región de rechazo α/2=0,025   región de aceptación 95% = 0,95   región de rechazo α/2=0,025

t=-2,306   t=+2,306

5° Comparamos el valor de t calculado con el valor t crítico que se encuentra en las tablas observando que t calculado es **menor** que t crítico ya que 1,18 < 2,306 para un nivel de confianza del 95 % concluyendo que **no hay diferencias significactivas**.

6° En la tabla se resumen los resultados para niveles de confianza del 95 y 99%

Probabilidad	95%	99%
Nivel de significación	0,05	0,01
Ensayo	Bilateral	Bilateral
Grados libertad	8	8
t crítico	2,306	3,355
t calculado	1,18	1,18
Conclusión	No hay diferencias significativas	No hay diferencias significativas

Concluyendo, las medias **no son significativamente diferentes** para un nivel de significación de 0,05 e incluso para un nivel del 0,01.

b) Método por intervalo de confianza

Como hemos visto anteriormente podemos solucionar el problema mediante **intervalos de confianza** que pueden ser usados para determinar si hay diferencias significativas entre los dos métodos de trabajo.

El intervalo de confianza es una medida de la incertidumbre con la que se estima esa diferencia entre los dos métodos y aplicando la fórmula de la media vista en el Tema III

Para el Método 1: $\mu = \bar{x} \pm t_{\alpha/2}^{n-1} \cdot (s / \sqrt{n}) = 56{,}60 \pm 2{,}776 \cdot (1{,}01 / \sqrt{5}) = 56{,}60 \pm 1{,}25$

Para el Método 2: $\mu = \bar{x} \pm t_{\alpha/2}^{n-1} \cdot (s / \sqrt{n}) = 55{,}52 \pm 2{,}776 \cdot (3{,}32 / \sqrt{5}) = 55{,}52 \pm 4{,}12$

En la tabla se resumen los datos para los dos métodos:

	Método A	Método B
Nivel confianza	95%	95%
Grados libertad	4	4
t critico	2,776	2,776
s	1,015	3,324
Intervalo	1,25	4,12
Límite superior	57,85	59,64
Media	56,60	55,52
Limite inferior	55,35	51,40

Conclusión: El análisis, para un nivel de confianza del 95 % muestra que la media de la muestra analizada por el método B se encuentra dentro del límite de confianza de la muestra analizada por el Método A, y viceversa.

Por tanto, puede concluirse que la diferencia entre las dos medias **no es estadísticamente significativa**, para un nivel de significación del 0,05 arbitrariamente impuesto, pero suficientemente confiable para la comparación actual.

3.5 Test para ver si hay diferencia entre las medias de dos muestras independientes cuando sea poco probable que las desviaciones estándar poblacionales sean iguales.

Cuando las desviaciones estándar de las dos poblaciones no se conozcan y se considere poco probable que sean iguales, se puede estimar una desviación muestral global a partir de las desviaciones estándar muestrales.

Para probar si las desviaciones estándar poblacionales no son iguales se calcula el estadístico F: $F = \dfrac{\sigma_1^2}{\sigma_2^2} \approx \dfrac{s_1^2}{s_2^2}$ donde s_1^2 y s_2^2 son las varianzas de las muestras 1 y 2 que se supone que siguen una distribución normal.

El valor de F calculado se compara con un valor de F crítico que viene en las tablas y que depende del:
- *tamaño de las dos muestras* (n_1 y n_2)
- *nivel de significación* (α)
- *tipo de test*: unilateral o bilateral.

Ejemplo

Dos proveedores fabrican un cojinete de bronce (90% Cu, 10% Sn). Se estudia la conveniencia de elegir proveedor. Para ello se toma una muestra del primer proveedor y se determina la resistencia a la tracción (N/mm²), realizando el mismo ensayo con una muestra del segundo proveedor. Los resultados se muestran en la siguiente tabla:

	Proveedor 1	Proveedor 2
Datos	8	10
Media	70	75
Desviación estándar	4	5

En este ejemplo, como se trata de comparar si la varianza 1 (la mayor) es significativamente diferente que la 2 (menor), resulta adecuado un ensayo unilateral o de una sola cola. Para decidir si la varianza 1 es mayor que la 2:

-se calcula el valor de F: $F = \dfrac{s_1^2}{s_2^2} = \dfrac{5^2}{4^2} = 1,56$ *(se toma como numerador el de mayor valor)*

- se obtienen los grados de libertad para cada una de las muestras:

$GL_1 = 8 - 1 = 7$; $GL_2 = 10 - 1 = 9$

- se determina el valor de F crítico, observando el valor en la tabla (Apéndice 7) de P = 0,05 para un ensayo unilateral, y donde se cruzan los grados de libertad del numerador y del denominador, resulta un F crítico = 3,677.

Distribución F (α = 0,05 en la cola derecha)									
Grados de libertad del numerador (GL$_1$)									
GL$_2$ denominador		1	2	3	4	5	6	7	8	9
	...	...	...	...	...	...	...	...	...	...
	7	...	...	...	...	...	...	...	...	3,677
		...	...	...	...	...	...	...	...	...

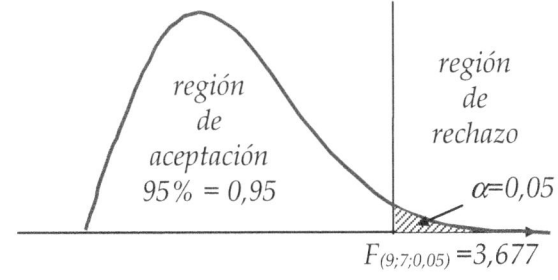

$F_{(9;7;0,05)} = 3,677$

región de aceptación 95% = 0,95

región de rechazo

α=0,05

Se compara y se observa que el F calculado es menor que el F crítico ya que 1,56 < 3,677, concluyendo que la varianza 1 no es significativamente diferente de la varianza 2 , para un nivel de significación del 0,05, que es el área a la derecha del valor crítico.

a) *Método tradicional o comparación con valores críticos.*

1° *Para ver si la diferencia de la medias es significativa se calcula el estadístico,*

como $t = \dfrac{\overline{x}_1 - \overline{x}_2}{\sqrt{\dfrac{s_1^2}{n_1} + \dfrac{s_2^2}{n_2}}} = \dfrac{70 - 75}{\sqrt{\dfrac{4^2}{8} + \dfrac{5^2}{10}}} = --2,357$

2° se determina el valor de t crítico y para ello se determina el número de grados de libertad (GL) según:

$$GL = \cfrac{\left(\cfrac{s_1^2}{n_1} + \cfrac{s_2^2}{n_2}\right)^2}{\cfrac{1}{n_1-1}\left(\cfrac{s_1^2}{n_1}\right)^2 + \cfrac{1}{n_2-1}\left(\cfrac{s_2^2}{n2}\right)^2} = \cfrac{\left(\cfrac{4^2}{8} + \cfrac{5^2}{10}\right)^2}{\cfrac{1}{8-1}\left(\cfrac{4^2}{8}\right)^2 + \cfrac{1}{10-1}\left(\cfrac{5^2}{10}\right)^2} = 16$$

3° Se determina el valor de t crítico en las tablas, para un nivel de confianza del 95% y 16 grados de libertad, resultando:

	Área en 1 cola				
	0,005	0,01	0,025	0,05	0,1
Grados	Área en 2 colas				
de libertad	0,01	0,02	0,05	0,10	0,20
....	....	...	....	...	...
16	...	...	2,120	...	...

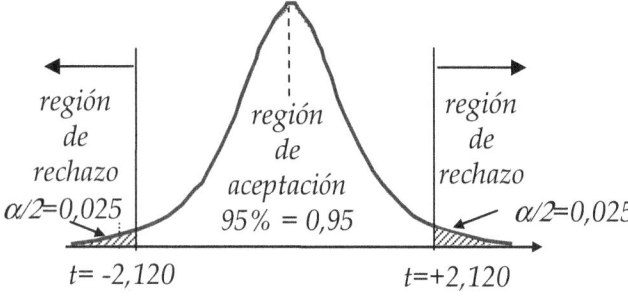

región de rechazo $\alpha/2 = 0,025$

región de aceptación 95% = 0,95

región de rechazo $\alpha/2 = 0,025$

$t = -2,120$

$t = +2,120$

4° Se compara el valor absoluto de t calculado con el valor crítico, que para este caso es mayor ya que $|-2,357| > |-2,120|$ lo que indica que **si hay diferencias significativas** entre las dos medias.

5° En la tabla se resumen los resultados para el nivel de confianza del 95% de los dos proveedores:

	Proveedor 1	Proveedor 2
Datos	8	10
Media	70	75
Desviación est.	4	9
Probabilidad	95%	95%
Nivel de significación	0,05	0,05
Ensayo	Bilateral	Bilateral
Grados libertad	16	16
t tablas	2,120	2,120
$|t|$ calculado.	2,357	2,357
Conclusión	Si hay diferencias significativas	

$6°$ Concluyendo que las medias **si son significativamente diferentes** para un nivel de significación de 0,05 entre los materiales suministrados por los dos proveedores.

b) <u>Método por intervalo de confianza</u>

Al igual que el ejemplo anterior, podemos solucionar el problema mediante **intervalos de confianza** que pueden ser usados para determinar si hay diferencias significativas entre los dos materiales.

Aplicando la fórmula de la media, vista en el Tema III para:

Proveedor 1: $\mu = \bar{x} \pm t_{\alpha/2}^{n-1} \cdot (s / \sqrt{n}) = 70 \pm 2,365 \cdot (4 / \sqrt{8}) = 70 \pm 3,3$

Proveedor 2: $\mu = \bar{x} \pm t_{\alpha/2}^{n-1} \cdot (s / \sqrt{n}) = 75 \pm 2,262 \cdot (5 / \sqrt{10}) = 75 \pm 3,6$

En la tabla se resumen los datos para los dos métodos:

	Proveedor 1	Proveedor 2
Nivel confianza	95%	95%
Grados libertad	7	9
t-crítico	2,365	2,262
s	4	5
Intervalo	3,3	3,6
Limite superior	73,3	78,6
Media	70	75
Límite inferior	66,7	71,4

Conclusión: los ensayos muestran que para un nivel de confianza del 95 % la media de la muestra del Proveedor 1 no se encuentra dentro del límite de confianza de la muestra del Proveedor 2 y viceversa.

Por lo que se concluye que **si existen diferencias estadísticamente significativas**, al menos en el 5% de los casos.

También se puede observar que aunque las varianzas no son significativamente diferentes, si lo son las medias muestrales. Esto indica que el método de ensayo entre los dos proveedores no es esencialmente diferente, pero si lo es la muestra o material de partida.

3.6 Test para ver si hay diferencia entre las medias de dos muestras dependientes

Las dos muestras son dependientes si se seleccionan de forma que cada medida en una muestra pueda asociarse con una medida en la otra muestra. Así, si se hacen dos medidas de la misma fuente, se puede pensar que las medidas están apareadas y son dependientes.

Se supone que ambas muestras tienen esencialmente la misma desviación estándar, y que esta no depende del tipo de muestra. Para comprobarlo se puede emplear la prueba F que se ha visto en el ejemplo anterior.

Para aplicar este test, un requisito fundamental es que el número de datos de las dos muestras sea el mismo y para aplicar la distribución de Student es necesario que cumpla una o ambas condiciones:

- *el número de datos apareados mayor que 30.*
- *las diferencias de los valores siguen una distribución aproximadamente normal.*

Ejemplo:

Se determinó el Calcio en una muestra de agua por dos métodos de análisis, el volumétrico con AEDT y el Instrumental por Absorción atómica, siendo los resultados los que se muestran en la tabla.

AEDT, mg/l	AA, mg/l
42	44
41	43
43	42
39	40
41	44
43	43
47	43
45	42

Se desea determinar si los dos métodos difieren significativamente, en cuanto a su precisión, para un nivel de confianza del 95%.

$1°$ *Se determinan las diferencias individuales entre los dos métodos para cada muestra, restando el segundo valor del primero. A continuación se determina la media de las desviaciones y la desviación estándar de las desviaciones.*

Los resultados se muestran en la siguiente tabla:

	AEDT	AA	d	$d - \bar{d}$	$(d - \bar{d})^2$
	42	45	3	2,5	6,3
	41	43	2	1,5	2,3
	43	42	-1	-1,5	2,3
	39	41	2	1,5	2,3
	41	45	4	3,5	12,3
	43	44	1	0,5	0,3
	47	43	-4	-4,5	20,3
	45	42	-3	-3,5	12,3
Sumas	341,0	345,0	4,0	0,0	58,0
Media=	42,6	43,1	0,5		

$$s_d = \sqrt{\frac{58}{8-1}} = ?$$

$2°$ *Se calcula el valor de F para los dos métodos:* $F = \dfrac{s_1^2}{s_2^2} = \dfrac{2,5^2}{1,5^2} = 2,78$ *(se toma como numerador el de mayor valor) y los grados de libertad para cada una de las muestras:* $GL_1=8-1=7$; $GL_2=8-1=7$

3° Se determina el valor de F crítico, observando el valor en la tabla (P=0,05) y donde se cruzan los grados de libertad del numerador y del denominador, resulta: $F_{7;7;0,05}=3,787$, mayor que el valor calculado de 2,78, indicando que ambas muestras tienen esencialmente la misma desviación estándar.

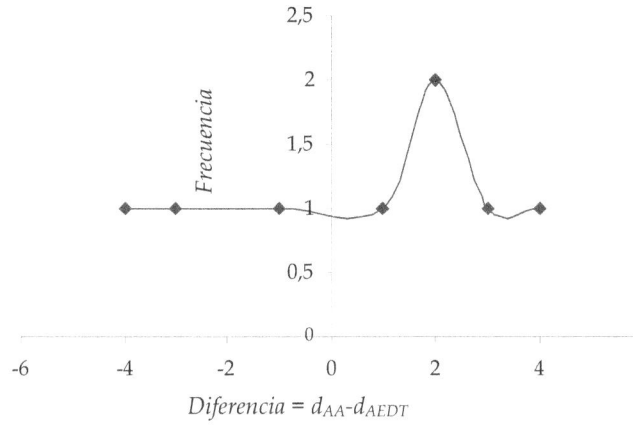

Ya que el número de datos es menor que 30, para poder aplicar la distribución de Student es necesario que las diferencias de los valores sigan una distribución aproximadamente normal.

En la figura se muestra la representación de la frecuencia frente a la diferencia, donde puede observarse una cierta aproximación a la normal

4° Se calcula el valor de t, en función de las desviaciones, como:

$$t = \frac{\overline{d}}{s_d} \cdot \sqrt{n} = \frac{0,5}{2,9} \cdot \sqrt{8} = 0,49$$

*5° Se determina el valor de t crítico en las tablas, buscando el valor resultante de la intersección de una probabilidad de 0,05 y 7 (8-1) grados de libertad para el área en una cola, ya que consideramos el **ensayo unilateral**, para verificar que un método es mejor que otro.*

	Área en 1 cola				
	0,005	0,01	0,025	0,05	0,1
Grados	Área en 2 colas				
de libertad	0,01	0,02	0,05	0,10	0,20
....	....	...	....	...	...
7	...	...	....	1,895	...

*6° Se compara el valor t calculado con el valor t crítico para un ensayo unilateral, comprobando que el valor calculado de t es menor que el valor de t crítico (0,49 < 1,895), concluyendo que **no hay diferencias significativas** entre los dos métodos para un nivel de confianza del 95% ($\alpha = 0,05$).*

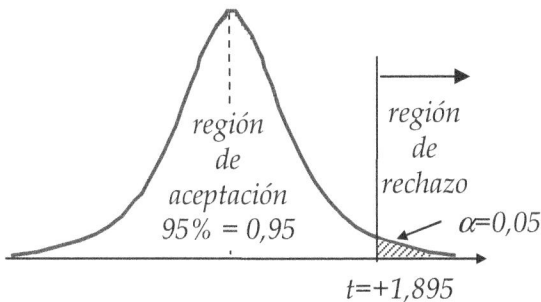

En la tabla se muestran los cálculos:

Nivel de confianza	95%
Nivel de significación	0,05
Ensayo	Unilateral
Desviación	2,9
Grados libertad	7
t-calculado	0,49
t-crítico	1,895
Conclusión	No hay diferencias significativas

3.7 Test para ver si hay diferencia entre la desviación estándar muestral (s) y la desviación estándar poblacional (σ)

Para usar este test debemos conocer la desviación estándar de la población, utilizando la distribución χ^2 como test para comprobar si la distribución de los datos de una muestra de tamaño n muestra diferencias significativas con la población., en cuanto a uniformidad se refiere.

La distribución chi-cuadrada es la distribución muestral de s^2. Es decir, si se extraen todas las muestras posibles de una población normal y a cada muestra se le calcula su varianza, se obtendría una distribución muestral de varianzas.

Para estimar la varianza poblacional o la desviación estándar, se necesita conocer el estadístico χ^2.

Si se elige una muestra de tamaño n de una población normal con varianza σ^2, el estadístico: $\dfrac{(n-1)\cdot s^2}{\sigma^2}$ tiene una distribución muestral denominada **distribución chi-cuadrada** con n-1 grados de libertad y descrita como χ^2, cuyo valor viene dado

por: $\chi^2 = \dfrac{(n-1)\cdot s^2}{\sigma^2} = \dfrac{\sum_{i=1}^{i=n}(x_i - \bar{x})^2}{\sigma^2}$, donde n es el tamaño de la muestra, s^2 la

varianza muestral y σ^2 la varianza de la población de donde se extrajo la muestra.

La distribución χ^2 se utiliza como test para comprobar si los datos de una muestra se ajustan a una distribución normal.

Entre las propiedades de la distribución chi-cuadrada se encuentra que:

-Los valores de χ^2 son mayores o iguales que 0.

-La forma de una distribución χ^2 no es simétrica y depende de los grados de libertad. En consecuencia, hay un número infinito de distribuciones χ^2.

-El área bajo una curva chi-cuadrada y sobre el eje horizontal es 1.

Una disminución en la uniformidad de las muestras que tienen el mismo origen pude dar lugar a un cambio importante en el valor medio.

Por otra parte, la detección de una uniformidad creciente y el motivo de ésta, puede proporcionar información sobre como mejorar la calidad de una forma permanente.

Ejemplo

El contenido en azúcar de un líquido de gobierno sigue una distribución normal con una desviación estándar de 5 g/l. Se toma una muestra de 12 latas de melocotón en almíbar y se determina su desviación estándar, dando como resultado 4,5 g/l.

A la vista de los resultados, indica si el muestreo realizado sigue garantizando la uniformidad del producto para un nivel de confianza del 95 %

1º Se calcula el valor de χ^2 mediante la fórmula: $\chi^2 = \dfrac{(n-1)\cdot s^2}{\sigma^2} = \dfrac{(12-1)\cdot 4,5^2}{5^2} = 8,91$

2º Se busca el valor crítico de χ^2 para 11 grados de libertad en las tablas del apéndice para valores de 0,025 y 0,975 (ensayo bilateral), resultando:

$\chi^2_{0,025\,(11)} = 21,920$

$\chi^2_{0,975\,(11)} = 3,816$

Area a la derecha del valor crítico										
Grados de libertad	0,995	0,99	0,975	0,95	0,90	0,10	0,05	0,025	0,01	0,005
…	…	…	…	…	…	…	…	…	…	…
11	…	…	3,816	…	…	…	…	21,920	…	…

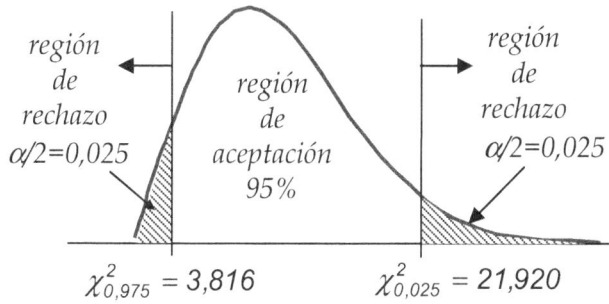

región de rechazo $\alpha/2 = 0,025$ región de aceptación 95% región de rechazo $\alpha/2 = 0,025$

$\chi^2_{0,975} = 3,816$ $\chi^2_{0,025} = 21,920$

3º Como χ^2 calculado se encuentra dentro del intervalo de aceptación ya que $3,82 < 8,91 < 21,92$ se concluye que el muestreo realizado asegura la uniformidad de la muestra con un nivel de significación del 0,05.

También se puede concluir que la varianza muestral (s^2) y poblacional (σ^2) **no difieren significativamente**. En la tabla se resumen los resultados:

	MUESTRA	POBLACIÓN
Desviación	4,5	5
Datos	12	
Grados de libertad	11	
χ^2 calculado	8,91	
$\chi^2_{0,975\,(11)}$	3,82	
$\chi^2_{0,025\,(11)}$	21,92	

3.8 Test para ver si hay diferencias entre la desviaciones estándar de dos muestras

Para probar si es significativa la diferencia entre dos varianzas muestrales se calcula el estadístico $F = \dfrac{s_1^2}{s_2^2}$, donde s_1^2 y s_2^2 son las varianzas de la muestra 1 y la muestra 2.

Este valor de F calculado se compara con un valor de F crítico que viene en las tablas y que depende del:
- tamaño de las dos muestras (n_1 y n_2)
- nivel de significación (α)
- tipo de test unilateral o bilateral. Cuando se trata de comparar si la precisión de un método es mayor que la de otro se utiliza el ensayo de una sola cola.

Para poder aplicar este test se debe suponer que las poblaciones son independientes y distribuidas normalmente.

Entre las propiedades de la distribución F se encuentra que:
- los valores de F son mayores o iguales que 0.
- la forma de una distribución F no es simétrica y su forma depende de los grados de libertad

Ejemplo

Se determino la demanda bioquímica de oxígeno de un agua residual mediante el método manométrico y por el método de Winkler, siendo los resultados los siguientes:

	Método manométrico	Método Winkler
Media	275	290
Determinaciones	5	3
Desviación estándar	10	4

Indica si hay diferencias significativas entre los dos métodos para un nivel de confianza del 95%.

$1°$ Se calcula el valor de F para los dos métodos: $F = \dfrac{s_1^2}{s_2^2} = \dfrac{10^2}{4^2} = 6,25$ (se suele tomar como numerador el de mayor valor).

$2°$ Se calculan los grados de libertad para cada una de las muestras: $GL_1 = 5-1 = 4$; $GL_2 = 3-1 = 2$

$3°$ Se determina el valor de F crítico observando el valor en la tabla del Apéndice 7 ($P=0,05$) y donde se cruzan los grados de libertad del numerador y del denominador, resultando un F crítico de $F_{4,2,0,05} = 19,247$.

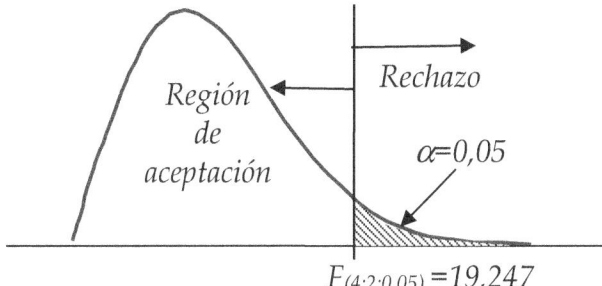

4° Se compara y se observa que el valor F calculado es menor que el $F_{crítico}$ ya que $6,25 < 19,247$ y por lo tanto **no hay diferencias significativas** entre las dos varianzas, para un nivel de significación del 0,05

$$F_{(4;2;0,05)} = 19,247$$

En la tabla se muestran los resultados:

	Método manométirco	Método Winkler
Media	275	290
Determinaciones	5	3
Desviación estándar	10	4
Grados libertad	4	2
Nivel de confianza	95%	
Nivel de significación	0,05	
Ensayo	Unilateral	
F calculado	6,25	
$F_{crítico}$ =	19,25	
Conclusión	No hay diferencias significativas	

En este test, es suficiente encontrar el valor crítico de la cola derecha para comparar con el valor calculado y no es necesario buscar el valor crítico a la izquierda, ya que la distribución F no es simétrica y tiene solamente valores positivos.

Comentario: Pudiera ser que existan diferencias reales, pero debido a las pocas determinaciones (tamaño muestra), no se manifiestan.

4. Análisis de la varianza (ANOVA)

Otras técnicas para interpretar los datos obtenidos en laboratorio es el análisis de la varianza, que se conoce con las siglas ANOVA, definido como método de análisis estadístico que sirve para determinar si dos o más grupos de datos son estadísticamente diferentes con respecto a la media.

El nombre "análisis de la varianza" puede dar lugar a confusión sobre la aplicación de este test. Claramente, ANOVA se emplea para la **comparación de medias** de diversos conjuntos de resultados y no de sus varianzas. El nombre viene del hecho que utiliza la comparación de parámetros estadísticos, en forma de varianzas, para llegar a una conclusión sobre las medias en cuestión, y su popularidad hoy en día se debe a la facilidad con que se procesan los datos con programas informáticos tipo Excel®.

Recordar, que la varianza es el cuadrado de la desviación estándar, siendo otra forma de describir la variabilidad de los datos, y de que la varianza de una suma (o resta) de variables aleatorias independientes es igual a la suma de sus varianzas.

En los test anteriores se han comparado dos series de datos para ver si existían diferencias significativas. Sin embargo, existen casos donde es necesario comparar más de dos series de datos.

Cuando comparamos más de dos medias nos podemos plantear algunas preguntas, como:
- ¿todos los procedimientos originan el mismo resultado?
- ¿hay diferencias significativas entre los resultados observados?
- ¿seremos capaces de detectar aquellos resultados anómalos?

Vamos a desarrollar el análisis con un ejemplo.

Ejemplo

Supongamos que varios laboratorios han determinado un componente de una misma muestra con un mismo método. En este caso ha sido la determinación del hierro por tres laboratorios independientes con los siguientes resultados:

A	B	C
55,3	53,6	50,5
56,9	55,3	53,0
55,8	57,0	53,8
57,3	53,7	53,0
57,7	58,0	55,3

Estudiar si alguno de los laboratorios proporciona resultados que difieran de forma significativa de los demás:

Para poder aplicar ANOVA han de cumplirse tres condiciones, aunque se aceptan ligeras desviaciones respecto a las condiciones ideales:
1) Cada conjunto de datos debe ser independiente de los demás.
2) Los resultados obtenidos para cada conjunto de datos han de seguir una distribución normal.
3) Las varianzas de cada conjunto de datos no deben diferir significativamente.

Con estas condiciones, se supone que todas las muestras se extraen de una población con media μ y una varianza σ^2, pudiendo estimarse σ^2 de dos formas:
*- estudiando la variación **dentro** de las muestra. En una serie de datos existen dos tipos de errores, los aleatorios y los de método. La magnitud de los errores, debidos al azar o aleatorios, son los estimados por la varianza que se determina dentro de las muestras.*

*- estudiando la variación **entre** las muestras. Si comparamos dos series de datos y calculamos su media, podemos determinar no solo los errores aleatorios, sino también los de método.*

1. Variación dentro de las muestras

$1°$ *Para cada muestra determinamos una varianza muestral según:* $s_i^2 = \dfrac{\sum\limits_{i=1}^{k}(x_i - \overline{x}_i)^2}{n-1}$,

siendo k los laboratorios independientes que han analizado n veces cada muestra.

	Laboratorios				
	1	2	3	....	k
Datos	x_{11}	x_{21}	x_{31}	....	x_{k1}
	x_{12}	x_{22}	x_{32}	....	x_{k2}
	x_{13}	x_{23}	x_{33}	....	x_{k3}
	....	....	....	....	...
	x_{1n}	x_{2n}	x_{3n}	....	x_{kn}
Medias	$\overline{x}_1$	$\overline{x}_2$	$\overline{x}_3$	....	$\overline{x}_k$
Varianza	s_1^2	s_2^2	s_3^2	....	s_k^2

En la tabla se muestran los resultados para los tres laboratorios:

	A	B	C
	55,3	53,6	50,5
	56,9	55,3	53,0
	55,8	57,0	53,8
	57,3	53,7	53,0
	57,7	58,0	55,3
Media	56,60	55,52	53,12
Varianza	1,030	3,847	3,027

A continuación, se estima la varianza σ^2 **dentro** *de las muestras, como una varianza ponderada, a partir de la siguiente fórmula:* $s_p^2 = \dfrac{(n_1-1)\cdot s_1^2 + (n_2-1)\cdot s_2^2 + (n_3-1)\cdot s_3^2 + \cdots}{(n_1-1)+(n_2-1)+(n_3-1)+\cdots}$

Para el caso en que las muestras (k) tengan el mismo numero de datos (n):

$s_p^2 = \dfrac{(n-1)\cdot s_1^2 + (n-1)\cdot s_2^2 + (n-1)\cdot s_3^2 + \cdots}{k\cdot(n-1)} = \dfrac{s_1^2 + s_2^2 + s_3^2 + \cdots}{k}$, *donde n-1 son los grados de libertad para cada muestra.*

Para el caso que nos ocupa: $s_p^2 = \dfrac{s_1^2 + s_2^2 + s_3^2 + \cdots}{k} = \dfrac{1,030 + 3,847 + 3,027}{3} = 2,635$

2. Variación entre las muestras

*Si se supone que todas las muestras se extraen de una población con media μ y una varianza σ^2, se puede demostrar, según el **Teorema del límite central,** que si se seleccionan n muestras aleatorias de una población con media μ y varianza σ^2, entonces, cuando **n** es grande, la distribución muestral de medias tendrá aproximadamente una distribución normal con una media igual a $\mu_{\bar{x}} = \mu$ y una varianza muestral de medias $\sigma^2_{\bar{x}} = \sigma^2 / n$.*

Se puede estimar σ^2, como: $\sigma^2 = n \cdot s^2_{\bar{x}}$, calculando la varianza muestral a partir de las

medias de las muestras como: $s_{\bar{x}}^2 = \dfrac{\sum\limits_{1}^{n}(\bar{x} - \mu_{\bar{x}})^2}{n-1}$, donde n-1 son los grados de libertad,

que para este caso son 2 ya que contamos con 3 medias muestrales.

En la tabla se muestran los resultados.

	Medias	$\bar{x} - \bar{\bar{x}}$	$(\bar{x} - \bar{\bar{x}})^2$
	56,60	1,520	2,3104
	55,52	0,440	0,1936
	53,12	-1,960	3,8416
Suma	165,24	0	6,346
Media, $\bar{x} =$ 55,080	Varianza, $(s_{\bar{x}}^2)=$		3,173

*2° Estimamos el valor de σ^2 **entre** muestras, como: $\sigma^2 = n \cdot s_{\bar{x}}^2 = 5 \cdot 3{,}173 = 15{,}865$*

Si no hubiera diferencias significativas entre las muestras, las dos estimaciones de σ^2 deberían coincidir.

*Sin embargo, vemos que la estimación de σ^2 **entre** las muestras (σ^2 =15,865) es mayor que la estimación de σ^2 **dentro** de las muestras (σ^2 =2,635), debido principalmente a los errores de método.*

*3° Para probar si es significativa la diferencia entre las dos varianzas muestrales, se calcula el estadístico F: $F = \dfrac{\sigma_1^2}{\sigma_2^2}$ donde σ_1^2 y σ_2^2 son la estimación de la varianza **entre** las muestras (errores aleatorios y de método) y **dentro** de las muestras (errores aleatorios) respectivamente.*

El valor de F es una medida de la importancia de los errores de método de una serie a otra de datos:

- Si el valor de F es próximo a la unidad indica que los errores de método son prácticamente los mismos para cada serie de datos.

- Si el valor de F es alto indica que los errores de método son altamente probables.

Así, el valor de F calculado es $F = \dfrac{15,865}{2,635} = 6,021$.

Este valor de F calculado se compara con un valor de F crítico que viene en las tablas y que depende de:

> *- grados de libertad que se han utilizado en las dos estimaciones. Para este caso, los grados de libertad:*
>> *-entre las muestras: es de 3 – 1 = 2 grados de libertad*
>> *-dentro de las muestras: es de 5 – 1 = 4 por cada muestra, o sea, un total de 3.4 = 12*
>
> *- nivel de significación (α = 0,05)*
>
> *- tipo de test: unilateral, ya que se trata de comparar si la estimación de σ^2 **entre** las muestras es significativamente mayor que la estimación de σ^2 **dentro** las muestras.*

4° Se determina el valor de F crítico, observando el valor en la tabla (P = 0,05) y donde se cruzan los grados de libertad del numerador (2) y del denominador (12), resulta un F-crítico = 3,8853.

Distribución F (α = 0,05 en la cola derecha)										
Grados de libertad del numerador (GL$_1$)										
		1	2	3	4	5	6	7	8	9
GL$_2$ denominador	...	...	...	...	...	...	...	...	...	...
	12	...	3,8853	...	...	...	...	...	...	...

*5° Se compara y se observa que el F calculado es mayor que el F crítico, ya que 6,021 > 3,8853 y por lo tanto, se concluye que **sí hay diferencias significativas** entre las medias muestrales para un nivel de significación del 0,05.*

Es razonable concluir que en más del 5 % de los casos, se observan diferencias significativas entre las medias muestrales.

En la tabla se muestran los resultados:

	Entre muestras	**Dentro de las muestras**
Varianza=	15,865	2,635
Grados libertad=	12	2
Nivel de confianza	95%	95%
Nivel de significación	0,05	0,05
Ensayo	Unilateral	Unilateral
F calculado =	6,021	
F crítico =	3,8853	
Conclusión	Si hay diferencias significativas	

En el programa de Excel® , existe la opción en **Herramientas** de analizar los datos mediante un análisis de varianza de un factor. Esta herramienta realiza un análisis simple de varianza, comprobando la hipótesis según la cual dos o más muestras, extraídas de poblaciones con la misma media, son iguales.

Para tener acceso a ella, haga clic en **Análisis de datos** en el menú **Herramientas** y a continuación abrir la aplicación **Análisis de varianza de un factor**, e **introducir el rango de datos**, y nos dará la siguiente salida:

RESUMEN

Grupos	Cuenta	Suma	Media	Varianza
Columna 2	5	283	56,6	1,03
Columna 2	5	277,6	55,52	3,847
Columna 3	5	265,6	53,22	3,027

ANÁLISIS DE VARIANZA

Origen de las variaciones	Suma cuadrados	Grados de libertad	Promedio cuadrados	F	Probabilidad	Valor crítico para F
Entre grupos	31,728	2	15,864	6,021	0,0155	3,8853
Dentro de los grupos	31,616	12	2,63466667			
Total	63,344	14				

5. Comprobación de hipótesis estadísticas

En las pruebas o test se pueden cometer dos tipos de errores:

> **-Error de primera especie (α) o error del tipo I**: error que se comete cuando la prueba o test indica que hay diferencias significativas a pesar de que no existan esas diferencias. El nivel α de probabilidad que ocurra este error es el tamaño del error del tipo I tolerado, habitualmente del 5%. El riesgo de cometer este error puede reducirse si se altera el nivel de significación del test, por ejemplo, pasando de un $\alpha = 0.05$ a $\alpha = 0.01$.

> **- Error de segunda especie (β) o error del tipo II**: error que se comete cuando las observaciones muestrales indican que no existen diferencias significativas, a pesar de que existe una asociación o diferencia verdadera en la población.

Una vez realizado el test o prueba de significación, se habrá optado por una de las dos conclusiones, y la decisión seleccionada coincidirá o no con la que en realidad es cierta, pudiéndose dar los cuatro casos que se exponen en el siguiente cuadro:

Conclusión test	Realidad	
	Hay diferencias significativas verdaderas	*No hay diferencias significativas verdaderas*
Hay diferencias significativas	No hay error Probabilidad (1-α)	Error del tipo I Probabilidad (α)
No hay diferencias significativas	Error del tipo II Probabilidad (β)	No hay error Probabilidad (1-β)

Ejemplo

Se estima que un determinado fertilizante químico tiene una composición en fósforo (P) del 10,00%. Para probar esto, se han efectuado determinaciones analíticas con un método estándar que posee una desviación estándar conocida del 2 %. Supongamos que se toman 4 medidas y se realiza una prueba de significación al nivel de α = 0,05. Estimaciones a posteriori indican que esta proporción podría haber disminuido y, en realidad, corresponder a un contenido en Fósforo del 9,97%. Discutir el tipo de error cometido y calcular la Potencia de la prueba.

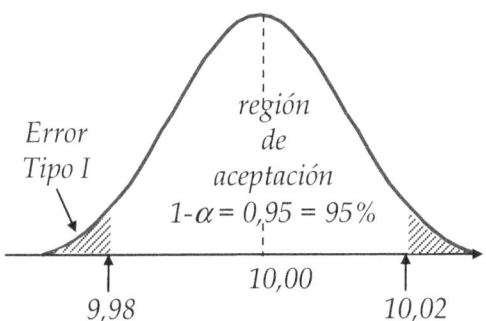

1° Se determinan los valores límites a partir de los cuales hay diferencias significativas:

$$x_L = \mu \pm \frac{z \cdot \sigma}{\sqrt{n}} = 10 \pm \frac{1,96 \cdot 0,02}{\sqrt{4}} = 10,00 \pm 0,02$$

Si la media muestral cae fuera del intervalo 9,98 - 10,02, se admite que hay diferencias significativas.

*Cualquier valor, fuera de este intervalo, lo rechazaríamos. Así, si obtuviéramos 9,97 %, concluiríamos que hay diferencias significativas con respecto a la media, cuando **en realidad** no las hay. Por lo tanto cometeríamos un **error del tipo I**.*

*2° Supongamos ahora, que la media de la población, **en realidad** es 9,97%. Como no lo sabemos, a priori, si encontramos un valor de la media mayor que 9,98 diremos que no hay diferencias significativas, cuando en realidad las hay. Por lo tanto cometeríamos un **error del tipo II**.*

Si superponemos las dos curvas observamos la interdependencia que existe entre los dos tipos de error, ya que si cambiamos el nivel de significación a α = 0.01 para disminuir el riesgo de un error del tipo I (α), aumentará el riesgo de un error del tipo II (β). Y a la inversa, disminuyendo el riesgo de error del tipo II, aumentamos el riesgo de un error del tipo I. Existe una única manera para reducir ambos riesgos de error y consiste en aumentar el tamaño de la muestra.

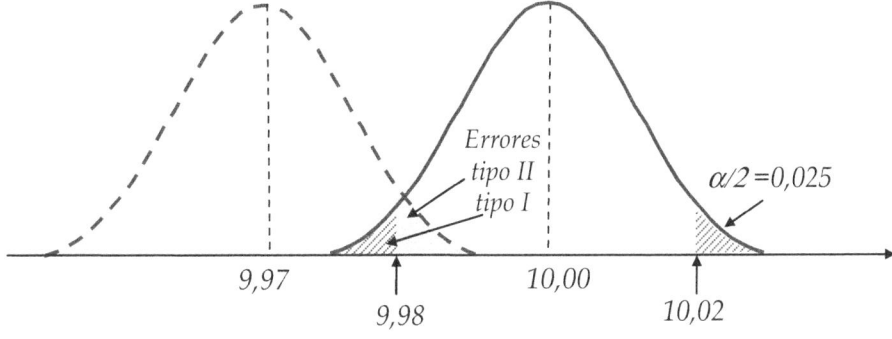

*3° La capacidad que tiene una prueba para detectar diferencias significativas verdaderas se denomina **"Potencia de una prueba"** y es igual a (1 – Probabilidad de error β).*

Para calcular β, determinamos la probabilidad de encontrar un valor mayor que 9,98 para la distribución "real", con media 9,97.

Como hemos visto, calculamos el valor de z: $z = \dfrac{\overline{x} - \mu}{\sigma / \sqrt{n}} = \dfrac{9,98 - 9,97}{\dfrac{0,02}{\sqrt{4}}} = 1$ *que, según las*

tablas del apéndice 3, corresponde a un área o Probabilidad de 0,8413.

La diferencia 1-0,8413=0,1587, se refiere a la fracción de medidas que superan el valor de 9,98, siendo éste el valor de β, que corresponde a un error del tipo II que concluye que no hay diferencias significativas, cuando en realidad las hay .

La Potencia de la prueba se calcula como: P = 1-β = 1-0,1587 = 0,8413 = 84,13%

En el ejemplo desarrollado la potencia de la prueba es función de la media (9,97), el tamaño de la muestra(4), el nivel de significación de la prueba(0,05) y del tipo de ensayo (bilateral).

Conclusión: en el caso de que se disponga de más de un test o prueba, resulta interesante comparar las potencias de las pruebas con el fin de seleccionar la más adecuada.

TEMA V

ERRORES EN LAS MEDIDAS

1. Errores determinados e indeterminados

En el lenguaje estadístico, el término "error" es un término general que se refiere a la diferencia entre el valor observado (medido) de una cantidad y su valor "verdadero".
Los errores se clasifican en:

-Errores indeterminados o aleatorios: se deben a variables no controladas o difíciles de controlar en un experimento y se producen sin causa aparente.
Los errores aleatorios son mediciones que fluctúan simétricamente alrededor de cierto valor medio, o valor más probable. A pesar de que son producidos por variables no controladas en el experimento, puede determinarse su influencia por procedimientos estadísticos.
Las causas más probables de estos errores son a*mbientales,* debidas a cambios impredecibles como la temperatura ambiente, ruido en equipos electrónicos, cambios de presión, etc.

-Errores determinados o sistemáticos: son debidos a causas identificables y pueden, en principio, ser eliminados. Afectan a la exactitud de los resultados.
Ejemplo
Cuando la lectura de un instrumento no puede colocarse inicialmente en cero, sino que está desplazado una cierta cantidad, el efecto puede eliminarse, restando esa cantidad inicial a todas las medidas que se tomen, suponiendo que el instrumento no ha sido alterado adicionalmente en su funcionamiento.

El **error sistemático siempre va acompañado del error aleatorio**, y gran parte de las pruebas estadísticas se dedican a diferenciar entre ambos tipos de error. Podemos clasificar los errores determinados en cuatro clases:

-Instrumentales: son detectables y corregibles y son debido a equipos descalibrados: pesas sin calibrar, equipos sin calibrar. Se evitan estos errores, en su mayor parte, calibrando los equipos.

-Personales: son errores debidos a la falta de cuidado y habilidad del operador y son denominados también **errores operacionales,** como son los errores de paralaje, es decir cuando la lectura del instrumento depende de la posición que adopte el observador.
Se corrigen tomando las precauciones necesarias para un "buen trabajo".

-Procedimentales o de método: son difíciles de detectar y son debidos a no utilizar los materiales o el procedimiento adecuado y pueden corregirse utilizando:

        - materiales estándar de referencia.

        - un segundo procedimiento o método de análisis.

        - corrigiendo los valores con una muestra en blanco.

-Ambientales: factores como la temperatura, la presión, humedad y otros, pueden influir de una manera regular sobre las medidas.

1.1 Trabajo con errores sistemáticos

Un resultado basado en la adición o la substracción de un número de valores tendrá generalmente un error sistemático, que será la suma (o diferencia) de todos los errores sistemáticos de las medidas individuales.

Ejemplo

Si un valor Z va a ser determinado a partir de la suma X + Y, y si X y Y tienen errores E_X y E_Y, respectivamente: $Z + E_Z = (X + E_X) + (Y + E_Y)$

El error en Z (E_Z) encontrado, restando $Z = X + Y$ de la relación anterior, es: $E_Z = E_X + E_Y$

Sin embargo, en el caso de la resta: $Z + E_Z = (X + E_X) - (Y + E_Y)$, el error en Z ($E_Z$) encontrado, es: $E_Z = E_X - E_Y$ y en el caso de que los errores en X y Y sean iguales, $E_X = E_Y$, el error en Z es cero ($E_Z = 0$), siendo ésta la razón por la que <u>muchos resultados se dan utilizando la medida por diferencia.</u>

Por ejemplo, el volumen medido por una bureta, es determinado por la diferencia entre dos lecturas: el cero y el volumen consumido, y la masa de una muestra colocada en un pesasustancias se determina como la diferencia entre el peso del pesasustancias antes y después de que se ha añadido la muestra. Esta técnica compensa los errores determinados son constantes.

Otra técnica, usada para reducir la significación de errores constantes, es utilizar tamaños de muestra lo suficientemente grande para compensar el error.

1.1.1 Ejemplos de errores sistemáticos

Error del cero*: consiste en que una medida que debiera resultar nula (aparato en vacío), da distinta de cero. Algunos instrumentos poseen un dispositivo de "ajuste de cero", que permite corregir fácilmente este error. Si no lo tuviera, para determinar este error se efectúa la lectura del aparato en vacío (sin muestra) y se corrigen las medidas que se realicen restándoles (error por exceso) o sumándoles (error por defecto) el error del cero.*

Error de paralaje: *originado, cuando se observa la aguja indicadora de un instrumento (por ejemplo, de un polímetro analógico) con un cierto ángulo de inclinación y no perpendicularmente a la misma. Para evitar este error, muchos instrumentos de aguja poseen un espejo debajo de la misma, debiéndose tomar la medida cuando la aguja y su imagen coincidan, ya que en este momento estaremos mirando perpendicularmente al aparato.*

2. Exactitud y Precisión

En todo procedimiento hay que considerar tanto la precisión como la exactitud, refiriéndose el término **exactitud** al grado de coincidencia entre el resultado de un ensayo y el valor de referencia aceptado.

El término "exactitud", aplicado al conjunto de resultados de un ensayo, denota una combinación de componentes aleatorios y un componente común de error sistemático.

La exactitud de la media es definida en la normativa ISO como: *"cercanía entre el valor verdadero y el valor medio obtenido aplicando el procedimiento experimental un número elevado de veces".*

El término *precisión* se refiere al grado de coincidencia entre los resultados de ensayos independientes obtenidos en unas condiciones especificadas. La **precisión** se define según la normativa IUPAC como *"cercanía entre los resultados obtenidos aplicando el procedimiento experimental varias veces bajo las condiciones prescritas. Cuanto menor sea la parte aleatoria de los errores experimentales que afectan a los resultados, más preciso es el procedimiento".*

La precisión depende exclusivamente de la distribución de los errores aleatorios y no está relacionada con el valor de referencia aceptado y suele expresarse en función de la imprecisión y se calcula como una desviación estándar de los resultados. Así, una mayor imprecisión se traduce en una mayor desviación estándar.

En la gráfica se muestra la diferencia entre exactitud y precisión:

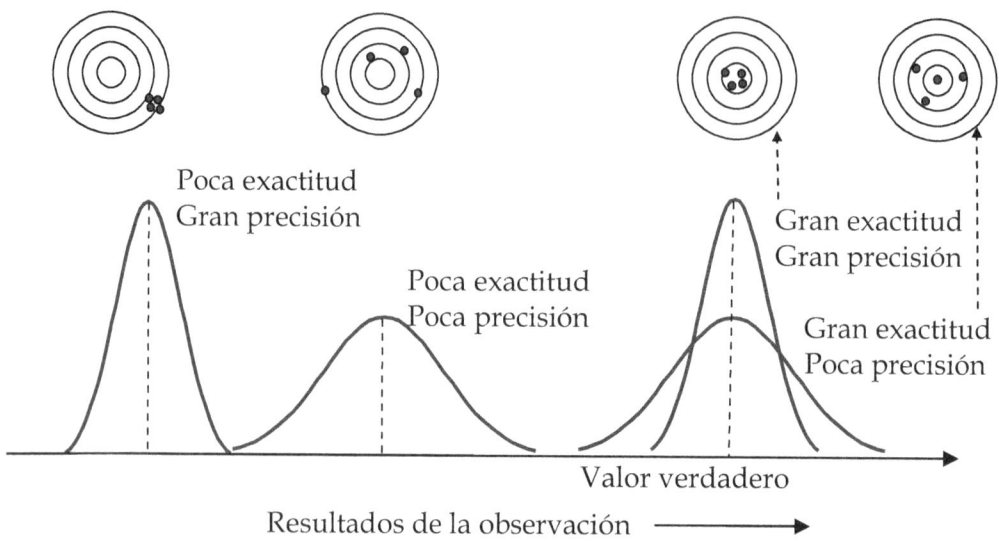

Poca exactitud
Gran precisión

Poca exactitud
Poca precisión

Gran exactitud
Gran precisión

Gran exactitud
Poca precisión

Valor verdadero

Resultados de la observación ⟶

3. Formas de expresar la exactitud. Error absoluto y relativo

El error absoluto se define como la diferencia entre el valor verdadero (V) y el valor observado (O): $E_a = |V - O|$, mientras que el error relativo se define como el cociente entre el error absoluto y el valor verdadero: $E_r = \dfrac{|V - O|}{V}$ y es un índice de la precisión de la medida, que en porcentaje se calcula como: $E_r (\%) = \dfrac{E_a}{V} \times 100$

Ejemplo
Calcular el error relativo de medir 20 km y 20 m con la precisión de 1 metro.

En la taba se muestran los resultados:

Medida	Error absoluto	Error relativo
20 Km	1 m	(1/20000).100 = 0,005%
20 m	1 m	(1/20).100 = 5%

Observar, por el error relativo, que no es lo mismo cometer un error de 1 m en 20 km que en 20 m.
Es habitual que la medida directa o indirecta de una magnitud física con aparatos convencionales, tenga un error relativo del orden del 1% o mayor, dependiendo de la escala.

4. Errores en la medida.

Todas las medidas están afectadas en algún grado por un error experimental debido al error propio del instrumento y del operador que hace la medida. En la medida de una magnitud, los resultados deben seguir algunas normas como:

1. Todo resultado experimental o medida debe de ir acompañada del valor estimado del error de la medida y a continuación las unidades empleadas.
Ejemplo

Si medimos la longitud de una varilla, ésta se debe expresar, como: 397 ± 2 mm, entendiendo que la medida de dicha magnitud está entre 395 mm y 399 mm.

En realidad, la expresión anterior no significa que se está seguro de que el valor verdadero esté entre los límites indicados, sino que hay cierta probabilidad de que esté entre esos límites.

2. Un resultado experimental carece de sentido sino va acompañado del error estimado en su medida, pudiéndose dar en varias formas:

- ***media con desviación estándar:*** $\bar{x} \pm \sigma$. En el caso de que σ sea desconocida se estima su valor como s resultando: $\bar{x} \pm s$

- ***media con error estándar:*** $\bar{x} \pm \sigma / \sqrt{n}$. En el caso de que σ sea desconocida, se estima su valor con s, resultando: $\bar{x} \pm s / \sqrt{n}$

- ***media con los límites de confianza del 95%:*** $\bar{x} \pm z \cdot s / \sqrt{n} @ 95\%$ y en el caso de que σ sea desconocida se estima su valor con s, resultando $\bar{x} \pm t \cdot s / \sqrt{n} @ 95\%$.

- ***media con la estimación de la incertidumbre(U):*** $\bar{x} \pm U(k = 2)$, donde k es un factor que para un nivel de confianza del 95% es 2.

Cualquiera de las tres primeras formas es equivalente y solo necesitamos conocer el valor de n para pasar de una a otra.

Ejemplo
Escribir el resultado de la medida: $\bar{x} \pm s = 20,20 \pm 0,02$ $(n = 5)$ de alguna de las formas vistas anteriormente.

a) media con desviación estándar: $\bar{x} \pm s = 20,20 \pm 0,02$

b) media con error estándar: $\bar{x} \pm s / \sqrt{n} = 20,20 \pm 0,02 / \sqrt{5} = 20,20 \pm 0,01$

c) media con los límites de confianza del 95%:

$\bar{x} \pm t \cdot s / \sqrt{n} = 20,20 \pm 2,776 \cdot 0,02 / \sqrt{5} = 20,20 \pm 0,02 @ 95\%$, *siendo 2,776 el valor de t para 4 grados de libertad y* α *=1-0,95 = 0,05.*

Una práctica usual en los textos de Análisis químico es citar la media como la estimación de de cantidad medida y la desviación estándar como medida de la precisión, siendo menos frecuente la media con el error estándar y utilizándose cada vez más los límites de confianza.

3. La precisión del resultado viene indicado por el número de cifras significativas. Algunas reglas para determinar el número de cifras significativas son:

a) Todos los números distintos de cero son significativos.
Ejemplo
521,1 tiene 4 cifras significativas

b) Todos los ceros a la izquierda del primer número no son significativos.
Ejemplo
0,0024 tiene 2 cifras significativas.

c) Los ceros que se encuentran entre dos números son siempre significativos.
Ejemplo
3005 tiene 4 cifras significativas y 35,03 tiene 4 cifras significativas

d) Los ceros que siguen a un número decimal son significativos.
Ejemplo
35,0 tiene 3 cifras significativas

e) Los ceros que siguen a un número no decimal no son significativos.
Ejemplo
500 tiene 1 cifra significativa

4. <u>Los errores deben darse solamente con una única cifra significativa.</u>
En casos excepcionales, se pueden dar una cifra y media cuando la segunda cifra es 5 ó 0.
Ejemplo

Incorrecto	Correcto
37000 ± 3875 m	*37000 ± 4000 m*
37,465 ± 0,165 cm	*37,5 ± 0,2 cm*
465,30 ± 2,10 mm	*465 ± 2 mm*

5. La última cifra significativa en el valor de una magnitud física y en su error, expresados en las mismas unidades, deben de corresponder al mismo orden de magnitud (centenas, decenas, unidades, décimas, centésimas).
Ejemplo

Incorrecto	Correcto
36537 ± 4000 m	*37000 ± 4000 m*
73 ± 0,08 m	*73,00 ± 0,08 m*
435,2 ± 7 m	*435 ± 7 m*
92,51± 0,3	*92,5 ± 0,3*

6. Si es necesario el redondeo de cifras significativas, se siguen los siguientes criterios

> a) Si el primer dígito a eliminar es menor que 5, dejar el dígito anterior sin cambio.
> Ejemplo
> *4,124 se redondearía a 4,12 si dos son las cifras a mantener, ya que 4<5.*

> b) Si el primer dígito a eliminar es mayor que 5, se aumenta en 1 el dígito anterior.
> Ejemplo
> *4,127 se redondearía a 4,13 si dos son las cifras a mantener, ya que 7>5.*

> c) Si el primer dígito a eliminar es igual a 5, se redondea al número par más próximo.
> Ejemplo
> *6,45 se redondearía a 6,4 que es el número par más próximo y 6,75 se redondearía a 6,8 que es el número par más próximo*

4.1 Cálculo del error en medidas directas

Si al tratar de determinar una magnitud, realizamos varias medidas con el fin de corregir los errores aleatorios, los resultados obtenidos son x_1, x_2, ... x_n se adopta como mejor estimación del valor verdadero, el valor medio $\bar{x}$, que viene dado por

la expresión: $\bar{x} = \dfrac{x_1 + x_2 + ... x_n}{n} = \dfrac{\sum\limits_{1}^{n} x_i}{n}$

El valor medio, se aproximará tanto más al valor verdadero de la magnitud cuanto mayor sea el número de medidas, ya que los errores aleatorios de cada medida se van compensando unos con otros.

Si la sensibilidad del método o de los aparatos utilizados es grande, comparada con la magnitud de los errores aleatorios, es necesario un tratamiento estadístico.

Cuando se efectúan varias mediciones bajo idénticas condiciones, al valor medio de esas medidas se le asocia una incertidumbre que viene relacionada con la desviación estándar poblacional σ, aunque en la mayoría de las determinaciones se estima a partir de la **desviación muestral** *s*, debido al desconocimiento de la desviación estándar σ.

La desviación estándar puede determinarse mediante la relación vista anteriormente: $s = \sqrt{\dfrac{\sum (x_i - \bar{x})^2}{(n-1)}}$, donde *n* es el número de datos tomados, x_i es el valor de cada dato y $\bar{x}$ el valor medio del conjunto de medidas.

Si suponemos ahora que realizamos varias series de mediciones de x, y para cada una de estas series calculamos el valor medio $\bar{x}$; es de esperar que estos valores tendrán una distribución, pero con una menor dispersión que las mediciones individuales, ya que a medida que el número n de mediciones aumenta, la distribución de $\bar{x}$ será normal y la desviación estándar será:

$s_{\bar{x}} = s / \sqrt{n} = \sqrt{\dfrac{\sum (x_i - \bar{x})^2}{n \cdot (n-1)}}$, donde $s_{\bar{x}}$ se denomina error estándar de la media

(e.e.m.) y de esta manera el resultado será: $\bar{x} \pm s_{\bar{x}}$.

Por otra parte resulta más cómodo tratar $s_{\bar{x}}$ como Δx, también denominado error cuadrático medio (ECM), quedando la expresión anterior, como $\bar{x} \pm \Delta x$ con las correspondientes unidades.

La identificación del error de un valor experimental con el error cuadrático obtenido de n medidas directas consecutivas, solamente es válido en el caso de que el error cuadrático sea mayor que el error instrumental, es decir, aquél que viene definido por la resolución del aparato de medida.

Ejemplo
Se ha medido la viscosidad de un fluido, midiendo el tiempo de caída de una bola en el fluido, resultando los siguientes tiempos: 7,3; 7,2; 7,4 y 7,2 s. Si el cronómetro utilizado aprecia las décimas de segundo, determina el resultado medio.

De acuerdo a lo dicho anteriormente, tomaremos como valor medido el valor medio:
$t = \dfrac{7,3 + 7,2 + 7,4 + 7,2}{4} = 7,275\,s$ *y el error cuadrático será:*

$\Delta t = \sqrt{\dfrac{(7,3 - 7,275)^2 + (7,2 - 7,275)^2 + (7,4 - 7,275)^2 + (7,2 - 7,275)^2}{4 \cdot (4-1)}} = 0,04787$

Este error se debe expresar con una sola cifra significativa, según las reglas de cifras significativas: $\Delta t = 0,05\,s$. Pero puesto que el error cuadrático es menor que el error instrumental, que es 0,1 s, debemos tomar este último como el error de la medida, y redondear en consecuencia el valor medio, por lo que el resultado final de la medida, es:
$$t = 7,3 \pm 0,1\ s$$

Ejemplo
Consideremos un ejemplo similar al anterior, pero en el que los valores obtenidos para el tiempo están más dispersos: 7,5; 7,7; 8,2; y 8,5 s.

De acuerdo a lo dicho anteriormente, tomaremos como valor medido el valor medio:
$t = \dfrac{7,5 + 7,7 + 8,2 + 8,5}{4} = 7,975\,s$ *y el error cuadrático medio será:*

$\Delta t = \sqrt{\dfrac{(7,5 - 7,975)^2 + (7,7 - 7,975)^2 + (8,2 - 7,975)^2 + (8,5 - 7,975)^2}{4 \cdot 3}} = 0,2287$

Este error se debe expresar con una sola cifra significativa, según las reglas anteriores: Δt = 0,2 s, pero en este caso, el error cuadrático es mayor que el error instrumental, que es 0,1 s, por lo que debemos tomar como error de la medida el error cuadrático y redondear en consecuencia el valor medio, por lo que el resultado final de la medida, es:

$$t = 8,0 \pm 0,2 \text{ s.}$$

4.2 Propagación de errores. Cálculo del error en medidas indirectas

En muchos casos, el valor experimental de una magnitud se obtiene a partir de la medida de otras magnitudes de las que depende. Se trata de conocer el error en la magnitud derivada a partir de los errores de las magnitudes medidas directamente. En los casos más frecuentes el error Δz se determina como se muestra en la tabla.

Operación		Error	Operación		Error
Suma	$z = x + y$	$\Delta z = \sqrt{\Delta x^2 + \Delta y^2}$	*Producto*	$z = x \cdot y$	$\dfrac{\Delta z}{z} = \sqrt{\left(\dfrac{\Delta x}{x}\right)^2 + \left(\dfrac{\Delta y}{y}\right)^2}$
Resta	$z = x - y$	$\Delta z = \sqrt{\Delta x^2 + \Delta y^2}$	*Cociente*	$z = \dfrac{x}{y}$	$\dfrac{\Delta z}{z} = \sqrt{\left(\dfrac{\Delta x}{x}\right)^2 + \left(\dfrac{\Delta y}{y}\right)^2}$
Potencia	$z = x^y$	$\dfrac{\Delta z}{z} = \dfrac{y \cdot \Delta x}{x}$			

Ejemplo

La medida de los lados de un rectángulo son 1,53 ± 0,06 cm. y 10,2 ± 0,1 cm. respectivamente. Hallar el área del rectángulo y el error de la medida indirecta.

1° Se calcula el área como z = 1,53 ×10,2 =15,606 cm²

2° Se calcula el error relativo del área como Δz/z y se obtiene aplicando la <u>fórmula del</u> <u>producto</u> de dos magnitudes: $\quad \dfrac{\Delta z}{z} = \sqrt{\left(\dfrac{0,06}{1,53}\right)^2 + \left(\dfrac{0,1}{10,2}\right)^2} = 0,04044$, *resultando:*

$\Delta z = (1,53 \cdot 10,2) \cdot 0,04044 = 0,631$

El error absoluto con una sola cifra significativa es 0,6 y de acuerdo con las reglas anteriores, la medida del área junto con el error y la unidad se escribirá como:

$$15,6 \pm 0.6 \text{ cm}^2$$

Ejemplo:

La absorbancia, una medida de la absorción de la luz por una muestra, viene dada por la siguiente expresión A=a.b.c, donde las variables toman los valores:

a: 7900 ± 100 L/(mol.cm)
b: 1,00 ± 0,01 cm
c: 0,0001 ± 0,00002 mol/L

Determinar la absorbancia y el error de la medida.

1º Se calcula la absorbancia aplicando la ley de Beer como:
A = a.b.c = (0,0001).(1,00).(7900) = 0,79 (sin unidades)

2º Se calcula el error relativo de la Absorbancia aplicando la <u>fórmula del producto</u> de

magnitudes: $\dfrac{\Delta A}{A} = \sqrt{\left(\dfrac{100}{7900}\right)^2 + \left(\dfrac{0,01}{1,00}\right)^2 + \left(\dfrac{0,00002}{0,0001}\right)^2} = \sqrt{0,00016 + 0,0001 + 0,04} = 0,200$

3º Resultando $\Delta A = (0,79) \cdot 0,200 = 0,158$

El error absoluto con una sola cifra significativa es 0,2 y de acuerdo con las reglas anteriores, la Absorbancia con su error se escribirá como:

<u>**0,8 ± 0,2**</u>

Ejemplo
En la determinación de la densidad por el método de la probeta, los resultados han sido:

- El Volumen del sólido se ha determinado midiendo un volumen inicial de agua en una probeta: V_i=16 ml, introduciendo el sólido no poroso en la probeta, y volviendo a medir, resultando un volumen final: V_f = 40 ml. La precisión de la probeta es de ± 1 ml.
-Masa del sólido: 55,23 g ± 0,01 g (se ha pesado en una balanza digital de dos cifras decimales)

Determinar la densidad de la medida y el error.

1º Se calcula la densidad como D = M/V = M/(V_f-V_i) = 55,23/(40-16) =2,30125 g/ml

2º Se calcula el error cometido en la medida del Volumen del sólido, ya que V_s=V_f-V_i, y en cada medida el error es de 1 ml, resulta: $\Delta V_s = \sqrt{\Delta V_i^{\,2} + \Delta V_f^{\,2}} = \sqrt{1+1} = \sqrt{2} = 1,41\,ml$ y redondeando el error absoluto a una sola cifra significativa, resulta: Vs=24 ± 1 ml

3º Se calcula el error relativo de la densidad ΔD/D, aplicando la <u>fórmula del cociente</u> de dos

magnitudes: $\dfrac{\Delta D}{D} = \sqrt{\left(\dfrac{0,01}{55,23}\right)^2 + \left(\dfrac{1}{24}\right)^2} = \sqrt{3,27\cdot 10^{-8} + 0,00174} = 0,042$,   *resultando*

$\Delta D = (55,23 / 24)) \cdot 0,042 = 0,097$

Redondeando el error absoluto a una sola cifra significativa, resulta 0,1 y de acuerdo con las reglas anteriores, la medida de la densidad junto con el error y la unidad se escribirá como: <u>**2,3 ± 0,1 g/ml**</u>

Observar, que la mayor parte del error se produce con la medida de la probeta y por tanto si queremos mejorar el método deberíamos tratar de disminuir esta imprecisión, tratando de utilizar una probeta de mayor precisión o midiendo el volumen de agua desalojada por otro método (Arquímedes).
*Concluyendo, **si queremos mejorar la precisión de un método tendríamos que mejorar la precisión de la medida más imprecisa**, no perdiendo el tiempo en mejorar una medida que influye poco en el error final resultante.*

Para el caso de operaciones aritméticas se sigue el mismo procedimiento en la obtención de resultados.

Ejemplo

Considerar la siguiente operación y obtener el resultado con el error correspondiente:

$$\frac{(2,35 \pm 0,01) \times (4,567 \pm 0,002)}{(6,7890 \pm 0,0005)} = ?$$

1° Se calcula el resultado con todas las cifras: $\frac{(2,35 \pm 0,01) \times (4,567 \pm 0,002)}{(6,7890 \pm 0,0005)} = 1,580887 \pm ?$

2° Se aplican las fórmulas anteriores para el producto y el cociente resultando:

$$\frac{\Delta R}{R} = \sqrt{\left(\frac{0,01}{2,35}\right)^2 + \left(\frac{0,002}{4,567}\right)^2 + \left(\frac{0,0005}{6,7890}\right)} = 0,0000182$$

3° Se determina el valor del error absoluto del resultado con una sola cifra significativa, como: $\Delta R = 1,580887 \cdot 0,000012 = 0,0000289 = 0,00003$

4° Se presenta el resultado con las cifras significativas y el error como:

<u>Resultado = 1,58089±0,00003</u>

5. Incertidumbre. Introducción al cálculo de incertidumbre

Para evaluar la incidencia de las distintas fuentes de error en el resultado de la medición se han utilizado los siguientes cálculos:

> a) cálculos estadísticos, basados en la determinación de la desviación estándar, teniendo el inconveniente de que solo evalúa los errores aleatorios.
>
> b) cálculo de propagación de errores, visto en el punto anterior y que permite calcular el error en la magnitud medida a partir de los errores conocidos de las otras magnitudes de las que depende. Este cálculo permite evaluar solamente la incidencia de los errores sistemáticos (instrumentos) y no los aleatorios.

Combinando ambos procedimientos, surge el cálculo de incertidumbres, que siempre debe tener en cuenta tanto las componentes aleatorias como sistemáticas.

Ejemplo

Si pesamos un objeto 5 veces obtenemos un error aleatorio, debido a la variabilidad de la medida y un error sistemático, debido al error propio de la balanza (falta de linealidad, resolución, excentricidad de la carga).

Aunque repitamos un experimento en las mismas condiciones, siempre va a haber pequeñas diferencias que son debido a múltiples factores que varían durante los experimentos, por lo que al dar el resultado lo debemos acompañar de un 2° término que exprese la incertidumbre: ***Resultado = Valor ± Incertidumbre***.

Se define **Incertidumbre** como un parámetro asociado con el resultado de una medida que representa la dispersión de los valores que pueden ser razonablemente atribuidos a la magnitud particular sometida a medición.

Es importante diferenciar los términos de error e incertidumbre; mientras que el error es la diferencia entre el valor medido y el valor convencionalmente considerado como verdadero, la incertidumbre es la determinación cuantitativa de la duda que se tiene sobre el resultado de la medición.

La exactitud o inexactitud no es sinónimo de incertidumbre, ya que cuando nos referimos a exactitud nos referimos a un término cualitativo mientras que la incertidumbre es cuantitativa. Así, podemos decir que tal o cual resultado es exacto o inexacto, mientras que con la incertidumbre debemos acompañar el resultado con la cantidad que consideramos incierta.

Ejemplo

Si se dice "La longitud del hilo de cobre a 25°C es 78,5 cm" , el error en la longitud del hilo de cobre es desconocido y aunque la afirmación anterior sea verdad tiene un valor limitado, siendo una medida de mayor calidad si expresamos lo anterior como "La mejor estimación del valor verdadero de la longitud del hilo de cobre a 25 °C es de 78,5 cm, habiendo una probabilidad del 95% que el valor verdadero esté en el intervalo: 78,5 ± 0,5 cm"

El cálculo de la Incertidumbre es importante en:

- *calibración*, donde la incertidumbre de medición debe consignarse en el certificado de calibración.

- *trazabilidad,* donde la cadena ininterrumpida de comparaciones con patrones nacionales o internacionales del S.I. ha de tener todas las incertidumbres determinadas.

- *control de calidad*, donde la incertidumbre de medición es necesaria para determinar si el material ensayado cumple o no cumple con la condiciones del ensayo.

Para la estimación de la incertidumbre de una medición, se utilizan las siguientes etapas:

1° Expresar el modelo matemático de la magnitud objeto de la medida, elaborando un procedimiento de la medición que dé como resultado una ecuación matemática.

2° Identificar las fuentes de incertidumbre. Las fuentes de incertidumbre son variadas, dependiendo principalmente del:

- *instrumento de medida*, que puede dar errores con tendencia a dar resultados mayores o menores debido a cambios por envejecimiento, desgastes u otras derivas, mala repetibilidad, ruido…

- *material objeto de la medida*, el cual puede no ser estable durante la medición.

- *proceso de medida,* que puede ser difícil de hacer.

Por ejemplo, pesar un animal vivo y pequeño de laboratorio presenta grandes dificultades si el mismo no coopera, quedándose quieto.

3° Estimar las incertidumbres de cada magnitud de influencia sobre el resultado final. Las dos formas de estimar las incertidumbres son del:

- **tipo A**: se estima la incertidumbre utilizando métodos estadísticos, normalmente, a partir de mediciones repetidas. Estas incertidumbres están caracterizadas por una estimación de la desviación estándar de las medidas obtenidas.

- **tipo B**: se estima la incertidumbre a partir de informaciones como:
  - *experiencias previas* de otras mediciones.
  - *certificados de calibración*.
  - *especificaciones* de los fabricantes.
  - *cálculos, informaciones publicadas* y sentido común.

Estas incertidumbres están caracterizadas por una incertidumbre u_i, que es determinada a partir de los certificados de calibración y los límites de tolerancia.

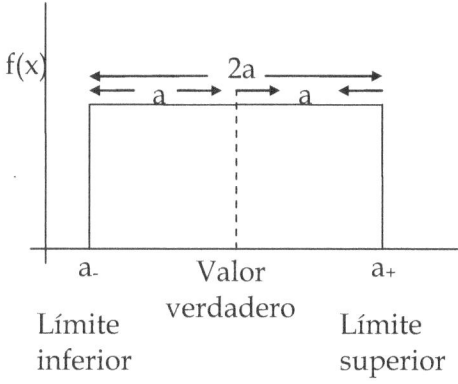

En una distribución rectangular del tipo B, por estar la tolerancia entre dos límites, la mejor estimación de la varianza viene dada por: $s^2 = \dfrac{a^2}{3}$ donde a: es el semiancho de la distribución, que se muestra en la figura:

La desviación estándar es denominada incertidumbre estándar para una distribución del tipo B y viene dada por: $u = s = \dfrac{a}{\sqrt{3}}$

Existe la presunción de que las incertidumbres del tipo A son al azar y las del tipo B son sistemáticas, pero esto no es absolutamente cierto.

4° Encontrar la incertidumbre estándar combinada, a partir de las incertidumbres individuales.

La **Incertidumbre estándar combinada** u_c, se obtiene haciendo la raíz cuadrada positiva de la suma de las de las incertidumbres estándar de todas las cantidades que contribuyen a la incertidumbre, multiplicadas por unos coeficientes de sensibilidad, que representan la contribución de la variabilidad de cada uno de los parámetros X_1, X_2, X_3 ... a la variabilidad del mensurando Y.

La relación general entre la incertidumbre u_c de un valor (Y) y las incertidumbres individuales u_1, u_2, u_3, ..., de los parámetros correspondientes X_1, X_2, X_3, ..., se determina como: $u_c = \sqrt{(c_1.u_1)^2 + (c_2.u_2)^2 + (c_3.u_3)^2 + \cdots}$, donde c_1, c_2, c_3, ..., son los **coeficientes de sensibilidad**.

Para la determinación de estos coeficientes, existen varios métodos:

a) Determinación a partir de una relación funcional mediante cálculo diferencial.

Sea $Y = f(X_1, X_2, ..., X_N)$. Para ver la influencia de X_i se calcula el coeficiente de sensibilidad derivando la función con respecto a X_i, manteniendo las demás magnitudes constantes:

$$c_i = \left.\frac{\partial f(X_1, X_2, X_3 ...)}{\partial X_i}\right|_{X_1, X_2, X_3 ... = ctes}$$

b) Otros métodos de determinación

1) Para las ecuaciones que sólo comprenden una suma o diferencia de cantidades, por ejemplo, $Y = X_1 + X_2 + X_3 + ...$, la incertidumbre combinada $u_c(Y)$ está dada por: $u_c = \sqrt{u_1^2 + u_2^2 + u_3^2 + \cdots}$, ya que <u>los coeficientes de sensibilidad son la unidad</u>.

2) Para las ecuaciones con productos o cocientes, por ejemplo, $Y = (X_1.X_2.X_3 ...)$ o $Y = X_1/(X_2.X_3...)$ se puede determinar el coeficiente de sensibilidad c_i por una estimación de la influencia de una variación de X_i en Y según: $c = \dfrac{\Delta Y}{\Delta X_i}$ manteniendo constantes las demás magnitudes de entrada. Así, se determina el cambio producido en Y por un cambio en X_i y se determina la incertidumbre combinada, como se ha visto anteriormente: $u_c = \sqrt{(c_1.u_1)^2 + (c_2.u_2)^2 + (c_3.u_3)^2 + \cdots}$

Debido a la dificultad del cálculo diferencial, es más conveniente seguir estos métodos, por lo que a veces es necesario reorganizar la ecuación.

Por ejemplo, en la expresión $Y = (X_1 + X_2)/(X_3 + X_4)$ se determinan las incertidumbres para cada uno de los elementos $(X_1 + X_2)$ y $(X_3 + X_4)$ según el **método b-1** $(c_1, c_2, c_3, c_4 = 1)$ y una vez determinadas las incertidumbres combinadas provisionales se aplica el **método b-2** para determinar la incertidumbre combinada definitiva.

La **Incertidumbre estándar combinada relativa** es el cociente entre la incertidumbre estándar combinada, $u_c(Y)$, y la magnitud, $|Y|$ que es la mejor estimación del mesurando Y, siempre que ésta sea distinto de cero.

5° Calcular la incertidumbre ampliada estableciendo el nivel de confianza.

La **Incertidumbre ampliada, U** es una incertidumbre que define un intervalo en torno al resultado de una medición.

La incertidumbre ampliada se calcula para un nivel de confianza del 0,95 que se utiliza para expresar la probabilidad de que el valor verdadero se encuentre dentro de los límites estimados de U.

Se calcula la incertidumbre ampliada como: $U = k \cdot u_c$, donde k es el **factor de cobertura**, que para el nivel de confianza del 95%, se encuentra generalmente entre 2 y 3.

Pare un nivel de confianza del 95%, la tabla da el factor de cobertura para varios grados de libertad, observando que para *G.L. > 10* el factor k tiende a 2 y a menudo se utiliza este valor para un nivel de confianza del 95% y cuando el nivel de confianza es del 99% se utiliza el valor de *k = 3*.

G.L.	1	2	3	4	5	6	7	8	9	10
k	12,706	4,303	3,182	2,776	2,571	2,447	2,365	2,306	2,262	2,228

6° Escribir el resultado de la medición y su incertidumbre.

Como introducción, para determinar las incertidumbres se sigue una guía elaborada en 1970 bajo la Normativa ISO: GUM (Guide to the Expression of Uncertainty in Measurement).

5.1. Ejemplo del cálculo básico de la incertidumbre de una simple pesada

Se ha determinado la masa de un objeto con los siguientes resultados:

Pesadas	
0,3245	0,3233
0,3244	0,3234
0,3246	0,3248
0,3232	0,3245
0,3231	0,3233
0,3234	0,3247
0,3248	0,3233
0,3243	0,3247

Determina el valor medio y su incertidumbre expandida.

Para solucionar este problema:

1° Elaborar un procedimiento de la medida que de lugar a una ecuación. En este caso se trata de una simple pesada de un objeto: **m**

2° Se identifican las fuentes de incertidumbre. Las incertidumbres asociadas a una pesada son:

- repetibilidad *de la balanza, que se obtiene al realizar la pesada de una misma muestra por el mismo operador en un periodo de tiempo relativamente corto.*

- calibración *de la balanza, que se obtiene del **certificado de calibración** de la balanza, donde se compara la masa con masas patrones que cubren el campo de medida de la balanza.*

Normalmente, el fabricante proporciona una incertidumbre expandida calculada con un valor de k=2 y para obtener la incertidumbre estándar combinada u_c, debe dividirse este valor por 2.

- resolución *de la balanza, que viene especificada por el fabricante y es ± último dígito.*

Combinando las fuentes de incertidumbre con el modelo matemático de la magnitud objeto de la medida se llega a la siguiente ECUACIÓN:

$$m = m_{repetibilidad} + m_{calibrado} + m_{resolución}$$

3° Se estiman las incertidumbres de cada magnitud y su influencia sobre el resultado final.

a) $m_{repetibilidad}$

Calculamos la media y la desviación estándar muestral, resultando:

Pesadas	
0,3245	0,3233
0,3244	0,3234
0,3246	0,3248
0,3232	0,3245
0,3231	0,3233
0,3234	0,3247
0,3248	0,3233
0,3243	0,3247
Media =	0,3240
s =	0,00068

La Incertidumbre estándar se determina con la fórmula vista anteriormente para la desviación estándar de la media $\sigma_x = \dfrac{\sigma}{\sqrt{n}}$, *pero en este caso se trata como incertidumbre estándar* $u_1 = \dfrac{s}{\sqrt{n}} = \dfrac{0,00068}{\sqrt{16}} = 0,00017$.

Resumiendo, queda:

$m_{repetibilidad}$	Distribución	Valor	Media	u_1	Grados libertad
0,3240	Tipo A, Normal	0,3240	0,3240	0,00017	15

b) $m_{calibrado}$

El certificado de calibración de la balanza suministrado por el fabricante nos indica una incertidumbre de 0,0007, con un valor de k=2. Se calcula la incertidumbre estándar como: $u_2 = \dfrac{Valor\ incertidumbre}{k} = \dfrac{0,0007}{2} = 0,00035$

Resumiendo, queda:

m-calibrado	Distribución	Valor	Media	u_2
±0,00035	Tipo A, Normal	0		0,00035

En este caso, despreciamos el efecto del empuje del aire, ya que la densidad de las masas patrón de acero es mucho mayor que la densidad del aire.

c) $m_{resolución}$

Para este caso es la resolución de la balanza, que suele ser el último dígito de la balanza.

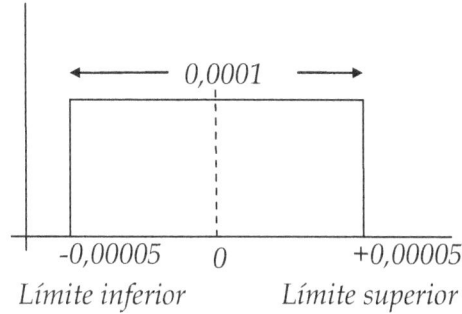

-0,00005   0   +0,00005
Límite inferior   Límite superior

La última cifra viene dada con una precisión de 0,0001 g, dando la lectura de la cifra más cercana un error no mayor de ± 0,00005 g debido al redondeo interno del instrumento y por lo tanto se puede considerar una distribución uniforme de la incertidumbre en un intervalo de 0,0001 g, es decir, ± 0,00005 . Para encontrar la incertidumbre estándar u, se divide la mitad del intervalo.

Al estar comprendido entre dos límites, consideramos una distribución rectangular del tipo B, calculando la incertidumbre estándar como:
$u_3 = \dfrac{a}{\sqrt{3}} = \dfrac{0,00005}{\sqrt{3}} = 0,000029$

Y resumiendo queda:

m-resolución	Distribución	Valor	Media	u_3
±0,00005	Tipo B Rectangular	0		0,0000289

4º Se determina la Incertidumbre estándar combinada, a partir de las incertidumbres individuales resultando:

$u_c = \sqrt{u_1^2 + u_2^2 + u_3^2} = \sqrt{0,00017^2 + 0,00035^2 + 0,000029^2} = 0,00039$

5 º Se calcula la incertidumbre expandida para un nivel de confianza de 0,95 (k =2), como:
$U = k \cdot u_c = 2 \cdot 0,00039 = 0,00078 = 0,0008$

En la tabla se resumen los resultados:

Fuente Incertidumbre	Valor	Unidad	Incertidumbre estándar	Distribución	Tipo	Coeficiente sensibilidad	Porcentaje
m-repetitividad	0,3240	g	0,00017	*Normal*	A	1	67,3
m-calibrado	0	g	0,00035	*Normal*	A	1	30,8
m-resolución	0	g	0,000029	*Rectangular*	B	1	1,9
m=	**0,3240**	g	0,000208				100,0
I-expandida (U) =	**0,00078**	g					

6° Se escribe el resultado de la medición y su incertidumbre:

$$m = 0,3240 \pm 0,0008 \; (k=2)$$

*En caso de realizar una **calibración interna** para ver las correcciones, la calibración se debe realizar en un número de puntos de la escala de la balanza comprendido entre 5 y 10.*
Para efectuar la calibración en cada punto se utiliza una pesa patrón o bien varias pesas cuya suma proporcione valores nominales no normalizados (por ejemplo, para efectuar la calibración a 30 g se puede combinar la pesa de 10 g y la de 20 g). En cada serie se pesa cada vez una de las pesas (o combinación de ellas), alternativamente en sentido ascendente y descendente. De esta manera la variabilidad de los resultados recoge más fuentes de variación que si se efectúan las pesadas seguidas en cada punto de calibración.

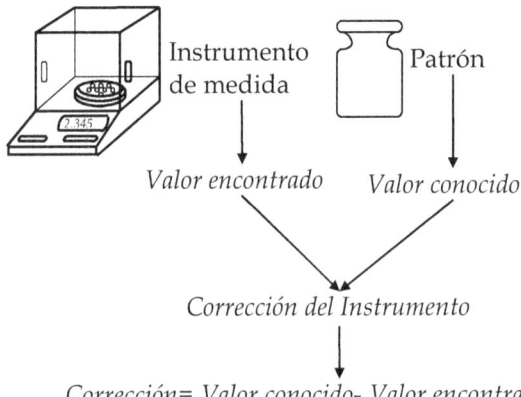

Instrumento de medida — Patrón

Valor encontrado — Valor conocido

Corrección del Instrumento

Corrección= Valor conocido- Valor encontrado

Para cada una de las pesadas individuales en cada uno de los puntos se calcula la desviación entre el valor generado (correspondiente a la pesa patrón) y el valor proporcionado por la balanza, según:
$$\text{Corrección} = m - m_{patrón}$$

5.2 Ejemplo del cálculo básico de la incertidumbre de la medida del volumen de un matraz de 50 ml.

1. Se determina el volumen de un matraz de 50 ml a 20 °C, considerando un error en la medida del volumen de ± 2 gotas (estimado), considerando que la medida se hace con un error de ± 2 °C (entre 18 y 22 °C) en la temperatura de calibrado. Determina el valor medio y su incertidumbre expandida.

*1° Elaborar un procedimiento de la medida que de lugar a una ecuación. En este caso se trata de la medida de un volumen: **V***

2° Se identifican las fuentes de incertidumbre. Las incertidumbres asociadas a la medida del volumen son:

    *- **repetibilidad** en la medida del volumen, que para un volumen de 50 ml se estima en ± 2 gotas.*

    *- **tolerancia** del volumen especificado por el fabricante.*

    *- **variación de la temperatura** de medida. El material volumétrico está calibrado a 20 °C.*

3° Combinando las fuentes de incertidumbre con el modelo matemático de la magnitud objeto de la medida, se llega a la siguiente ECUACIÓN:

$$V = V_{repetibilidad} + V_{tolerancia} + V_{temperatura}$$

4° Se estiman las incertidumbres de cada magnitud de influencia sobre el resultado final.

    a) $V_{repetibilidad}$

La corrección del volumen por medidas repetitivas es de 2 gotas (estimado) que equivale a ± 2gotas.1ml/20gotas = ± 0,1 ml.

Se trata de una distribución rectangular del tipo B, por estar entre dos límites de tolerancia, resulta una incertidumbre estándar de: $u_1 = \dfrac{a}{\sqrt{3}} = \dfrac{0,1}{\sqrt{3}} = 0,0577$

Resumiendo, queda:

V-repetibilidad	Distribución	Valor	Media	u_1
± 0,1ml (2 gotas)	Tipo B, Rectangular	0		0,0577

    b) $V_{tolerancia}$

Según la tolerancia suministrada por el propio fabricante, el volumen de 50 ml tiene una tolerancia de ± 0,05 ml y al tratarse de una distribución rectangular del tipo B, la incertidumbre estándar viene dada por: $u_2 = \dfrac{a}{\sqrt{3}} = \dfrac{0,05}{\sqrt{3}} = 0,0289$

Resumiendo, queda:

V-tolerancia	Distribución	Valor	Media	u_2
±0,05 ml	Tipo B, Rectangular	50		0,0289

    c) $V_{temperatura}$

Se considera que la medida se hace con un error de ± 2 °C (entre 18 y 22 °C)

Es necesario recordar que el incremento o decremento de volumen que se produce como consecuencia de la temperatura sigue esta ecuación: $\Delta V = V_0 \cdot \gamma \cdot \Delta t$, *donde V_0 es el volumen calibrado a 20 °C y γ el coeficiente de dilatación cúbica del vidrio que para este caso, se toma como: 0,00021 °C⁻¹.*

Aplicando la fórmula, resulta: $\Delta V = V_0 \cdot \gamma \cdot \Delta t = 50 \cdot 0,00021 \cdot 2 = \pm 0,021$ ml *y al considerar una distribución rectangular del tipo B se calcula la incertidumbre estándar como:* $u = \dfrac{a}{\sqrt{3}} = \dfrac{0,021}{\sqrt{3}} = 0,0121$

Y resumiendo, queda:

V-temperatura	Distribución	Valor	Media	u_3
± 0,021	Tipo B, Rectangular	0		0,0121

4° Se determina la Incertidumbre estándar combinada, a partir de las incertidumbres individuales resultando: $u_c = \sqrt{u_1^2 + u_2^2 + u_3^2} = \sqrt{0,0577^2 + 0,0289^2 + 0,0121^2} = 0,0657$

5 ° Se calcula la incertidumbre expandida para un nivel de confianza de 0,95 $\Rightarrow$ k =2.
Por lo tanto, el valor de Incertidumbre expandida sería: $U = k \cdot u_c = 2 \cdot 0,0657 = 0,1314$

En la tabla se dan los resultados:

Fuente Incertidumbre	Valor	Unidad	Incertidumbre estándar	Distribución	Tipo	Coeficiente sensibilidad	Porcentaje
V-repetitividad	0	ml	0,0577	Rectangular	B	1	77,2
V-tolerancia	50,00	ml	0,0289	Rectangular	B	1	19,4
V-temperatura	0	ml	0,0121	Rectangular	B	1	3,4
V=	50,00	ml					
I-expandida (U) =	0,1314	ml					

Resulta de interés determinar la contribución que hace cada fuente de error a la incertidumbre, calculando el porcentaje de incertidumbre correspondiente como:

$$\% \; Fuente\,1 = \frac{u_1^2}{u_1^2 + u_2^2 + u_3^2 + \cdots} \times 100 \; ; \; \% \; Fuente\,2 = \frac{u_2^2}{u_1^2 + u_2^2 + u_3^2 + \cdots} \times 100 \; ; \cdots$$

De esta manera podemos ver aquellas fuentes que contribuyen en mayor medida a la incertidumbre. En el ejemplo se observa que la medida del volumen por repetibilidad es la fuente que más contribuye al error con un 77,2 %.

6° Se escribe el resultado de la medición y su incertidumbre: **V = 50,0 ± 0,1 (k=2)**

Indicar, que otra fuente de incertidumbre sería la medida de la temperatura y el error del termómetro, aunque suponemos que su variación está incluida dentro de los 2 grados de error estimados.

5.3 Ejemplo del cálculo básico de la incertidumbre de la medida de la densidad de un líquido

Ejemplo

Los datos para determinar la densidad de un líquido a una temperatura de 21,5 °C han sido:

Matraz + líquido	Matraz vacío	Matraz +agua
108,2234	37,8345	87,7567
108,3567	37,8567	87,9456
108,1456	37,8456	87,7578
108,0780	37,8578	87,8987

Calcula la densidad del líquido y su incertidumbre.

1° Se elabora un procedimiento de la medida que de lugar a una ecuación. En este caso se trata de la medida de la densidad.

El procedimiento consiste en los siguientes pasos:
   a) *se pesa el matraz : M*
   b) *se pesa el matraz lleno de agua: M_{agua}*
   c) *se pesa el matraz lleno de líquido: $M_{líquido}$*

Aplicando la fórmula de Densidad = Masa/ Volumen y teniendo en cuenta que:
   - la masa de líquido es la diferencia entre el matraz lleno de líquido y el matraz vacío
   - el volumen del matraz es la masa de agua (Matraz lleno de agua - Matraz vacío) dividida por la densidad del agua a una temperatura determinada y que se encuentra en las tablas.

Con estos datos se plantea la ECUACIÓN: $D = \dfrac{M_{liquido} - M_{vacio}}{\left(\dfrac{M_{agua} - M_{vacio}}{D_{H2O}^{t,°C}} \right)}$

2° Se identifican las fuentes de incertidumbre.
Las fuentes de incertidumbre asociadas a la medida de la densidad son las asociadas a las tres pesadas:
   -Medida de la masa del recipiente vacío (M)
      - repetibilidad de las mediciones
      - calibración de la balanza
      - resolución de la balanza
   -Medida de la masa del recipiente con agua (M_{agua})
      - repetibilidad de las mediciones
      - calibración de la balanza
      -resolución de la balanza
   -Medida de la masa del recipiente con líquido problema ($M_{líquido}$)
      - repetibilidad de las mediciones
      - calibración de la balanza
      - resolución de la balanza
   -Temperatura del agua
   - resolución del termómetro utilizado
   - calibración del termómetro
   - variación de la temperatura durante la medida

   -Densidad del agua (D_{agua})
   - medición de la temperatura del agua
   - dato tomado de la literatura

Organización de las fuentes de incertidumbre

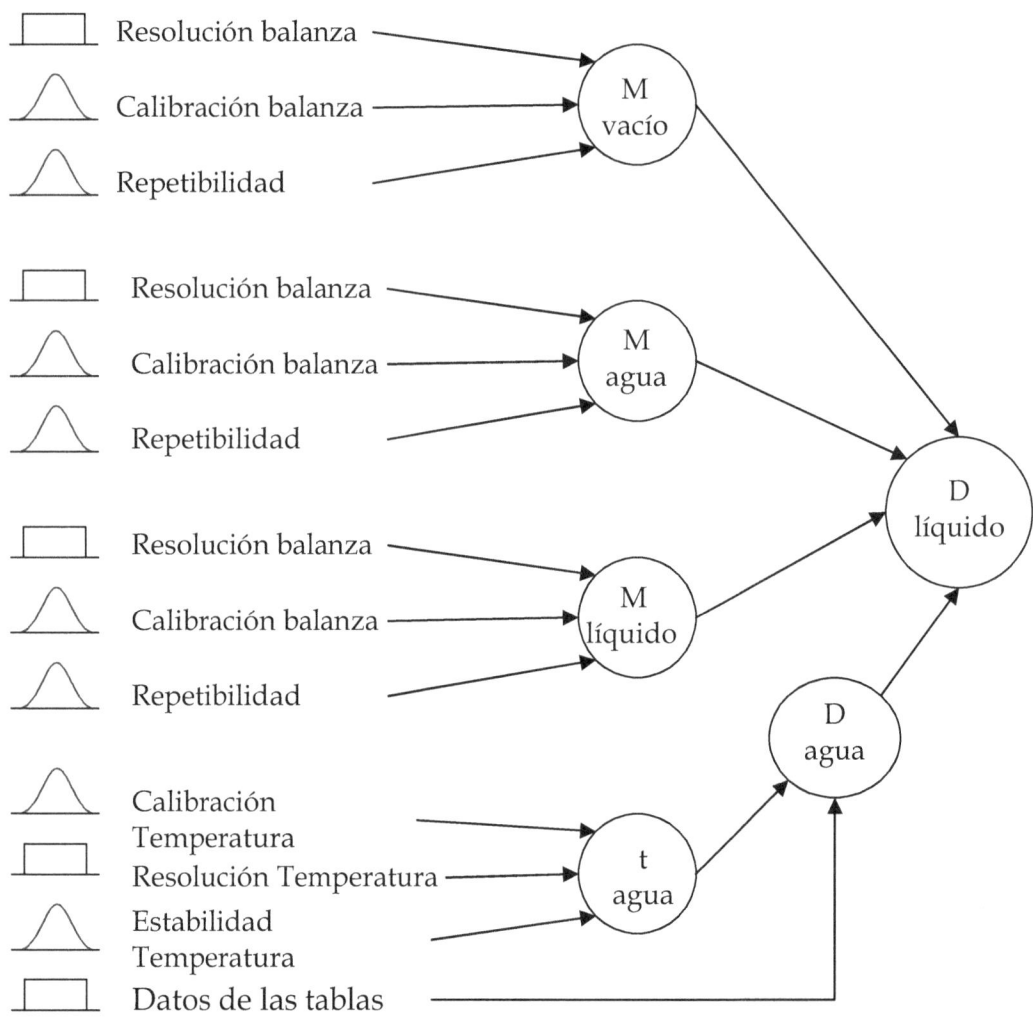

3º Se estiman las incertidumbres de cada magnitud de influencia sobre el resultado final. En la **medida de la masa** podemos agruparlas para las tres series de datos.

a) repetibilidad de la medición. Se calcula las incertidumbres estándar para cada serie de datos de pesada.

	Matraz + líquido	Matraz vacío	Matraz +agua
	108,2234	37,8345	87,7567
	108,3567	37,8567	87,9456
	108,1456	37,8456	87,7578
	108,0780	37,8578	87,8987
Media =	108,2009	37,8487	87,8397
s =	0,02724	0,01092	0,01600
$u_1 = \dfrac{s}{\sqrt{n}} =$	0,01362	0,00546	0,00800

b) *calibración de la balanza.*

*Según datos de **Certificado de calibración** de la balanza la incertidumbre en la curva de las desviaciones de la indicación, en el rango de 20-180 g es ± 0,0003 g.*

Se calcula la Incertidumbre estándar para una distribución rectangular del tipo B, igual para cada serie de datos como: $u_2 = \dfrac{a}{\sqrt{3}} = \dfrac{0,0003}{\sqrt{3}} = 0,00017$

c) *resolución de la balanza*

La resolución de la balanza es de 0,0001 g (última cifra) y el intervalo entre dos medidas es de 0,0001, siendo el semiintervalo a = 0,0001/2 = 0,00005, considerando una distribución rectangular del tipo B, resulta una incertidumbre estándar que será igual para cada serie de datos:

$$u_3 = \frac{a}{\sqrt{3}} = \frac{0,00005}{\sqrt{3}} = 0,000029$$

En este punto, se hace un resumen de las incertidumbres de las cuatro pesadas:

	Matraz + líquido	Matraz vacio	Matraz +agua
	108,2234	37,8345	87,7567
	108,3567	37,8567	87,9456
	108,1456	37,8456	87,7578
	108,0780	37,8578	87,8987
Media=	108,2009	37,8487	87,8397
u_1=	0,01362	0,00546	0,00800
u_2=	0,00017	0,00017	0,00017
u_3=	0,000029	0,000029	0,000029
$u_{c1} = \sqrt{u_1^2 + u_2^2 + u_3^2} =$	0,01362	0,00546	0,00800

*En la **medida de la temperatura** influyen:*

    a) *resolución del termómetro utilizado: 0,5 °C. Según lo visto anteriormente el intervalo entre dos medidas es de 0,5 °C (divisiones) siendo el valor de a = 0,5/2 = 0,25*

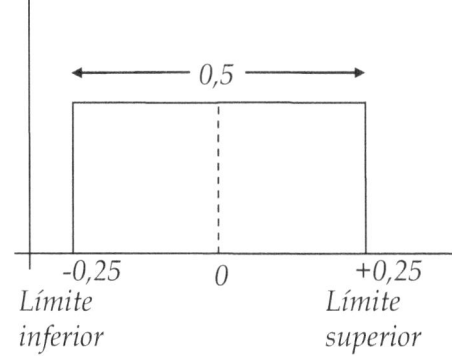

Se calcula la incertidumbre estándar como:

$$u_1 = \frac{a}{\sqrt{3}} = \frac{0,25}{\sqrt{3}} = 0,1443$$

-0,25 0 +0,25
Límite inferior   Límite superior

    b) *calibración del termómetro*

El certificado de calibración del termómetro indica una incertidumbre de 0,5 °C con un factor de k = 2. Para determinar la incertidumbre se aplica esta fórmula:

$$u_2 = \frac{0,5}{2} = 0,25$$

135

c) variación de la temperatura durante la medida.

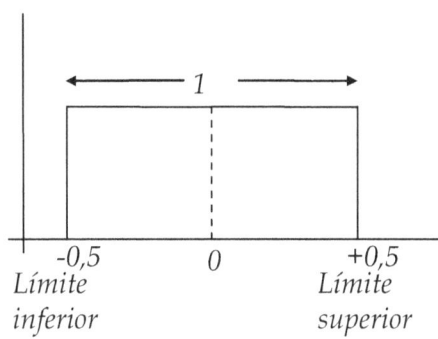

Esta variación se observa cuando se mide la temperatura al inicio y al final de la calibración del matraz con agua. Con una estimación de un intervalo de 1 °C resulta a =1/2 =0,5 °C, la incertidumbre estándar será:

$$u_3 = \frac{a}{\sqrt{3}} = \frac{0,5}{\sqrt{3}} = 0,289 \ °C$$

La incertidumbre debido a la temperatura se calcula sumando los cuadrados de las 3 incertidumbres como:

$$u_{c2} = \sqrt{u_1^2 + u_2^2 + u_3^2} = \sqrt{0,1443^2 + 0,25^2 + 0,289^2} = 0,40846 \ °C$$

En la tabla se resumen todos los valores:

Fuente	Información	Valor	Incertid. original	Incertid. estandar	Distribución	Tipo
Temperatura		21,5				
Resolución	Escala		0,5 °C	0,1443	RECT	B
Calibrado	Certificado		0,5 °C	0,25	RECT(k=2)	B
Variación t^a	Observación		1 °C	0,289	RECT	B

*En la determinación de **de la Densidad del agua (D_{agua})** influye:*

a) medición de la temperatura del agua

La incertidumbre de la densidad del agua se calcula multiplicando la incertidumbre de la temperatura por un coeficiente de sensibilidad que se obtiene derivando la expresión que relaciona la densidad con la temperatura

Debido al nivel de este libro, hacemos una aproximación al coeficiente $c = \dfrac{\partial D}{\partial t}$ mediante incrementos, determinando el coeficiente de sensibilidad c, estimando la influencia de la variación de la temperatura t en la densidad D, como: $c = \dfrac{\Delta D}{\Delta t}$.

Esto es, manteniendo constantes las demás magnitudes de entrada, se determina el cambio en la densidad D, producido por un cambio en la temperatura t a partir de la información disponible, como una gráfica o una tabla.

Así, en las tablas, encontramos la densidad para las temperaturas:

t, °C	Densidad, g/ml
21	0,99799
22	0,99777
Δ 1	-0,000220

A continuación se relaciona la densidad del agua con la temperatura, calculando el coeficiente de sensibilidad:

$$c = \frac{\Delta D}{\Delta t} = \frac{-0,000220}{1} = -0,000220 \ \frac{g/ml}{°C}$$

La incertidumbre de la densidad del agua debido a la temperatura, se calcula multiplicando la incertidumbre debida a la temperatura por el coeficiente de sensibilidad, como:

$$u_1 = \sqrt{(c \cdot u)^2} = \sqrt{(-0,000220 \cdot 0,40846)^2} = 0,00009 \ g/ml$$

b) Considerando que la última cifra de los datos de densidad viene con una imprecisión en la última cifra de $\pm$ 0,00001, resulta

$$u_2 = \frac{a}{\sqrt{3}} = \frac{0,00001}{\sqrt{3}} = 0,000006 \ g/ml$$

La incertidumbre debido a la Densidad del agua se calcula sumando los cuadrados de las 2 incertidumbres, como:

$$u_{c3} = \sqrt{u_1^2 + u_2^2} = \sqrt{0,00009^2 + 0,000006^2} = 0,00009 \ g/ml$$

4º Se determina las incertidumbres estándar combinadas a partir de las incertidumbres individuales, pero para poder utilizar las incertidumbres relativas, es necesario que en la ecuación todos los términos estén en forma de producto (no restas) y para ello agrupamos las variables $M_{líquido}-M = m_{líquido}$ y $M_{agua} - M_{vacío} = m_{agua}$, resultando:

$$D = \frac{M_{liquido} - M_{vacio}}{\left(\dfrac{M_{agua} - M_{vacio}}{D_{H2O}^{t,°C}} \right)} = \frac{m_{liquido} \cdot D_{H2O}^{t,°C}}{m_{agua}}$$

Se calculan las incertidumbres combinadas:

	Matraz + líquido	Matraz	Matraz +agua
u_{c1}	0,01362	0,00546	0,00800
$M_{líquido}-M_{vacío} = m_{líquido}$	$u(m_{liq}) = \sqrt{0,01362^2 + 0,00546^2} = 0,01468$		
$M_{agua} - M_{vacío} = m_{agua}$	$u(m_{agua}) = \sqrt{0,00800^2 + 0,00546^2} = 0,00969$		

*Si el modelo matemático se compone de productos de las magnitudes de entrada, el cálculo numérico de la incertidumbre combinada se facilita utilizando las **incertidumbres relativas**, que son las incertidumbres divididas por el valor estimado de dicha magnitud.*

$$\left(\frac{u(D)}{D}\right)^2 = \left(\frac{u(m_{liq})}{m_{liq}}\right)^2 + \left(\frac{u(m_{agua})}{m_{agua}}\right)^2 + \left(\frac{u(D_{H2O})}{D_{H2O}}\right)^2$$

Se determina la incertidumbre combinada, como:

$$u_c(D) = D \cdot \sqrt{\left(\frac{u(m_{liq})}{m_{liq}}\right)^2 + \left(\frac{u(m_{agua})}{m_{agua}}\right)^2 + \left(\frac{u(D_{H2O})}{D_{H2O}}\right)^2}$$

$$u_c(D) = 1{,}4043 \cdot \sqrt{\left(\frac{0{,}01468}{70{,}3523}\right)^2 + \left(\frac{0{,}00969}{49{,}9911}\right)^2 + \left(\frac{0{,}00009}{0{,}99788}\right)^2} = 0{,}00042$$

Para ver la influencia de cada magnitud sobre la magnitud objeto de medida se utilizan los **coeficientes de sensibilidad** *y así de esta forma se determina la contribución a la variabilidad del mensurando como resultado de la variabilidad o incertidumbre de cada una de las magnitudes de las que depende.*

Para su determinación se utilizará la influencia que tiene una variación de X_i en Y según:

$c = \dfrac{\Delta Y}{\Delta X_i}$ *, manteniendo constantes las demás magnitudes de entrada.*

Como ejemplo, *calculamos $c(M_{vacio})$ tomando un incremento de ΔM_{vacio} igual a la incertidumbre determinada $\Delta M_{vacio} = 0{,}00546$, (y calculando la influencia de ese incremento sobre la densidad:*

$$c(M_{vacio}) = \frac{\Delta D}{\Delta M_{vacio}} = \frac{\dfrac{M_{liquido} - (M_{vacio} + \Delta M_{vacio})}{\left(\dfrac{M_{agua} - (M_{vacio} + \Delta M_{vacio})}{D_{H2O}^{t,°C}}\right)} - \dfrac{M_{liquido} - (M_{vacio})}{\left(\dfrac{M_{agua} - (M_{vacio})}{D_{H2O}^{t,°C}}\right)}}{\Delta M_{vacio}} =$$

$$c(M_{vacio}) = \frac{\dfrac{108{,}2009 - (37{,}8487 + 0{,}00546)}{\left(\dfrac{87{,}8397 - (37{,}8487 + 0{,}00546)}{0{,}99788}\right)} - \dfrac{108{,}2009 - (37{,}8487)}{\left(\dfrac{87{,}8397 - (37{,}8487)}{0{,}99788}\right)}}{0{,}00546} = 0{,}00813$$

De la misma forma se haría para las demás magnitudes, según se muestra en la siguiente tabla que aprovecha las posibilidades de la hoja de cálculo:

	Valor	ΔM_{vacio}	$\Delta M_{liquido}$	ΔM_{agua}	ΔD_{H2O}
Incertidumbre		0,00546	0,01362	0,00800	0,00009
Matraz + líquido	108,2009	108,2009	**108,21452**	108,20090	108,2009
Matraz vacío	37,8487	**37,85416**	37,8487	37,8487	37,8487
Matraz + agua	87,8397	87,8397	87,8397	**87,84770**	87,8397
Densidad del agua	0,99788	0,99788	0,99788	0,99788	**0,99797**
Densidad líquido	1,40431	1,40436	1,40459	1,40409	1,40444
$\Delta D=$		0,00004	0,00027	-0,00022	0,00013
$\Delta =$		0,00546	0,01362	0,00800	0,00009
Coeficiente, $c =$		0,00813	0,01996	-0,02809	1,40730

Las contribuciones se determinan multiplicando las incertidumbres por los coeficientes de sensibilidad y calculando el porcentaje de incertidumbre de cada una de las fuentes:

$$\% \text{ Fuente 1} = \frac{(c_1 \cdot u_1)^2}{(c_1 \cdot u_1)^2 + (c_2 \cdot u_2)^2 + (c_3 \cdot u_3)^2 + ...} \times 100$$

$$\% \text{ Fuente 2} = \frac{(c_2 \cdot u_2)^2}{(c_1 \cdot u_1)^2 + (c_2 \cdot u_2)^2 + (c_3 \cdot u_3)^2 + ...} \times 100$$

En el gráfico se representan las contribuciones de las incertidumbres individuales a la incertidumbre combinada de la densidad:

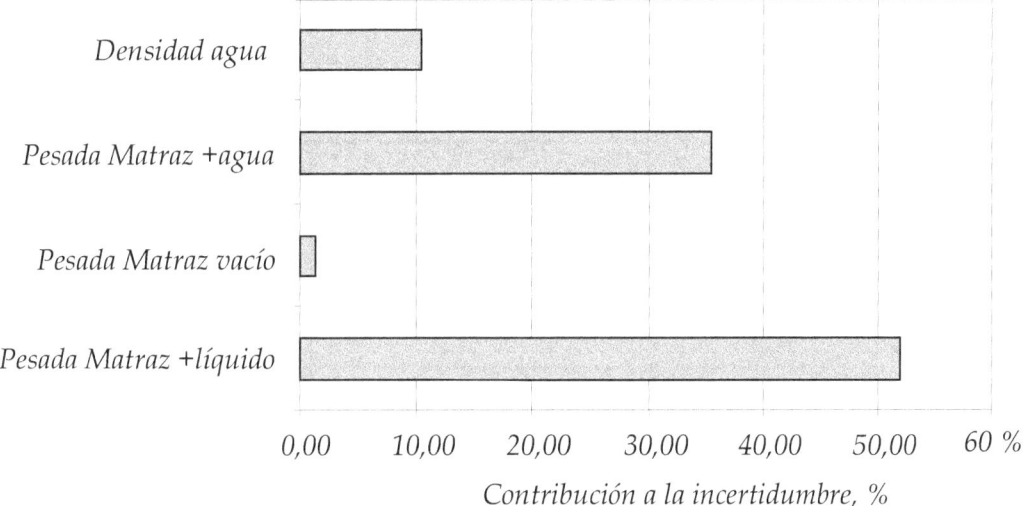

Comentario: En el gráfico, se puede ver aquellas fuentes que contribuyen en mayor medida a la incertidumbre. En el ejemplo se observa que la pesada del matraz con líquido o matraz con agua, son las fuentes que llevan un mayor porcentaje de incertidumbre, pero esta incertidumbre no es debido a la pesada, sino al llenado y enrase de los matraces antes de pesar. De ahí la variabilidad del 52% y 36 % con que contribuyen a la incertidumbre combinada las dos fuentes de incertidumbre.

En la tabla se resumen los datos del ejemplo:

Fuente	Información	Valor	Variabilidad	Incertid.	Distrib	Tipo	Coeficiente Sensibilidad	Contribución	%
M-liquido		108,2009							
repetibilidad	medición		0,02724	0,01362	NORM	A	0,01996	0,000272	51,89
calibración	certificado		0,0003	0,00017	RECT	B	0,01996	0,000003	0,01
resolución	escala		0,0001	0,000029	RECT	B	0,01996	0,000001	0,00
M-vacio		37,8487							
repetibilidad	medición		0,01092	0,00546	NORM	A	0,00813	0,000044	1,38
calibración	certificado		0,0003	0,00017	RECT	B	0,00813	0,000001	0,00
resolución	escala		0,0001	0,000029	RECT	B	0,00813	0,000000	0,00
M-agua		87,8397							
repetibilidad	medición		0,016	0,008	NORM	A	-0,02809	-0,000225	35,44
calibración	certificado		0,0003	0,00017	RECT	B	-0,02809	-0,000005	0,02
resolución	escala		0,0001	0,000029	RECT	B	-0,02809	-0,000001	0,00
D-agua		0,99788							
medición tª	calculada			0,00009	RECT	B	1,40730	0,000127	11,26
tablas	referencia			0,000006	RECT	B	1,40730	0,000127	0,00
							Total	0,000218	100,00

Densidad líquido =	1,4043 g/ml
Incertidumbre estándar combinada =	0,00042
Incertidumbre expandida U (k=2) =	± 0,0008
Densidad =	1,4043 ± 0,0008 g/ml

1. Introducción

Cuando una serie de resultados, obtenidos de un experimento, contiene un dato que resulta sospechoso por diferir excesivamente de la media, se debe decidir si aceptar o rechazar ese dato. La elección de un criterio de rechazo de un resultado sospechoso tiene riesgos ya que puede seguirse un criterio muy estricto, rechazando datos que pueden pertenecer a la serie de resultados o viceversa. Desafortunadamente, no existe una sola regla universal para resolver la cuestión.

Por otra parte, se recomienda que antes de calcular las medias y las desviaciones estándar deben eliminarse los valores considerados anómalos, para evitar conclusiones erróneas.

Al analizar los datos, se puede encontrar un valor que está muy lejos de los demás, denominándolo "anómalo", término que no suele estar definido con rigor.

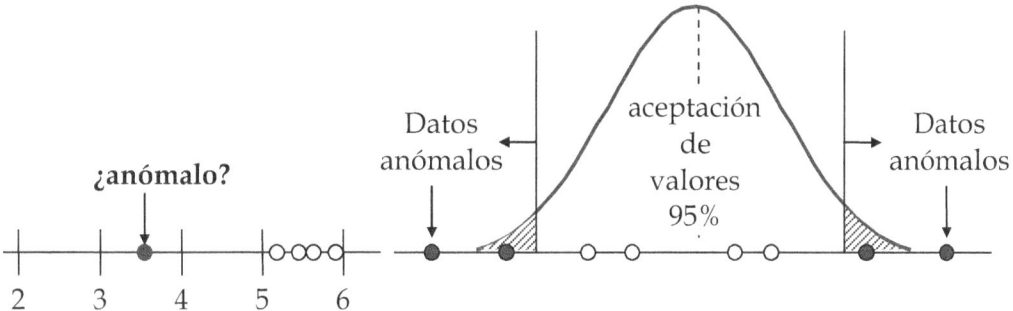

Cuando se encuentra un valor anómalo y se decide suprimirlo, antes de suprimirlo deberíamos hacernos algunas preguntas:

    ¿Existe un error personal?

    ¿Funciona el equipo correctamente?

    ¿Existen problemas experimentales con ese valor?

Después de responder a esas preguntas, existen dos posibilidades:

    - el dato anómalo se debe a la casualidad y por tanto debe mantenerse el valor, ya que el valor procede de la misma población que el resto de valores.

    - el dato anómalo se debe a un error y por tanto debe excluirse.

El problema es que nunca se puede estar seguro de cuál de estas posibilidades es la correcta.

Es muy corriente en los laboratorios tomar tres medidas y rechazar aquella que difiera de las otras dos. Esto debe evitarse, ya que se puede demostrar estadísticamente que se obtiene una estimación más fiable de la media utilizando el valor que está en el medio de los tres que utilizando la media de los dos que no fueron rechazados.

2. Test o prueba de rechazo de datos

Se han desarrollado varios test que dan criterios de rechazo o aceptación de datos dudosos. Para poder aplicar estos test, las muestras deben proceder de una población con distribución normal, aunque puede darse el caso de que no sea un valor anómalo si la muestra procede de otro tipo de distribución y por ello debería utilizarse el tipo de test adecuado a cada distribución.

La aceptación o rechazo de estos resultados dudosos afecta significativamente tanto a la media como a la desviación estándar.

2.1 Rechazo de un solo dato

Mediante los test o pruebas podemos detectar como datos anómalos **un solo dato**, donde el test se realiza para un solo dato sospechoso, y en el caso de rechazarlo, se pueden recalcular otra vez los parámetros sin el dato discordante y aplicar otra vez el test. Según la información de la que dispongamos se pueden a su vez subdividir en:

> *a) μ desconocida y σ conocida:* aunque esta situación no se encuentra normalmente en el trabajo diario, ya que resulta difícil entender que se conozca la desviación estándar y no se conozca la media poblacional. No obstante, puede encontrarse en el análisis de datos de muchas determinaciones que lleva a cabo Control de Calidad, durante un periodo de tiempo lo suficientemente largo, para que σ sea conocida.

> Ejemplo
> Se ha determinado el contenido en Cloruros de un preparado alimenticio.

Concentración, mg/l	
76	95
54	50
83	101
67	73
74	81
102	61
42	62
50	110

De experiencias anteriores se conoce la desviación estándar σ = 20 mg/l. Las medidas realizadas se muestran en la tabla anexa. Estudia la aceptación o rechazo de los datos extremos para un nivel de significación α =5%.

Para este problema aplicamos un test propuesto por Student en 1927 que se ha confirmado como bueno cuando los extremos pueden ser valores anómalos.

En este test, se calcula el valor B₄ que es igual a $B_4 = \dfrac{Rango}{\sigma} = \dfrac{(110-42)}{20} = 3,4$ *y comparando con la tabla del Apéndice 10 para 16 muestras, resulta:*

	Nivel de significación		Nivel de significación	
	Valores críticos inferiores		Valores críticos superiores	
Tamaño muestra	**1,00**	**5,00**	**1,00**	**5,00**
16	2,01	2,39	5,49	4,85

Comparando el valor calculado B₄ con los valores críticos de la tabla, encontramos que el valor calculado de B₄ (3,4) es mayor que el valor crítico inferior (2,01), para un nivel de significación del 5%, por lo tanto, rechazaríamos el extremo inferior 42 con un nivel de confianza del 95%, e incluso con un nivel del 99%.

Por otra parte, el valor calculado de B₄ (3,4) es menor que el valor crítico superior (4,85), para un nivel de significación del 5% y por lo tanto aceptaríamos el extremo superior 110 con un nivel de confianza del 95%.

b) μ desconocida y σ desconocida, pero existe una estimación independiente de la varianza.

Este test es paralelo al anterior y su eficiencia depende de la estimación independiente de σ, siendo mayor cuanto mayor sea el número de datos utilizados, y por tanto el número de grados de libertad.

La prueba se basa en la diferencia entre la media de la muestra y los datos extremos, teniendo en cuenta la desviación estándar estimada independientemente, pudiendo detectar solo un dato anómalo a la vez, con diferentes probabilidades de un conjunto de datos con distribución normal,

según: $C_1 = \dfrac{x_n - x}{s_v}$ ó $C_1 = \dfrac{x_1 - x}{s_v}$, donde x_1 o x_n son los valores sospechosos extremos, s_v es la desviación estándar independiente de la muestra de datos y x la media de datos.

Ejemplo

Se ha determinado la dureza de un acero inoxidable dando lo resultados que se muestra en la tabla.

Dureza, HB
304
276
296
268
296
288
248

Anteriormente se ha determinado la desviación estándar en una serie de 25 muestras, dando como resultado una desviación estándar de s = 12. Estudia la aceptación o rechazo del valor más alejado de la media para un nivel de confianza del a) 95% b) 99 %

1° Calculamos la media, resultando un valor de 282

2° Calculamos el valor C_1 como el cociente entre la diferencia entre el valor más alejado (sospechoso) de la media y la desviación estándar, según:

$$C_1 = \frac{|x_n - x|}{s} = \frac{|248 - 282|}{12} = 2,83 \ .$$

3° Se compara este valor con el valor crítico de las tablas (Apéndice 11) para 7 datos y 24 (25-1) grados de libertad y si C_1 calculado es mayor que C_1 crítico se elimina el valor.

	Valores críticos de C1	
Nivel de significación	5,00	1,00
Tamaño muesta 7	2,44	3,07
Grados de libertad 24		

Encontramos que el valor calculado de C_1 (2,83) es mayor que el valor crítico para un nivel de significación del 5% y por lo tanto rechazaríamos el extremo inferior 248 con un nivel de confianza del 95%, pero no con un nivel del 99%.

c) μ desconocida y σ desconocida: esta situación es la que habitualmente encontramos en laboratorio, donde solo disponemos de los datos encontrados en una serie de determinaciones y debemos eliminar o no, aquellos que consideramos sospechosos. Para este caso, aplicamos pruebas como los límites de confianza, el test propuesto por Grubbs y el test Q de Dixon que pueden usarse para evaluar valores anómalos.

2.1.1 Criterio de los Límites de Confianza.

El procedimiento es el siguiente:

1. Se calcula la media $\bar{x}$ y la desviación estándar s, incluyendo todos los datos.

2. Se elige un nivel de significación ($\alpha = 0,05$)

3. Se determinan los límites de confianza para el nivel de significación elegido, como: $\bar{x} \pm t \cdot \dfrac{s}{\sqrt{n}}$

4. Si el valor dudoso no se encuentra en el intervalo, debe rechazarse y volver a iniciar el procedimiento.

Ejemplo

Dureza, Shore A
70
76
73
79
80
65

Se ha determinado la dureza Shöre de un caucho, siendo los resultados los que se muestran en la tabla. Indicar si hay algún valor dudoso y si se rechaza aplicando los límites de confianza, para un nivel de confianza del 95%.

1° Se calcula la media y la desviación estándar con todos los datos como se muestra en la tabla:

	Dureza, Shore A
	70
	76
	73
	79
	80
	65
Media (x) =	73,8
Desviación estándar (s)=	5,71

2° Se elige un nivel de significación (α = 0,05)

3° Se determinar los límites de confianza para el nivel de significación elegido. Para ello:
   -se determina el valor de t para 5 (6-1) grados de libertad, que según las tablas resulta un valor de t = 2,571

	Área en 1 cola				
	0,005	0,01	0,025	0,05	0,1
Grados	Área en 2 colas				
de libertad	0,01	0,02	0,05	0,10	0,20
….	….	…	….	…	…
5	…	…	2,571	…	…

-Se determinan los valores que delimitan la media según,

$$x \pm t \cdot \frac{s}{\sqrt{n}} = 73,8 \pm 2,571 \cdot \frac{5,71}{\sqrt{6}} = 73,8 \pm 6,0,$$ *quedando los límites entre 67,8 y 79,8.*

En este caso, como el valor dudoso 65 no se encuentra en el intervalo, debe rechazarse y por tanto la media resultante y la desviación resultante, una vez eliminado el dato anómalo, son:

Media ($\bar{x}$)= 75,6
Desviación estándar (s)= 4,16

Con estos resultados, se inicia de nuevo el procedimiento con el valor de 70 como sospechoso y se observa que estaría en los límites del rechazo, entre 70,4 y 80,8, según:

$$x \pm t \cdot \frac{s}{\sqrt{n}} = 75,6 \pm 2,776 \cdot \frac{4,16}{\sqrt{5}} = 75,6 \pm 5,2.$$ *Por tanto, también se rechazaría el valor de 70.*

Comentario: cuando hay tan pocos datos es difícil tomar decisiones de rechazo de valores dudosos y para ello sería necesario ampliar el número de medidas.

2.1.2 *Test de Grubbs*

El test propuesto por Grubbs tiene las siguientes características:

- *detecta los valores anómalos* procedentes de una población que siga una distribución normal.
- *se aplica a los valores mínimo y máximo.*
- *el resultado es una probabilidad*, que indica que los datos pertenecen a una población normal. Si el dato investigado pertenece a otra distribución, especialmente asimétrica, entonces el ensayo daría resultados erróneos.

La prueba se basa en la diferencia entre la media de la muestra y los datos extremos, teniendo en cuenta la desviación estándar, pudiendo detectar solamente un dato anómalo a la vez con diferentes probabilidades de un conjunto de datos con distribución normal.

Para un número de datos > 25, el resultado solo sirve de aproximación ya que no da buenos resultados.

Para aplicar este test:

1° se ordenan los datos en orden creciente o decreciente, de forma que el primer dato es x_1 y el último x_n.

2° Se elige el valor sospechoso.

3° Se calcula la media y la desviación estándar usando todos los puntos, incluyendo el valor sospechoso.

4° Se calcula el valor $T = \dfrac{x_i - \bar{x}}{s}$ donde x_i son los valores sospechosos extremos: x_1 o x_n, s es desviación estándar de la muestra de datos y $\bar{x}$ es la media de los datos.

El test se inicia con el valor sospechoso x_i más alejado $|x_i - \bar{x}|_{max}$ de la media, pudiéndose seguir aplicando para otros valores sospechosos.

5° Se rechaza el valor sospechoso si el valor de T calculado es mayor que el valor de T crítico de la tabla.

Ejemplo

Concentración, mg/l	
76	95
54	50
83	101
67	73
74	81
102	61
42	62
50	110

Se ha determinado el contenido en Cloruros de un preparado alimenticio. Las medidas realizadas se muestran en la tabla. Indicar si hay algún valor dudoso y si se rechaza, para un nivel de confianza del 95%.

Vamos a resolver el problema anterior, pero en este caso no conocemos la desviación estándar poblacional σ. Para ello:

1° Calculamos la media y la desviación estándar s, resultando una media de 73,8 y una desviación estándar de 20,5

2° Calculamos el valor T, como el cociente entre la diferencia entre el valor más alejado (sospechoso) de la media y la desviación estándar según:

$$T = \frac{|x_n - \overline{x}|}{s} = \frac{|110 - 73,8|}{20,5} = 1,77$$

3° Se compara este valor con el valor crítico de las tablas (Apéndice 10-2) y si T>Tcrit se elimina el valor.

Como vemos, T crítico para 16 muestras y un nivel de significación del 5% es de 2,44 (valor interpolado), mayor que 1,77 y por tanto el dato no se rechaza con un nivel de confianza del 95 %.

Comentario: Observar que coincide con el test B_4, pero no resulta infrecuente obtener resultados contradictorios cuando aplicamos diferentes test a una misma serie de datos, por lo que debemos saber elegir aquel test que mejor se adapte a nuestra serie experimental.

2.1.3 Test Q de Dixon

El test Q de Dixon o test Q es otro procedimiento estadístico para detectar valores anómalos, que frecuentemente aparece en los textos relativos a la aplicación de la estadística en Química Analítica.

Para poder aplicar el test, la serie de datos debe seguir una distribución normal y para rechazar un dato sospechoso, el valor calculado de Q debe ser mayor que el valor de Q crítico dado por las tablas.

La obtención de valores de Q superiores a los críticos supone afirmar que el valor sospechoso no pertenece a la distribución normal del resto de medidas repetidas y por lo tanto, es un valor anómalo, que no debe ser tenido en cuenta a la hora de calcular el valor medio.

Para aplicar este test:

1° se ordenan los datos en orden creciente o decreciente, de forma que el primer dato es x_1 y el último x_n: $x_1 < x_2 < x_3 < \ldots x_n$

2° Se elige el nivel de confianza que deseamos

3° Se calcula el valor de Q, que para pocos valores es:

$$Q = \frac{Valor\ sospechoso - Valor\ más\ próximo}{Rango}$$

4° Se rechaza el valor sospechoso si el valor de Q calculado es **mayor que** el valor Q crítico de la tabla.

Con el fin de evitar el problema de los dos valores anómalos en el mismo lado de la distribución, Dean y Dixon recomiendan que los diferentes valores de Q se calculen según la tabla del Apéndice 9.

Ejemplo

Dureza, HB
304
276
296
268
296
288
248

Se ha determinado la dureza de un acero inoxidable, dando los resultados que se muestra en la tabla.

Indica si son rechazables los datos dudosos, para una probabilidad del 95%

1° Se ordenan los valores en orden decreciente

	x_1	248
	x_2	268
	x_3	276
	x_4	288
	x_5	296
	x_6	296
$x_n = x_7$		304

2° Se calcula el valor de Q, para 7 valores tomando como valor sospechoso el más alejado del siguiente): $Q = \dfrac{|x_2 - x_1|}{|x_n - x_1|} = \dfrac{|268 - 248|}{|304 - 248|} = \dfrac{20}{56} = 0,36$

3° Se compara el valor calculado con el valor crítico de la tabla del Apéndice 9

		Valores críticos de Q			
Nivel de confianza		99%	98%	96%	90%
Tamaño muestra	7	0,681	0,636	0,587	0,507

Como vemos, Q crítico para 7 muestras y un nivel de confianza del 95% es de 0,574 (valor interpolado), mayor que el valor de Q calculado = 0,36 y por tanto el dato no se rechaza con un nivel de confianza del 95 %, ni siquiera con un nivel de confianza del 90%.

Comentario: La experiencia de aplicar el test Q de Dixon muestra que muchos puntos sospechosos son aceptados como pertenecientes al mismo conjunto, cuando a simple vista se desvían incluso más de un 5% del resto. Este tipo de resultados se produce sobretodo cuando el número de medidas repetidas es pequeño, siendo preferible aplicar otro procedimiento de análisis estadístico, más riguroso que el test Q de Dixon, especialmente para aquellas situaciones con un bajo número de determinaciones.

Todos los test de rechazo de datos deben ser analizados, usándose el más conveniente para cada caso. Algunos estadísticos muestran reparo al rechazo de datos cuando el tamaño de la muestra es pequeño, a menos que tengamos constancia de habernos equivocado en la medida.

Debería resaltarse que el uso del test Q está perdiendo adeptos a favor de otros test más robustos, como es el método de Huber que tiene en consideración todos los datos presentes dentro de la serie y no solamente aquellos que consideramos aceptables.

3. Métodos robustos de rechazo de datos

Los métodos, denominados "robustos", son una forma moderna de resumir resultados cuando sospechamos que incluye una pequeña proporción de valores anómalos y se basan en no excluir por completo los resultados sospechosos, sino en reducir el peso asignado a dichos datos. La mayoría de las estimaciones de centralización (p.e. la media aritmética) y de dispersión (p.e desviación estándar) dependen de la suposición de que los datos de una muestra escogida al azar esté dentro de una distribución normal, pero se sabe que los datos analíticos se salen a menudo de ese modelo.

Los estimadores poco sensibles a los datos anómalos se denominan robustos y se caracterizan por:

> - *dar buenos resultados* cuando los datos siguen la distribución normal
> - *ser menos afectados* por los valores extremos
> - *utilizarse cuando los datos siguen la distribución normal*, siendo no recomendables cuando las distribuciones son del tipo Poissson, Binomial, Chi cuadrado…

3.1 Test de Huber

Es uno de los test más eficiente para sustituir datos anómalos. Para su aplicación se procede del siguiente modo:

1° Se determinan los valores iniciales de la media y desviación de la media. Como estimador robusto de:

> - *la media* se utiliza la mediana que es menos sensible a los datos anómalos.
> - *la desviación estándar* se deduce un estadístico denominado DAM (Desviación Absoluta de la Mediana) que se determina como la mediana de las desviaciones absolutas de la mediana con los datos originales. Para ello:
> > - Se ordenan los datos en modo creciente.
> > - Se calcula la mediana M.
> > - Se calcula la desviación entre cada uno de los datos y la mediana $d_i = x_i - M$, <u>ordenándose en modo creciente</u> las desviaciones en valor absoluto.
> > - Se calcula la mediana de las desviaciones. Esta mediana se denomina desviación absoluta respecto a la mediana DAM:
> > $DAM = mediana \ |d_1, d_2, d_3, \cdots d_i \cdots d_n|$, siendo $d_i = x_i - M$

2º Se aplica el test tipo Huber, que ajusta los datos anómalos. En el método de Huber se reemplazan los valores anómalos por "pseudovalores" en orden a prevenir la influencia excesiva de los posibles datos anómalos. Para ello, se transforman progresivamente unos datos en otros mediante iteraciones, siguiendo un proceso denominado "winsorización" que utiliza los siguientes criterios:

- Si un dato (x_i) está por debajo de: $\hat{\mu}_0 - 1{,}5 \cdot \hat{\sigma}_0$ se transforma en $x_i = \hat{\mu}_0 - 1{,}5 \cdot \hat{\sigma}_0$.

- Si un dato (x_i) está por encima de: $\hat{\mu}_0 + 1{,}5 \cdot \hat{\sigma}_0$ se transforma en $x_i = \hat{\mu}_0 + 1{,}5 \cdot \hat{\sigma}_0$.

- Si un dato (x_i) está comprendido entre $\hat{\mu}_0 - 1{,}5 \cdot \hat{\sigma}_0$ y $\hat{\mu}_0 + 1{,}5 \cdot \hat{\sigma}_0$ se deja sin transformar.

Los valores $\hat{\mu}_0$ y $\hat{\sigma}_0$ son los valores robustizados de la media y de la desviación estándar.

3º Se determina la media y la desviación estándar como: $\hat{\mu}_1 = \dfrac{x_1 + x_2 + ... x_n}{n}$ y $\hat{\sigma}_1 = 1{,}134 \cdot s$, donde 1,134 es un factor de corrección de s para una distribución normal.

Aunque en los valores iniciales de de $\hat{\mu}_0$ se puede tomar la media o la mediana como valor central, <u>en los pasos siguientes de iteración se utiliza siempre la media</u>.

4º Se repiten los pasos 2º y 3º para interacciones sucesivas hasta que los valores obtenidos de la media y desviación sean iguales.

Ejemplo:
Se ha determinado el contenido en cenizas de un carbón con los siguientes resultados: 10,59 10,75 7,78 10,97 11,32 12,45 12,69 11,42 12,09
a) Determinar los valores anómalos aplicando el Método Huber b) determina el valor medio de la serie una vez modificados los datos anómalos.

Para aplicar el Test Huber:

a) Se determina la mediana
   1º Ordenamos en sentido creciente los datos:
   *7,78   10,59   10,75   10,97   **11,32**   11,42   12,09   12,45   12,69*

   2º Determinamos la mediana, que para este caso de 9 resultados es el valor central 11,32 y se denomina como: M = 11,32, haciendo notar que sobre el valor de la mediana no influye el valor del posible dato anómalo (7,70), pero si influiría y mucho sobre la media.

b) Se determina el valor de DAM

$1°$ *Se calcula la desviación entre cada uno de los datos y la mediana, $d_i = x_i - M$, ordenándolos en orden creciente.*

$2°$ *Se determina la mediana del valor absoluto de las desviaciones de cada uno de los valores resultando DAM =0,73, como se puede ver en la tabla.*

Datos	$d_i = x_i - M$	Valor absoluto: $\lvert d_i \rvert$	Valores ordenados
7,78	-3,54	3,54	0
10,59	-0,73	0,73	0,10
10,75	-0,57	0,57	0,35
10,97	-0,35	0,35	0,57
11,32	0	0	**0,73**
11,42	0,10	0,10	0,77
12,09	0,77	0,77	1,13
12,45	1,13	1,13	1,37
12,69	1,37	1,37	3,54
Mediana = 11,32		DAM =	0,73

c) Se determina la desviación estándar robusta:

$1°$ *Determinamos una desviación estándar robusta $\hat{\sigma}_0$, multiplicando el valor de DAM por un factor de 1,4826, que corrige la DAM como desviación estándar de una distribución aproximadamente normal. Esto da un valor robusto de:*

$$\hat{\sigma}_0 = DAM \cdot 1,4826 = 0,73 \cdot 1,4826 = 1,0823$$

d) Se determinan los "pseudovalores":

Para el caso que nos ocupa solo 7,78 es menor que $\hat{\mu}_0 - 1,5 \cdot \hat{\sigma}_0$ (11,32 - 1,5.1,0823 = 9,697), tomando como estimación razonable de la media, el valor 11,32 de la mediana.

Por lo tanto 7,78 se transforma en 9,697, quedando los datos de la serie como:
9,697   10,59   10,75   10,97   11,32   11,42   12,09   12,45   12,69

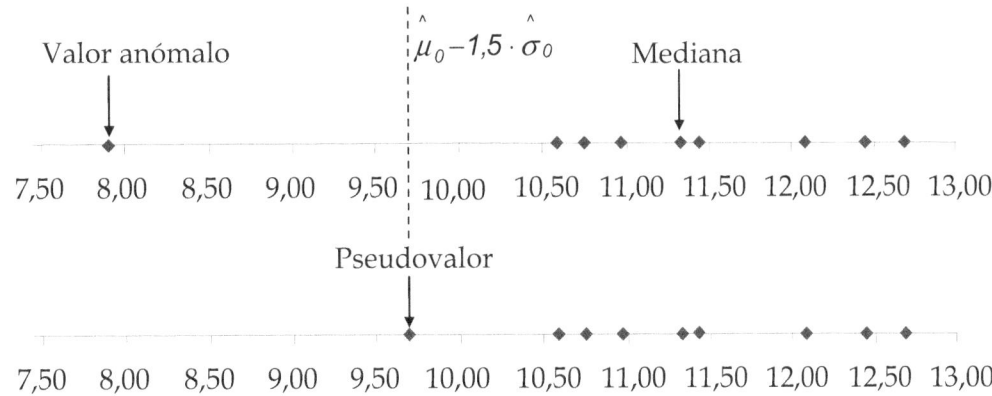

e) Se determina la media y la desviación estándar

Con los datos anteriores, se determina la media y la desviación estándar, que se toma como:

$\hat{\sigma}_1 = 1,134 \cdot s$ *y los datos se muestran en la tabla:*

	Datos
	9,697
	10,59
	10,75
	10,97
	11,32
	11,42
	12,09
	12,45
	12,69
Media ($\hat{\mu}_1$) =	11,331
Desviación estándar (s) =	0,960
Desviación robustizada ($\hat{\sigma}_1 = 1,134 \cdot s$)=	1,089

Con estos datos vemos que 9,697 **es menor que** *9,698 (11,331-1,5.1,089) y por tanto se sustituye por 9,698.*

f) Se itera hasta que los valores de media y desviación converjan y para ello se sustituye 9,697 por 9,698 y se tratan los datos igual que en el paso anterior.

	Datos
	9,698
	10,59
	10,75
	10,97
	11,32
	11,42
	12,09
	12,45
	12,69
Media ($\hat{\mu}_2$) =	11,331
Desviación estándar (s)=	0,960
Desviación robustizada ($\hat{\sigma}_2 = 1,134 \cdot s$)=	1,088

Con estos datos, vemos que 9,698 es **menor que** *9,699 (11,331-1,5.1,088).*

Se sustituye 9,698 por 9,699 y se tratan los datos igual que en el paso anterior.

	Datos
	9,699
	10,59
	10,75
	10,97
	11,32
	11,42
	12,09
	12,45
	12,69
Media ($\hat{\mu}_3$) =	11,331
Desviación estándar (s)=	0,959
Desviación robustizada ($\hat{\sigma}_3 = 1,134 \cdot s$)=	1,088

Con estos datos vemos que 9,699 es **igual que** *11,331-1,5.1,088 y por tanto no es necesario iterar más,* **siendo el valor anómalo sustituido por 9,699**, *y la media robustizada sería:* $\hat{\mu}_3 = \hat{\mu} = 11,331$.

Observar que las desviaciones robustizadas $\hat{\sigma}_2$ *y* $\hat{\sigma}_3$ *también coinciden.*

Por lo tanto, el resultado de la **media es de 11,331**

Comentario: debido a las iteraciones necesarias se utilizan métodos computarizados, que permiten eliminar e incorporar automáticamente aquellos datos, considerados anómalos

4. Rechazo de múltiples datos anómalos

Muchas veces es necesario tomar decisiones sobre varios datos sospechosos y entonces se podría hacer de dos formas:

- aplicando los test vistos anteriormente para cada uno de los datos, pero el eliminar un dato y volver a analizar la serie implicaría un proceso demasiado largo, sino utilizamos computadoras.

- aplicando un test que rechazara múltiples datos anómalos. Estos test son más complejos de aplicar en la práctica que el de un solo dato y muchos de ellos necesitan un cálculo iterativo solo realizado por las computadoras.

Un test para detectar múltiples datos anómalos, fácil de aplicar, es el test de Youden que se aplicó originalmente a la medida de la temperatura (objeto) de varios materiales por varios termómetros (juicio).

El procedimiento a seguir consta de los siguientes pasos:

1º Se disponen los datos en una tabla, donde el número de materiales o muestras se colocan en columnas y el número de participantes se disponen en filas. El número de participantes pueden ser distintos laboratorios, medios, técnicos,…

2º Se clasifican los datos de las columnas por orden ascendente asignándoles un número. En caso de empate, se decide aleatoriamente con una moneda.

3º Sumar todos los números de orden asignados para cada participante.

4º Comparar la suma con los datos de la tabla del anexo.

5º Rechazar o admitir los participantes.

Ejemplo
Siete técnicos de laboratorio han analizado los bicarbonatos de 5 muestras de agua (M) y los datos resultantes han sido los que se muestran en la tabla.

Contenido en bicarbonato, mg/l

Técnico	M-1	M-2	M-3	M-4	M-5
A	156	179	208	243	281
B	141	166	193	257	292
C	147	175	195	240	315
D	155	180	207	235	304
E	142	167	190	265	284
F	159	178	209	266	311
G	142	171	191	245	291

Que técnico estaría por debajo del nivel de confianza del 95% en sus determinaciones.

1° Se clasifican de menor a mayor cada uno de los resultados.
Así para la muestra M-1: 141<142<142<147<155<156.*

En este caso al técnico E se le asignó el número 2 ya que al existir empate entre E y G, se decidió su clasificación, lanzando una moneda.

Técnico	M-1	Orden	M-2	Orden	M-3	Orden	M-4	Orden	M-5	Orden	**Suma**
A	156	6	179	6	208	6	243	3	281	1	**22**
B	141	1	166	1	193	3	257	5	292	4	**14**
C	147	4	175	4	195	4	240	2	311	6	**20**
D	155	5	180	7	207	5	235	1	304	5	**23**
E	142*	2	167	2	190	1	265	6	284	2	**13**
F	159	7	178	5	209	7	266	7	315	7	**33**
G	142*	3	171	3	191	2	245	4	291	3	**15**

2° Se suman los números de orden, dando los resultados que se muestran en la tabla anterior.

3° Se compara la Suma con los datos que se muestran en la tabla del Apéndice 13, para 7 participantes y 5 muestras para un nivel de confianza del 95%, resultando valores límite entre 8 y 32 según:

Valores críticos para identificar participantes anómalos nivel de confianza 95%									
	Número de materiales								
Número Participantes	3	4	5	6	7	8	9	10	…
…	…	…	…	…	…	…	…	…	…
7	3	5	8	11	14	17	20	23	…
	21	27	32	37	42	47	52	57	

4° Se rechaza el trabajo del Técnico F, ya que la suma de números de orden (33) es mayor que el Valor crítico de Youden (32).

En el caso de los otros técnicos se observa que están dentro de los límites de aceptación para un nivel de confianza del 95%.

Comentario: El rechazo del trabajo del Técnico F no se debe a un mal trabajo, sino a que sus resultados no encajan dentro de los resultados de los demás técnicos y pueden ser debidos a varias causas, entre ellas, error por exceso, del equipo utilizado. En caso de querer evaluar la precisión de los técnicos, deberíamos usar materiales de referencia y otros métodos estadísticos, como los vistos anteriormente.

5. Conclusión

La comprobación de valores anómalos debería ser una parte rutinaria de cualquier análisis de datos. Posibles valores anómalos deben ser examinados con cuidado para ver si son errores que deben corregirse o simplemente suprimirse.

Si no hay ninguna razón para pensar que es un error corregible, el uso de técnicas más robustas está justificado.

1. Introducción

Uno de de los métodos más generales y fácilmente aplicados por el Control de Calidad son los gráficos para el control, que fueron desarrollados inicialmente por W. Shewhart en 1931, con el objetivo de ver si un proceso se encuentra bajo control estadístico, pudiéndose aplicar a áreas de muestreo, calibración o investigación.

Los **Gráficos de control** son representaciones gráficas de los valores de una característica del proceso.
La aplicación de los gráficos de control al laboratorio requieren de alguna adaptación, teniendo en cuenta que las funciones son: definir, conseguir y mantener niveles de calidad aceptables en la obtención de resultados, sirviendo también para diferenciar errores indeterminados o aleatorios de errores determinados con causa asignable.

Todos los procesos de medida tienen alguna variación como consecuencia de los errores aleatorios producidos por diversas fuentes: equipos de medida, calibraciones, materiales…, dando lugar a una distribución estadística de los resultados.
Cuando se lleva a cabo algún proceso (p.e. un método de análisis) de forma sistemática, es decir, bajo las mismas condiciones de influencia o variación, el proceso se verá afectado por errores aleatorios que conducirán a una distribución estadística normal de los resultados.

El fundamento de los gráficos de control se basa en los siguientes postulados:
    1º Todos los procesos tienen alguna variación, siendo la variabilidad inevitable.
    2º Las técnicas estadísticas aplicadas parten de la aleatoriedad de los datos.
    3º Los resultados obtenidos siguen una distribución normal.

Cuando el modelo de variación es estable, el proceso se dice que está "en control estadístico", pero cuando hay variaciones fuera del modelo, se dice que está "fuera de control", teniendo una causa asignable que debe ser identificada y corregida. Si el proceso está en estado de "control estadístico", la variable de interés seguirá una distribución normal y por lo tanto, la construcción de los gráficos de control se realiza suponiendo que la media muestral sigue una distribución normal.

Los gráficos de control proporcionan un medio de diferenciar la variación aleatoria de la variación asignable, así como comparar la variabilidad **dentro** de los grupos muestrales de la variabilidad **entre** los grupos muestrales.

En general, para representar los gráficos de control se dibujan dos ejes:

- *eje vertical Y,* donde se representan los resultados.
- *eje horizontal X,* donde se representan unidades de tiempo o secuenciado de los resultados.

La determinación de los límites apropiados de control es más complejo y pueden estar basados en la desviaciones calculadas del propio proceso o definidas arbitrariamente con cualquier valor, siendo práctica común, iniciar los **límites de control** a una distancia de la media de **± 3s** que representa un nivel de confianza del *99,7 %* donde se redondea el valor de *z* de *2,97* a *3*, mientras que los **límites de aviso o alarma** se sitúan a **± 2s** que representan un nivel de confianza del *95 %*, redondeando el valor de *z* de *1,96* a *2*, permitiendo con ello el cálculo de la probabilidad de los valores que se obtengan fuera de estos límites de control.

No obstante, en la práctica, en vez de utilizar los valores de *z* se utilizan factores multiplicativos que dependen del tamaño de la muestra y que se obtienen de las tablas estadísticas.

Normalmente, se empieza considerando como desconocidos los valores de los parámetros, hasta que se han recogido suficientes datos durante un periodo prolongado de tiempo en el que se sepa que el proceso está bajo control, como para poder considerar estos parámetros como conocidos. En esta etapa de control se representan los resultados frente al tiempo, con el objetivo de detectar tendencias y situaciones fuera de control.

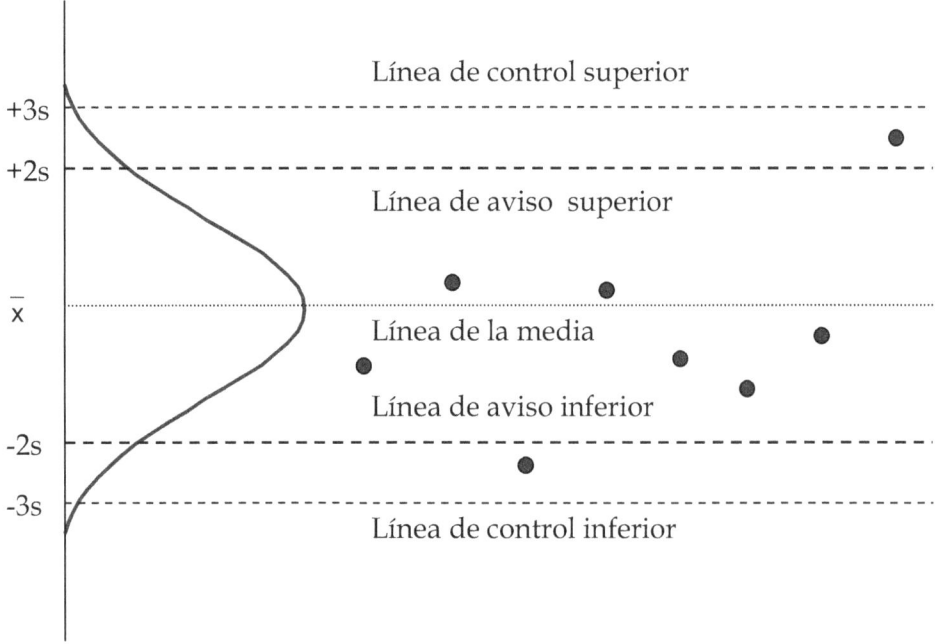

Existen varios tipos de gráfico de control:

- gráfico de valores individuales, donde se representa una o dos medidas (media). La distribución de datos debe seguir una distribución normal para que los límites de control sean válidos. Este gráfico tiene la desventaja de no detectar los posibles cambios que se produzcan a no ser que se agrupen algunas medidas y se utilice un gráfico de rangos.

- gráfico de medias, donde se hacen un número n de medidas, representando el valor medio de esas n medidas. Para este caso, los límites de aviso y de control se encuentran respectivamente a $\pm 2s/\sqrt{n}$ y $\pm 3s/\sqrt{n}$, considerando conocidas la media y la desviación estándar.

- gráfico de intervalos (rangos): se establece el control de las medias, midiendo su distribución por el intervalo (valor máximo – valor mínimo) de los valores utilizados para cada promedio, y controlando así esta dispersión.

Mientras el gráfico de medias controla la variabilidad **entre** muestras, el gráfico de rangos mide la variabilidad **dentro** de la muestra, o sea la variabilidad 'instantánea' del proceso en el momento en que la muestra es determinada.

- gráfico de control de sumas acumuladas (CuSum): donde se muestra la suma acumulada de las desviaciones entre cada valor de la media muestral y la media de todas las medias, siendo este tipo de gráfico, más sensible y rápido que los demás para la detección de derivas y tendencias.

La elección del tipo de gráfico dependerá de :
- tipo de información requerida.
- características del proceso.
- economía del proceso de muestreo

En el siguiente esquema, se muestran los pasos a seguir a la hora de desarrollar un gráfico de control:

Los gráficos de control pueden ser:

- *por variables*: se basan en la observación de la variación de una característica medible del producto o del servicio. Tienen la ventaja de simplificar el análisis de situaciones numéricas complejas y mostrar de forma clara y de un "vistazo" la variabilidad del resultado de un proceso, respecto a una determinada característica, con el tiempo.

- *por atributos*: se basan en la presencia o ausencia de una determinada característica, o de cualquier tipo de defecto en el producto, servicio o proceso en estudio.

2. Gráficos de control por variables
Los gráficos de control por variables están basados en la observación de la variación de una característica medible del proceso.

2.1 Procedimiento de construcción de un gráfico de control
El procedimiento a seguir en la construcción de estos gráficos es como sigue:
1. Se establecen cuales son los objetivos del control estadístico del proceso o que información pretendemos recoger en el gráfico de control.

2. Se identifican la variable o variables a controlar para obtener la información que necesitamos.

3. Se determina el tipo de Gráfico de control que se va a utilizar, siendo los más habituales:

a) *Gráficos de control "* $\overline{X}$ *, R"* que constan de dos gráficos, uno para el control de las medidas de tendencia central (media $\overline{X}$) y otro para el control de la variabilidad, utilizando el recorrido o rango (R) de los datos como medida de la variabilidad del proceso.

Es un gráfico sencillo de calcular y sirve para muestras pequeñas (tamaño de muestra $n < 8$).

b) *Gráficos de control "* $\overline{X}$ *, s"* que constan de dos gráficos, uno para el control de las medidas de tendencia central (media X) y otro para el control de la variabilidad, utilizando la desviación típica (*s*) como medida de la variabilidad del proceso.

Es un gráfico que tiene mayor dificultad en el cálculo, pero es mejor indicador estadístico de la variabilidad.

2.2 *Construcción de los gráficos de control por variables "X , R"*

Para la construcción de un gráfico de control se sigue el siguiente procedimiento:

1° **Se elabora un plan de muestreo** *en el que se tenga en cuenta:*

- *Tamaño de muestra o subgrupo,* que será pequeño (4 ó 5, siendo 5 el tamaño más habitual) y constante. A partir de 4-5 unidades se puede suponer que la media es normal, aunque la población de origen no lo sea.

- *Frecuencia de muestreo,* que será la adecuada para detectar los cambios en el proceso **entre** la muestras debido a causas internas y también la aparición de causas externas, recogiéndose por lotes, por turno, a intervalos regulares,… Se suele comenzar por un muestreo frecuente que se irá espaciando en el tiempo, conforme mejora el proceso y se estabiliza.

No hay que olvidar que la función básica del gráfico de control es comparar la variabilidad "dentro de" los grupos con la variabilidad "entre" los grupos.

Ejemplo
Podemos usar las siguientes frecuencias:
   -1 toma cada 15-30-60 minutos.
   -1 toma cada turno (8 horas)
   - 2,5-5% de la producción en producciones rápidas.
   - 5-10 % en producciones más lentas.
También podemos medir todos los días una serie de medidas y puede interesar representar la media diaria, semanal o mensual, según sea el proceso de fabricación.

- Número de muestras, que deben ser suficientes para que las causas internas se puedan manifestar y también proporcionar estabilidad al proceso, considerando un mínimo de 50 muestras (25x2 ó 10x5) para proporcionar garantía al proceso.

Los subgrupos deben elegirse de modo que sean lo más homogéneo posible, con lo cual se podrá detectar mejor la evolución entre un subgrupo y el siguiente.

2° Se organiza la toma de muestra con los siguientes pasos:
- *diseño de las tablas* para organizar la toma de medidas.
- *elección del método de medida* más adecuado
- *ejecución de las medidas* necesarias
- *registro de los datos en la tabla* previamente diseñada

3° Se recogen los datos según el plan establecido, de forma que las muestras sean tomadas de forma consecutiva, para que sean homogéneas y representativas del momento de la toma de datos.

4° Se calculan la media ($\overline{X}$) y el recorrido (R) para cada muestra, según:

- calculando la media para cada subgrupo $\overline{X} = \dfrac{X_1 + X_2 + X_3 + \cdots}{n}$ y la media de las medias $\overline{\overline{X}}$ para el gráfico de medias, según: $\overline{\overline{X}} = \dfrac{\sum \overline{X_i}}{N} = \dfrac{\overline{X_1} + \overline{X_2} + \cdots}{N}$, donde $\overline{X_i}$ es el valor medio de la característica medida de cada subgrupo, n es el tamaño de la muestra en cada subgrupo, y N es el número de muestras o subgrupos.

- calculando el recorrido o rango ($R = X_{máxima} - X_{mínima}$) para cada subgrupo en el gráfico de rangos y la media de los rangos ($\overline{R}$), según $\overline{R} = \dfrac{\sum R_i}{N} = \dfrac{R_1 + R_2 + R_3 + \cdots}{N}$

5° Se calculan los límites de control superior (LCS) e inferior (LCI), utilizando factores multiplicativos que se obtienen de las tablas estadísticas.
- para medias: $LCS = \overline{X} + A_2 \cdot \overline{R}$; $LCI = \overline{X} - A_2 \cdot \overline{R}$
- para rangos: $LCS = D_4 \cdot \overline{R}$; $LCI = D_3 \cdot \overline{R}$

Los valores A_2 y D_4 se encuentran en la tabla que se muestra a continuación y se aproximan al nivel de confianza del 99%, lo que viene a indicar que en promedio solamente una de cada 100 medidas debe quedar fuera de los límites de control.
El factor D_3 se obtienen de la tabla de constantes, siendo su valor para tamaños de muestra menores o iguales a 6: cero, por lo que el límite de control inferior (LCI) es cero, para un tamaño de muestra del subgrupo menor que 7.

Factores para límites de control en gráficos de medias y rangos			
	Gráfico de medias	Gráfico de Rangos	
Tamaño de muestra, n	Factor A_2	Factor D_3	Factor D_4
2	1.88	0	3.27
3	1.02	0	2.57
4	0.73	0	2.28
5	0.58	0	2.11
6	0.48	0	2.00
7	0.42	0.08	1.92
8	0.37	0.14	1.86
9	0.34	0.18	1.82
10	0.31	0.22	1.78

6° Se calculan los límites de aviso superior (LAS) e inferior (LAI).

 - para medias: $LAS = 2/3 \cdot LCS$; $LAI = 2/3 \cdot LCI$

 - para rangos: $LAS = 2/3 \cdot (D_4 \cdot R - R) + R$; $LAI = 2/3 \cdot (D_3 \cdot R - R) + R$

Los valores D_3 y D_4 se encuentran en las tablas y se aproximan al nivel de confianza del 95%, lo que viene a indicar que en promedio solamente 1 de 20 medidas debe quedar fuera de los límites de control.

7° Se definen las escalas de los gráficos

Se dibujarán **dos gráficos** en la misma hoja, uno para representar la medida de la tendencia central (X) y otro para representar la medida de variabilidad o dispersión (R). En ambos casos:

 - *el eje horizontal* representa el número de la muestra en el orden en que ha sido tomada

 - *el eje vertical* representa:

 - *para el gráfico de medias* los valores de la media, siendo la diferencia entre el valor máximo y el mínimo de la escala por lo menos dos veces la diferencia entre el valor máximo y el mínimo de $\overline{X}$.

 - *para el gráfico de rangos* los valores del recorrido o rango. Los valores de la escala irán desde cero hasta dos veces el valor máximo de R.

8° Se representa en el gráfico la línea central

 - *para el gráfico de medias* marcando en el eje vertical, correspondiente a las $\overline{X}$, el valor de la media de las medias $\overline{\overline{X}}$ y a partir de este punto trazar una recta horizontal que se identifica como $\overline{\overline{X}}$.

 - *para el gráfico de rangos* marcar en el eje vertical, correspondiente a las R, el valor del recorrido medio $\overline{R}$. A partir de este punto trazar una recta horizontal que se identifica como $\overline{R}$.

9º Se representan los Límites de Control
> - para el gráfico de medias:
>> - *Límite de Control Superior:* marcar en el eje vertical correspondiente a las $\overline{X}$ el valor de LCS y a partir de este punto trazar una recta horizontal discontinua (a trazos) que se identifica como $LCS_{\overline{X}}$
>>
>> - *Límite de Control Inferior:* marcar en el eje vertical correspondiente a las $\overline{X}$ el valor de LCI y a partir de este punto trazar una recta horizontal discontinua (a trazos) que se identifica como $LCI_{\overline{X}}$.
>>
>> De la misma forma, trazar los límites de aviso superior e inferior con líneas horizontales discontinuas con trazo más grueso.
>
> - para el gráfico de rangos:
>> - *Límite de Control Superior:* marcar en el eje vertical correspondiente a las R, el valor de LCS y a partir de este punto trazar una recta horizontal discontinua (a trazos) que se identifica como LCS_R.
>>
>> -*Límite de Control Inferior:* marcar en el eje vertical correspondiente a las R, el valor de LCI_R y a partir de este punto trazar una recta horizontal discontinua (a trazos) que se identifica como LCI_R.

Generalmente, las líneas que representan los valores centrales X y R se dibujan de color azul y las líneas correspondientes a los límites de control de color rojo, mientras que los límites de aviso se dibujan en trazo más grueso y en color verde. Cuando el LCI es cero, no se suele representar en el gráfico.

10º Se representa el resultado de cada muestra
> - *gráfico de medias*: se representa cada muestra con un punto, buscando la intersección entre el número de la muestra (eje horizontal) y el valor de su media (eje vertical).
> - *gráfico de rangos*: se representa cada muestra con un punto, buscando la intersección entre el número de la muestra (eje horizontal) y el valor de su recorrido (eje vertical).
> En ambos casos se unen los puntos por medio de trazos rectos.

11º Comprobación de los datos de construcción del gráfico
> - *gráfico de medias*: todas las medias de las muestras utilizadas para la construcción del gráfico "$\overline{X}$" están dentro de sus Límites de Control: $LCI_{\overline{X}} < \overline{X}_i < LCS_{\overline{X}}$
> - *gráfico de rangos:* todos los recorridos de las muestras utilizadas para la construcción del gráfico "R" están dentro de sus Límites de Control: $LCI_R < R_i < LCS_R$

Si alguna de estas condiciones no se cumple para alguna muestra, ésta deberá ser desechada para el cálculo de los Límites de Control y se repetirá el proceso sin tener en cuenta los valores desechados hasta que todas las muestras entren dentro de los límites de control.

12° Análisis y resultados

El Gráfico de Control, resultado de este proceso de construcción, se utilizará para el control del proceso.

Ejemplo

Un gráfico de control de precisión de un método de análisis, puede ser preparado a partir de 20 datos de análisis de muestra por duplicado. Después de construida la gráfica con estos 20 datos, puede comenzarse el control, reemplazando el dato de la muestra n° 1 con el dato 21 y así sucesivamente.

2.3 Interpretación de los gráficos de control

La interpretación de los gráficos de control se basa en las siguientes condiciones:

- *Si el proceso está en estado de control*, los gráficos deben mostrar un comportamiento aleatorio dentro de los límites de control.

- *Si el proceso esta fuera de los límites de control* los gráficos indicarán la existencia de causas no aleatorias, sino determinadas.

Para ello, se suele interpretar en primer lugar los gráficos de la variabilidad (gráfico de rango o desviación típica), pues un aumento de la variabilidad puede provocar un aumento de la media muestral, mientras que un aumento de la media muestral no suele dar lugar a un aumento de la variabilidad, siendo los aspectos a analizar:

- ***puntos fuera de los límites de control*** que pueden ser debido a alguna de las siguientes causas:

- *puntos mal calculados*, límites mal calculados en el proceso de punto a punto del gráfico de control.

- *variaciones en la medida de los datos*, debido a nuevos aparatos de medida.

- *mala calibración de los aparatos de medida*, que da lugar a una variación en la media, pero no en la variabilidad del proceso.

- *naturaleza de la muestra*, que pueden dar lugar a un aumento de la variabilidad, pero no de la media.

- ***puntos por debajo del límite inferior,*** debido a una disminución de la variabilidad, indicando una mejora del procedimiento, por lo que debe también investigarse la causa.

- ***tendencias, rachas y patrones de no aleatoriedad,*** debido a que un conjunto de puntos consecutivos presentan una tendencia creciente o decreciente indicando de que algo está ocurriendo en el proceso, pues la probabilidad de que muchos puntos formen una tendencia sólo por azar es prácticamente nula. Por lo tanto, se ha de investigar la presencia de una causa asignable, incluso si dichos puntos están dentro de los límites.

Se suele ver una tendencia anómala cuando 7 puntos sucesivos se encuentran a un lado de la línea central del gráfico, incluso dentro de los límites de control.

2.4 Actuación en caso de puntos fuera de control

En el cuadro se resumen tipo de actuaciones para determinados casos:

Caso	Acción
Un punto exterior a los límites de control.	Se estudiará la causa de esta desviación de un comportamiento tan fuerte.
Dos puntos consecutivos muy próximos al límite de control.	La situación es anómala, estudiar las causas de variación.
Cinco puntos consecutivos por encima o por debajo de la línea central.	Investigar las causas de variación pues la media de los cinco puntos indica una desviación del nivel de funcionamiento del proceso.
Fuerte tendencia ascendente o descendente marcada por cinco puntos consecutivos.	Investigar las causas de estos cambios progresivos.
Cambios bruscos de puntos próximos a un límite de control hacia el otro límite.	Examinar esta conducta dispar.

Ejemplo 1:

En un proceso de fabricación se determina la riqueza del producto por triplicado todos los días, siendo los resultados:

Muestra	Muestra Nº	M-1	M-2	M-3
05/01/2009	1	98,6	98,7	99,0
06/01/2009	2	99,1	98,7	98,5
07/01/2009	3	98,3	98,6	99,1
08/01/2009	4	99,0	98,7	98,2
09/01/2009	5	97,8	97,5	98,0
10/01/2009	6	98,3	98,0	98,8
11/01/2009	7	96,9	97,5	98,1
12/01/2009	8	97,8	98,4	98,6
13/01/2009	9	99,0	99,1	98,7
14/01/2009	10	97,9	98,1	98,6
15/01/2009	11	98,1	98,5	99,2
16/01/2009	12	98,3	98,8	99,0

Representar los datos en un gráfico de control "X, R", con sus correspondientes límites.

1º Calculamos la media para cada subgrupo (X) y la media de las medias ($\overline{\overline{X}}$) para el gráfico de medias, así como el rango de cada subgrupo (valor máximo –valor mínimo) y el rango medio (R).

Muestra	Muestra N^o	X_1	X_2	X_3	Medias (X)		Rango
05/01/2006	1	98,6	98,7	99,0	98,77		0,4
05/02/2006	2	99,1	98,7	98,5	98,77		0,6
05/03/2006	3	98,3	98,6	99,1	98,67		0,8
05/04/2006	4	99,0	98,7	98,2	98,63		0,8
05/05/2006	5	97,8	97,5	98,0	97,77		0,5
05/06/2006	6	98,3	98,0	98,8	98,37		0,8
05/07/2006	7	96,9	97,5	98,1	97,50		1,2
05/08/2006	8	97,8	98,4	98,6	98,27		0,8
05/09/2006	9	99,0	99,1	98,7	98,93		0,4
05/10/2006	10	97,9	98,1	98,6	98,20		0,7
05/11/2006	11	98,1	98,5	99,2	98,60		1,1
05/12/2006	12	98,3	98,8	99,0	98,70		0,7
		Media global ($\overline{\overline{X}}$)=			98,43	Rango medio, R =	0,73

2° Se determinan **los límites de control** superior (LCS) e inferior (LCI).

- para medias: $LCS = \overline{X} + A_2 \cdot R = 98,43 + 1,02 \cdot 0,73 = 99,17$

$\qquad\qquad\quad LCI = \overline{X} - A_2 \cdot R = 98,43 - 1,02 \cdot 0,73 = 97,68$

- para rangos: $LCS = D_4 \cdot R = 2,57 \cdot 0,73 = 1,88$

$\qquad\qquad\quad LCI = D_3 \cdot R = 0 \cdot 0,73 = 0$

Los valores A_2 y D_4 se encuentran en las tablas para 3 elementos que forman el subgrupo.

3° Se determinan los **límites de aviso** superior (LAS) e inferior (LAI).

- para medias: $LAS = \overline{X} + 2/3 \cdot A_2 \cdot R = 98,43 + 2/3 \cdot 1,02 \cdot 0,73 = 98,93$

$\qquad\qquad\quad LAI = \overline{X} - 2/3 \cdot A_2 \cdot R = 98,43 - 2/3 \cdot 1,02 \cdot 0,73 = 97,93$

-para rangos: $LAS = \dfrac{2}{3} \cdot \left(D_4 \cdot R - R\right) + R = 2/3 \cdot \left(2,57 \cdot 0,73 - 0,73\right) + 0,73 = 1,49$

4° Se dibuja el gráfico de control y se representan los datos para las medias y los rangos como se muestra en la figura:

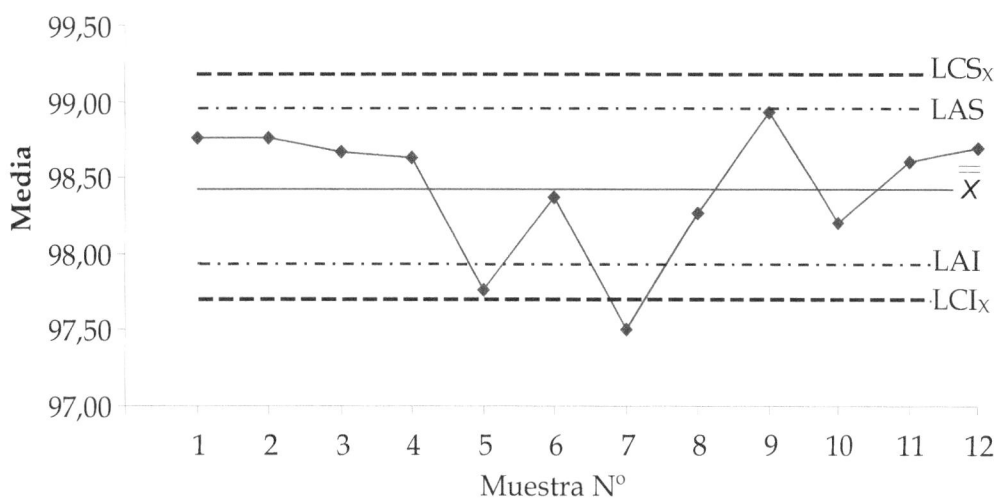

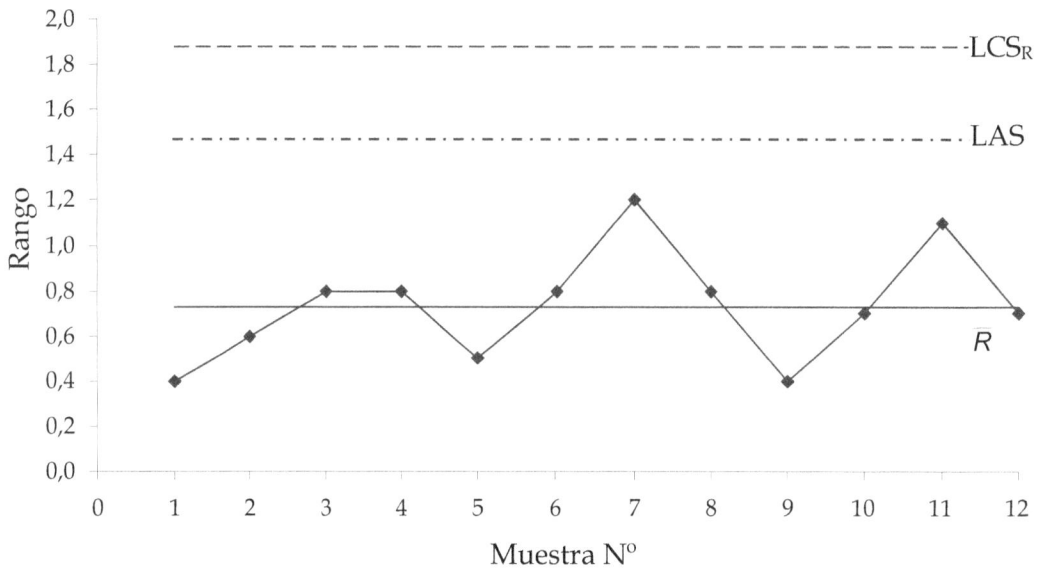

5º Interpretación del gráfico

A la vista del gráfico de medias, observamos que <u>un punto en la Muestra Nº 7 excede los límites de control</u>, por lo que debemos estudiar la causa de esta desviación.

En este caso y al ser un análisis por triplicado de la muestra, se observa que hay un dato anómalo que es 96,9 que hace que la media resulte por debajo del límite de control, pudiendo asignar este error al propio análisis.

*En el gráfico de rangos no se observa ningún dato anómalo, ya que este gráfico detecta los cambios **entre** grupos y no **dentro** del grupo, como vemos en el gráfico de medias.*

3. Gráfico de control por atributos

Los gráficos de control por atributos están basados en la observación de la presencia o ausencia de una determinada característica, o de cualquier tipo de defecto en el producto, servicio o proceso en estudio.

Los Gráficos de Control por atributos se pueden utilizar para cualquier tipo de proceso y característica de los mismos, sea ésta medible o no.

3.1 Pasos Previos en la construcción de un gráfico de control por atributos

Para la construcción de un gráfico de control por atributos es necesario:

1º Establecer cuales son los objetivos del control estadístico del proceso.

2º Identificar la característica o atributo a controlar.

3º Determinar el tipo de Gráfico de Control que se va a utilizar:

a) Gráfico de control de fracción de unidades no conformes ("p") donde "p" es el porcentaje de las unidades no conformes encontradas en la muestra controlada., utilizándose en el caso de que el tamaño de muestra no sea constante.

b) Gráfico de control de número de unidades no conformes ("np"), siendo equivalente al gráfico anterior, pero aplicable solamente si todas las muestras son del mismo tamaño *"n"*, siendo el producto *"np"* el nº de unidades no conformes.

c) Gráfico de control de disconformidades por unidad ("u") que se emplea cuando pueden aparecer varios defectos independientes unos de otros en una misma unidad de producto o servicio, siendo *"u"* el nº de disconformidades de una unidad.
 Como ejemplo: montaje de componentes complejos como televisores, ordenadores,…

d) Gráfico de control del número de disconformidades ("c") equivalente al gráfico anterior, pero aplicable solamente si todas las muestras son del mismo tamaño *n*, siendo *"c"* el nº de disconformidades.

En la figura siguiente, se hace un resumen de todos estos gráficos.

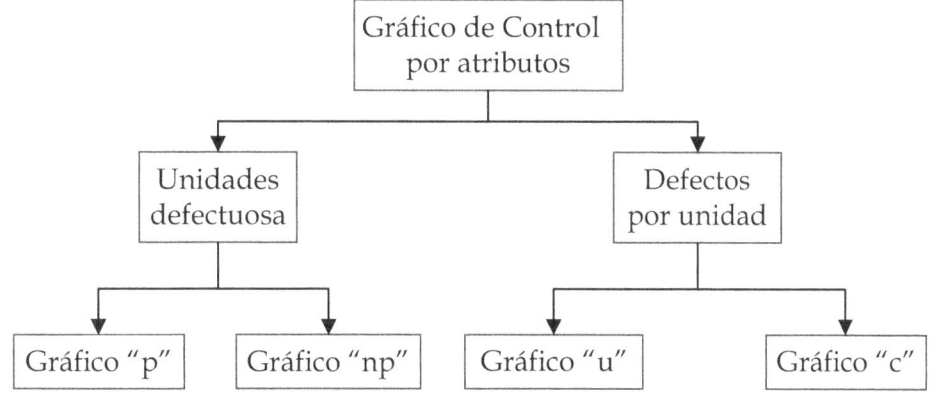

3.2 Construcción de los gráficos de control de fracción de unidades no conformes ("p").

Para la construcción de un gráfico de control de fracción de unidades no conformes ("p") se sigue el siguiente procedimiento:

1º Se elabora un plan de muestreo teniendo en cuenta:

> - *Tamaño de muestra,* que será lo suficientemente grande (entre 50 y 200 unidades e incluso superior) para tener varias unidades no conformes por muestra, de forma que puedan evidenciarse cambios significativos.
>
> - *Frecuencia de muestreo,* que será la adecuada para detectar rápidamente los cambios y permitir una corrección eficaz del proceso.
>
> - *Número de muestras,* que deberá ser lo suficientemente grande como para determinar las posibles causas internas de variación del proceso. Se recogerán al menos 20 muestras para proporcionar una prueba fiable de estabilidad en el proceso.

2º Se recogen los datos según el plan establecido, de forma que la muestra sea aleatoria y representativa de todo el lote del que se extrae.

3º Se organiza la toma de muestra con las pautas vistas anteriormente.

4º Se calcula la fracción de unidades no conformes, "p" registrando para cada muestra los siguientes datos:

> - *El número de unidades inspeccionadas "n".*
>
> - *El número de unidades no conformes* a la característica determinada. La fracción de unidades no conformes *"p"* se calcula como:
> *p = (unidades no conformes / n)* x 100

5º Se calculan los Límites de Control, calculando:

> a) la fracción media de unidades no conformes p se determina como:
> $\bar{p} = \dfrac{p_1 + p_2 + p_3 + \cdots p_N}{N}$, donde p_i es la fracción de unidades no conformes de la muestra i y N es el número de muestras
>
> b) el Límite de Control Superior LCS_P, aplicando la siguiente relación:
> $$LCS_p = \bar{p} + 3 \cdot \sqrt{\frac{\bar{p} \cdot (100 - \bar{p})}{n}}$$

c) el Límite de Control Inferior LCI_p, calculando: $LCI_p = \bar{p} - 3 \cdot \sqrt{\dfrac{p \cdot (100 - p)}{n}}$,

donde $\bar{n}$ es el tamaño medio de las muestras y se calcula como:
$$\bar{n} = \frac{n_1 + n_2 + n_3 + \cdots n_N}{N}$$

6º Se definen las escalas del gráfico, donde el eje horizontal representa el número de la muestra en el orden en que ha sido tomada y el eje vertical representa los valores de la fracción de unidades no conformes, yendo desde cero hasta dos veces la fracción de unidades no conformes máximo.

7º Se representan en el gráfico la línea central, trazando una línea recta con el valor de la fracción media de unidades no conformes y **los Límites de Control** trazando líneas recta horizontal discontinuas (a trazos) e identificándolas con LCS_P y LCI_P.

Usualmente la línea que representa el valor central p se dibuja de color azul y las líneas correspondientes a los límites de control de color rojo y cuando LCI es cero, no se suele representar en el gráfico.

8º Se representa cada muestra con un punto, buscando la intersección entre el número de la muestra (eje horizontal) y el valor de su fracción de unidades no conformes (eje vertical), uniendo los puntos representados por medio de trazos rectos.

9º Se comprueba que todos los valores de la fracción de unidades no conformes de las muestras utilizadas para la construcción del gráfico correspondiente están dentro de sus Límites de Control: $LCI_p < p_i < LCS_p$.

Si esta condición no se cumple para alguna muestra, esta deberá ser desechada para el cálculo de los Límites de Control y se repetirá el proceso sin tener en cuenta los valores desechados.

10º Análisis y resultados
El gráfico de control, resultado de este proceso de construcción, se utilizará para el control del proceso.

Ejemplo

Mediante un muestreo se ha determinado la cantidad de filtros de membrana que no cumplen con la siguiente característica: diámetro ≤ 45 mm, siendo los resultados los que se muestran en la tabla:

Muestra N°	Unidades muestreadas	Unidades no conformes	Muestra	Unidades muestreadas	Unidades no conformes
1	99	8	14	95	8
2	98	12	15	99	11
3	102	9	16	104	15
4	98	7	17	90	17
5	100	15	18	106	12
6	99	14	19	98	11
7	98	13	20	99	11
8	95	9	21	99	9
9	104	8	22	103	12
10	104	18	23	106	11
11	97	15	24	96	15
12	109	9	25	103	10
13	96	12			

Para representar el gráfico de control se sigue el procedimiento visto anteriormente:

1° Se calcula la fracción de unidades no conformes, "p", *registrando para cada muestra el valor de p, según: p= (unidades no conformes / n) x 100*

Muestra N°	Unidades muestreadas	Unidades no conformes	% Unidades no conformes	Muestra N°	Unidades muestreadas	Unidades no conformes	% Unidades no conformes
1	99	8	8	14	95	8	8
2	98	12	12	15	99	11	11
3	102	9	9	16	104	15	14
4	98	7	7	17	90	17	19
5	100	15	15	18	106	12	11
6	99	14	14	19	98	11	11
7	98	13	13	20	99	11	11
8	95	9	9	21	99	9	9
9	104	8	8	22	103	12	12
10	104	18	17	23	106	11	10
11	97	15	15	24	96	15	16
12	109	9	8	25	103	10	10
13	96	12	13				
				Total	2497	291	
				Media =		12	

2° Se calculan los Límites de Control, determinando la fracción media de unidades no conformes $\bar{p}$, aplicando: $\bar{p} = \dfrac{p_1 + p_2 + p_3 + \cdots p_N}{N}$. Los resultados se muestran en la tabla.

- *Se calcula el Límite de Control Superior* LCS_P :

$$LCS_p = \bar{p} + 3 \cdot \sqrt{\frac{p \cdot (100 - p)}{n}} = 12 + 3 \cdot \sqrt{\frac{12 \cdot (100 - 12)}{100}} = 22$$

- *Se calcula el Límite de Control Inferior* LCI_p:

$$LCS_p = \bar{p} + 3 \cdot \sqrt{\frac{p \cdot (100 - p)}{n}} = 12 - 3 \cdot \sqrt{\frac{12 \cdot (100 - 12)}{100}} = 2$$

donde: $n = \dfrac{n_1 + n_2 + n_3 + \cdots n_N}{N} = \dfrac{2497}{25} = 100$

3° Se representa en el gráfico la línea central, trazando una línea recta con el valor del porcentaje de unidades no conformes, que para este caso es de: $\bar{p} = 12$

4° Se representan los Límites de Control, trazando líneas horizontal discontinuas (a trazos) e identificándolas con $LCS_p = 22$ y $LCI_p = 2$

5° Se representa cada muestra con un punto, uniendo los puntos representados por medio de trazos rectos.

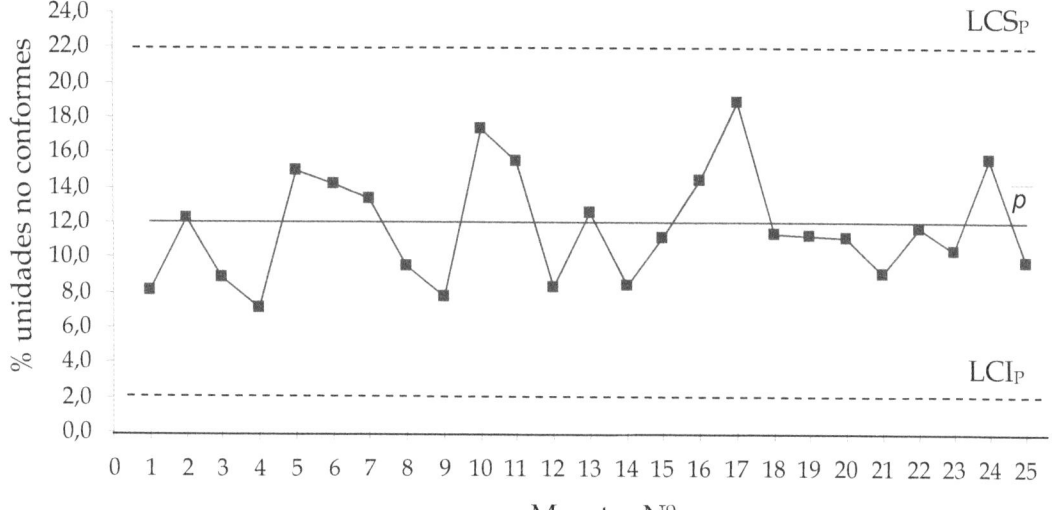

6° Interpretación del gráfico
A la vista del gráfico, observamos que el proceso está en estado de control, ya que todas las muestras están dentro de los límites de control.

4. Gráfico de control de sumas acumuladas (CuSum)

Los gráficos CuSum se pueden utilizar en todos los casos señalados anteriormente, pero donde realmente son más efectivos es en detectar cambios graduales en la medida de una variable.

Una aplicación importante de este tipo de gráficos es el control de la precisión con muestras por duplicado y el control de la exactitud con muestras estándar.

En los gráficos de precisión se determinan las diferencias entre el valor de una muestra certificada o estándar de concentración conocida y los valores obtenidos en el análisis.

4.1 Elaboración de un gráfico de control CuSum para el análisis de muestras por duplicado

Determinar un parámetro de gran cantidad de muestras puede resultar inviable económicamente y, en general, se recurre a la determinación de muestras por duplicado que es el número más pequeño de muestras analizadas necesarias para comprobar la precisión. Cuando se refiere a dos muestras que se recogen en el mismo lugar y al mismo tiempo, el análisis por duplicado sirve para saber si la muestra es representativa, recomendándose al menos 20 muestras iniciales para construir el gráfico de control.

Para la construcción de un gráfico de control de precisión para muestras duplicadas, se sigue el siguiente procedimiento:

$1°$ *Se organiza la toma de muestra,* tomando dos muestras en el mismo lugar y al mismo tiempo, realizando el análisis de las dos muestras a la vez.

También se pueden tomar dos alícuotas de la misma muestra en laboratorio para hacer el análisis, si lo que se quiere es ver la precisión del método.

$2°$ *Se recogen los datos,* determinando el componente mediante análisis y registrando los resultados en la hoja de control de laboratorio.

$3°$ *Se definen los parámetros α y β* que representan:

- α : probabilidad de equivocarnos al considerar el proceso fuera de los límites de control, cuando en realidad está dentro de los límites.

- β : probabilidad de equivocarnos al considerar el proceso dentro de los límites de control, cuando en realidad está fuera de los límites.

Los parámetros α y β suelen tener valores comprendidos entre *0,05* y *0,15*, eligiendo valores de α bajos cuando los costes de parar y revisar el proceso es alto, mientras que podemos elegir valores de α altos cuando el coste de revisar el proceso es pequeño o despreciable.

Ejemplo

Un valor de α =0,10 representa que en el 10% de los casos el personal de laboratorio pararía el proceso de análisis para revisarlo creyendo que está fuera de control, cuando en realidad no lo está.

4° Se define la máxima y mínima variabilidad aceptada, representada por la varianza mínima σ^2_{min} y máxima σ^2_{max} .

Los valores se definen de acuerdo al conocimiento que tengamos del proceso y en el caso de no disponer de la suficiente información se pueden tomar valores como:

$$- \sigma^2_{min} = (\sigma - 0,20\sigma)^2 = (0,8\sigma)^2 = 0,64\sigma^2$$

$$-\sigma^2_{max} = (\sigma + 0,20\sigma)^2 = (1,2\sigma)^2 = 1,44\sigma^2$$

En caso de no disponer datos suficientes para determinar la desviación estándar σ, se sustituye por la desviación estándar de las diferencias s_d .

5° Se calculan los límites de control superior (LCS) e inferior (LCI) para M medidas aplicando las siguientes relaciones:

$$- LCS = \frac{2\,ln\left[\dfrac{1-\beta}{\alpha}\right]}{\dfrac{1}{s^2_{min}} - \dfrac{1}{s^2_{max}}} + M\,\frac{ln\left[\dfrac{s^2_{max}}{s^2_{min}}\right]}{\dfrac{1}{s^2_{min}} - \dfrac{1}{s^2_{max}}}$$

$$- LCI = \frac{2\,ln\left[\dfrac{\beta}{1-\alpha}\right]}{\dfrac{1}{s^2_{min}} - \dfrac{1}{s^2_{max}}} + M\,\frac{ln\left[\dfrac{s^2_{max}}{s^2_{min}}\right]}{\dfrac{1}{s^2_{min}} - \dfrac{1}{s^2_{max}}}$$

6° Se definen las escalas del gráfico, donde el eje horizontal representa el número de las muestras duplicadas en el orden en que han sido tomadas y el eje vertical representa la suma acumulada de las diferencias cuadradas entre las dos muestras como: $\sum d_i^2$

7° Se representan en el gráfico de control los Límites de Control y la línea central intermedia entre las dos rectas que representan los límites.
Usualmente, la línea que representa la línea central es discontinua y las líneas correspondientes a los límites de control se representan con trazo continuo.

8° Se representa la diferencia cuadrada acumulada frente al número de muestras con un punto.

9º *Análisis y resultados* que se muestran en la tabla:

Situación	Actuación

1) Un punto exterior al límite de control superior.	a) Detener el proceso
	b) Localizar Problemas, siendo las causas probables, cuando el gráfico de control es de:
	   - precisión:
	      - Operador de laboratorio
	      - Naturaleza de la muestra
	      -Contaminación material utilizado
	   - exactitud
	      - Operador de laboratorio
	      - Contaminación materiales
	      - Contaminación reactivos
	      - Instrumentación
	      - Interferencias
	c) Corregir Problemas
	d) Volver a analizar las muestras discordantes.
	e) Iniciar el gráfico de control con la muestra reanalizada como muestra Nº 1.

2) Los puntos están dentro de los límites	Continuar hasta que se observe una tendencia o algún punto fuera de control
3) Un punto exterior fuera de control del límite inferior, indicativo de una mayor precisión del laboratorio	a) Continuar el proceso, a menos que se observe un cambio en la tendencia b) Construir nuevo gráfico con los últimos datos observados c) Revisar informes de datos de operador de laboratorio.

Ejemplo

¿Qué actuación se debe tomar para un caso en que la muestra Nº 8 está fuera de control, por encima del límite superior?

1º *Detener el proceso en la muestra Nº 8*

2º *Localizar problemas o suponer causas probables.*

3º *Corregir problemas y posibles causas*

4º *Reanalizar la muestra Nº 8.*

5º *Iniciar el gráfico de control, representando la muestra Nº 8 como muestra Nº 1. La razón principal para empezar en la posición 1 en el gráfico de control es que al representar la suma de los cuadrados de las diferencias $\sum d_i^2$, el punto fuera de control influye sobre el siguiente punto, que continuaría fuera de control, a pesar de que en realidad estaría dentro de los límites de control.*

Ejemplo

	[Cu], mg/l	
Hora	M-1	M-2
1	1,01	1,2
2	1,12	0,95
3	0,98	0,97
4	0,99	0,91
5	0,99	1,13
6	1,02	1,02
7	0,97	0,97
8	1,02	1,14
9	1,12	1,03
10	0,96	0,95
11	1,18	1,05
12	1,1	1,12

Se ha determinado la concentración de cobre en una agua residual cada hora mediante un sistema de muestreo doble. Los datos se muestran en la tabla.

Para desarrollar este procedimiento:

1° Definimos los parámetros a y β con los valores de a = 0,1 y β = 0,1

2° Se determina la desviación estándar de las diferencias, como se muestra en la tabla:

	[Cu], mg/l				
Hora	M-1	M-2	d_i	d_i^2	$\sum (d_i)^2$
1	1,01	1,2	0,19	0,0361	0,0361
2	1,12	0,95	-0,17	0,0289	0,065
3	0,98	0,97	-0,01	0,0001	0,0651
4	0,99	0,91	-0,08	0,0064	0,0715
5	0,99	1,13	0,14	0,0196	0,0911
6	1,02	1,02	0	0	0,0911
7	0,97	0,97	0	0	0,0911
8	1,02	1,14	0,12	0,0144	0,1055
9	1,12	1,03	-0,09	0,0081	0,1136
10	0,96	0,95	-0,01	0,0001	0,1137
11	1,18	1,05	-0,13	0,0169	0,1306
12	1,1	1,12	0,02	0,0004	0,131
		Sumas=	-0,02	0,0004	1,1054
		$s_d = \sqrt{\dfrac{\sum (d_i - d)^2}{n-1}} =$		0,109149	
		Varianza, $\sigma^2 =$		0,01191	

3º Se define la máxima y mínima variabilidad aceptada, como:

- $\sigma_{min}^2 = (\sigma - 0{,}20\sigma)^2 = (0{,}8\sigma)^2 = 0{,}64\sigma^2 = 0{,}64.(0{,}01191) = 0{,}00762$
- $\sigma_{max}^2 = (\sigma + 0{,}20\sigma)^2 = (1{,}2\sigma)^2 = 1{,}44\sigma^2 = 1{,}44.(0{,}01191) = 0{,}01715$

Al no disponer de datos suficientes para determinar la desviación estándar σ se ha sustituido σ por la desviación estándar de las diferencias s_d.

4º Se determina la recta de LCS en función del número de muestras, calculando LCS para M=12 y M=0, como:

$$- LCS(12) = \frac{2\ln\left[\dfrac{1-0{,}1}{0{,}1}\right]}{\dfrac{1}{(0{,}00762)^2} - \dfrac{1}{(0{,}01715)^2}} + 12\frac{\ln\left[\dfrac{0{,}01715}{0{,}00762}\right]}{\dfrac{1}{(0{,}00762)^2} - \dfrac{1}{(0{,}01715)^2}} = 0{,}19374$$

$$- LCS(0) = \frac{2\ln\left[\dfrac{0{,}1}{1-0{,}1}\right]}{\dfrac{1}{(0{,}00762)^2} - \dfrac{1}{(0{,}01715)^2}} + 0 = 0{,}06027$$

La recta correspondiente será:

$$Y_{LCS} = aX + b = \frac{(0{,}19374 - 0{,}06027)}{12}M + 0{,}06027 = 0{,}01112M + 0{,}06027 \text{, donde } 0{,}01112$$

es la pendiente de la recta, M el número de muestra y 0,06027 la ordenada en el origen (M=0).

$$- LCI(12) = \frac{2\ln\left[\dfrac{0{,}1}{1-0{,}1}\right]}{\dfrac{1}{(0{,}00762)^2} - \dfrac{1}{(0{,}01715)^2}} + 12\frac{\ln\left[\dfrac{0{,}01715}{0{,}00762}\right]}{\dfrac{1}{(0{,}00762)^2} - \dfrac{1}{(0{,}01715)^2}} = 0{,}07320$$

$$- LCI(0) = \frac{2\ln\left[\dfrac{0{,}1}{1-0{,}1}\right]}{\dfrac{1}{(0{,}00762)^2} - \dfrac{1}{(0{,}01715)^2}} + 0 = -0{,}06027$$

Igual que antes se determina la recta de LCI en función del número de muestras, como:

$$Y_{LCI} = aX + b = \frac{(0{,}01112 - (-0{,}06027))}{12}X - 0{,}06027 = 0{,}13347M - 0{,}06027 \text{, donde } 0{,}01112$$

es la pendiente de la recta, M el número de muestra y -0,06027 la ordenada en el origen (M=0).

5° Se representa en el gráfico de control las rectas determinadas de LCS y LCI, así como la línea media, según la tabla:

[Cu], mg/l

Hora	M-1	M-2	Y_{LCS}	Y_{LCI}	$Y_{(LCS+LCI)/2}$
0			0,06027	-0,06027	0,00000
1	1,01	1,20	0,07140	-0,04915	0,01112
2	1,12	0,95	0,08252	-0,03803	0,02225
3	0,98	0,97	0,09364	-0,02691	0,03337
4	0,99	0,91	0,10476	-0,01578	0,04449
5	0,99	1,13	0,11589	-0,00466	0,05561
6	1,02	1,02	0,12701	0,00646	0,06674
7	0,97	0,97	0,13813	0,01758	0,07786
8	1,02	1,14	0,14925	0,02871	0,08898
9	1,12	1,03	0,16038	0,03983	0,10010
10	0,96	0,95	0,17150	0,05095	0,11123
11	1,18	1,05	0,18262	0,06207	0,12235
12	1,10	1,12	0,19374	0,07320	0,13347

Observar que la línea de LCS corta al eje de coordenadas Y en el mismo valor que el LCI, pero con valor negativo. Esto es debido a que los valores de α y β son iguales.

*6° Se representan los puntos de las muestras duplicadas, observando que todas las muestras están **dentro de los límites de control**.*

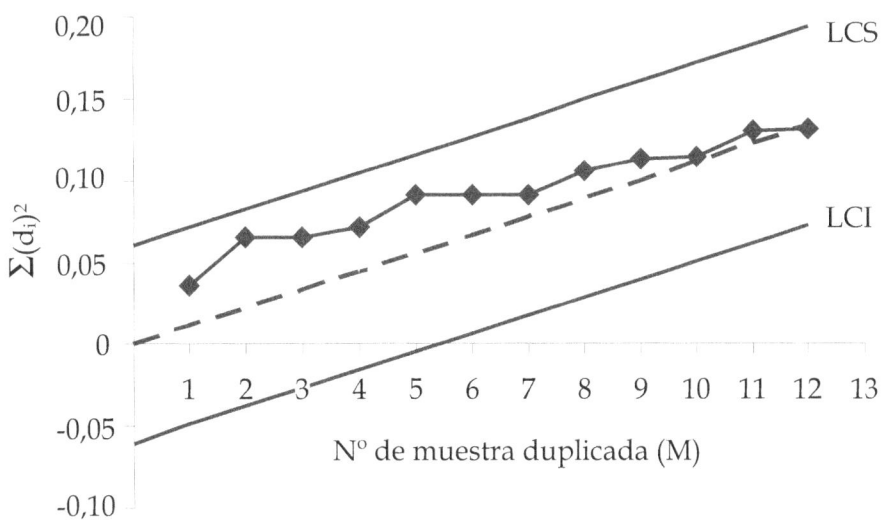

7º Análisis y resultados

Se observa que todos los puntos están dentro de los límites de control, continuando el proceso de análisis hasta que se observe una tendencia o algún punto fuera de control.

Se puede concluir, que estos gráficos de control ayudan al trabajo diario de laboratorio, ya que vamos viendo como va el proceso y podemos tomar una decisión al respecto.
Para ello deben elegirse series pequeñas de muestras, como 5, y después de analizarlas, hacer los cálculos y representarlas en el gráfico de control inmediatamente, de lo contrario, podríamos encontrarnos que hemos elegido una serie grande de muestras, como 50, y cuando las vamos a representar nos encontramos que por estar una muestra fuera de control tenemos que repetir todo el proceso con el consiguiente coste.

5. Aplicación de los gráficos de control

Los gráficos de control se pueden aplicar a cualquier tipo de proceso, sea de producción o no. Para utilizarlos es necesario, una vez construidos los gráficos básicos, continuar con la recogida de muestras según el plan de muestreo, y representar los datos correspondientes en dichos gráficos.

Una vez identificado un cambio en el proceso, se investigará su causa y se adoptarán las medidas necesarias para su eliminación y, si es posible, para la prevención de su aparición, pudiéndose dar casos beneficiosos para el proceso, como disminución de unidades no conformes y también en estos casos se estudiarán las causas para poder realizar mejoras en el proceso.

ANÁLISIS DE REGRESIÓN Y CORRELACIÓN

1. Introducción

A veces interesa ver la relación que existe entre una serie de datos y otra, siendo el análisis de correlación el utilizado para estudiar esta relación.

La relación entre dos series de datos se expresa como una función matemática que estudia la dependencia entre una variable no controlada y otra que si lo está durante el procedimiento, siendo el modelo de regresión más simple, el que supone que la variable independiente no está sujeta a error.

Este es el caso de la *calibración,* donde se relaciona una magnitud medida con los valores conocidos correspondientes a esa magnitud de medida realizada con patrones, utilizando el mismo instrumento

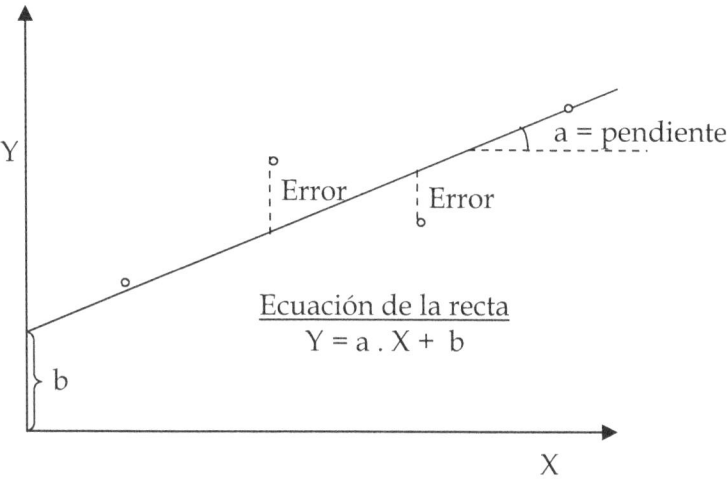

Una vez establecida esta dependencia mediante una ecuación matemática se pueden pronosticar resultados a partir de los datos de la otra serie, resultando esta técnica útil, cuando hay algún dato difícil de obtener directamente.

La diferencia entre correlación y regresión depende de los objetivos del análisis:

- Si el objetivo es obtener un estadístico que exprese el grado de relación entre las dos variables se dice **correlación**.

- Si el objetivo es hacer predicciones de una variable (Y) en base a otra (X) se habla de **regresión**.

2. Método de los mínimos cuadrados

La correlación lineal es una solución matemática que permite el ajuste de una serie de puntos a una línea recta.

Para dibujar la línea que mejor se ajuste a una serie de datos se utiliza el método de los mínimos cuadrados que minimiza las diferencias al cuadrado entre cado uno de los puntos y la línea que mejor se ajusta.

Para una serie de datos como (X_1, Y_1) (X_2, Y_2) (X_3, Y_3)... (X_N, Y_N), la recta de ajuste por mínimos cuadrados viene dada por la ecuación: $Y = aX + b$, donde la pendiente a y la ordenada en el origen b se determinan mediante el siguiente sistema de ecuaciones:

$$\left[\begin{array}{l} \sum Y = \sum (a \cdot X + b) = a \cdot \sum X + Nb \\ \sum X \cdot Y = \sum (a \cdot X + b) \cdot X = a \cdot \sum X^2 + b \sum X \end{array} \right]$$

La segunda ecuación resulta de multiplicar la primera ecuación por $\sum X$. Las soluciones a estas ecuaciones son:

$$a = \frac{N \cdot \sum X \cdot Y - \sum X \cdot \sum Y}{N \cdot \sum X^2 - \left(\sum X\right)^2} \quad ; \quad b = \frac{\sum Y \cdot \left(\sum X\right)^2 - \sum X \cdot \sum X \cdot Y}{N \cdot \sum X^2 - \left(\sum X\right)^2}$$

2.1 Coeficiente de correlación

$$r = \frac{N \cdot \sum X \cdot Y - \sum X \cdot \sum Y}{\sqrt{\left[N \cdot \sum X^2 - \left(\sum X\right)^2 \right] \cdot \left[N \cdot \sum Y^2 - (Y)^2 \right]}}$$

Para ver el grado de linealidad de la curva se utiliza el coeficiente de correlación que viene dado por la siguiente expresión:

Algunas propiedades de este coeficiente son:
- el valor de *r* está comprendido entre -1 y 1: *-1< r< 1*

- el valor de *r* no cambia si se cambian las variables *X* por *Y*, y viceversa.

- el valor de *r* no se ve afectado por el cambio de escala.

- el valor de *r* mide solamente el grado de correlación, si es lineal.

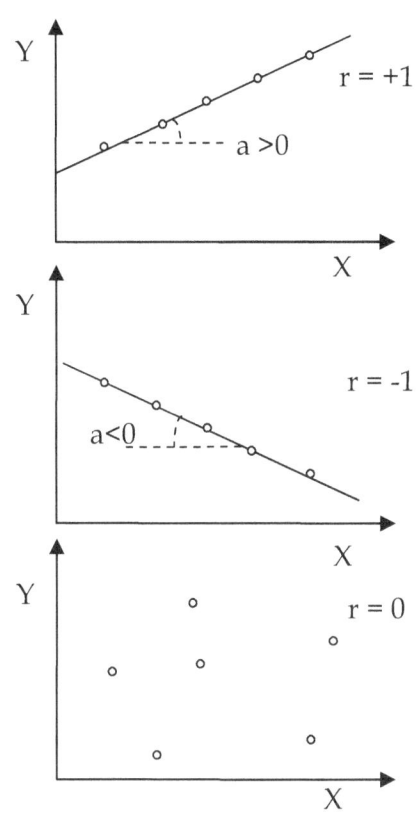

Cuando la recta es perfectamente lineal y la pendiente es *a > 0* , entonces *r = 1.*
Si por el contrario, la recta se ajusta perfectamente, pero la pendiente es *a <0,* entonces *r = -1.* Por último, en el caso de no existir ninguna linealidad: *r = 0.*

Para otros casos, se puede utilizar una regla de mano, como:

Valor de r	*Relación lineal*
0-0,2	Dudosa
0,2-0,4	Baja
0,4-0,7	Moderada
0,7-0,9	Alta
0,9-1,0	Muy alta

De una forma más rigurosa, podemos aplicar un test estadístico para ver si existe linealidad, y para ello:

1° Se selecciona un nivel de confianza, tal como 95%, 99%.

2° Se compara el valor de r calculado con el valor crítico del coeficiente de correlación r de Pearson, que se da en la tabla del Apéndice N° 8.

3° Si el valor absoluto de r calculado es mayor que el valor crítico de r, se concluye que hay una correlación lineal significativa. En caso contrario, se concluye que no hay suficiente evidencia para concluir que hay una correlación lineal.

No obstante, puede que no exista una relación lineal, sino exponencial, parabólica, etc., siendo en estos casos el coeficiente de correlación lineal un mal parámetro para medir la relación lineal entre las variables, por lo que convendría utilizar otro tipo de coeficiente más apropiado.

Para ver si se puede utilizar el coeficiente de correlación lineal, lo mejor es representar los pares de valores en un gráfico denominado **diagrama de dispersión** y ver la forma en que se encuentran los puntos.

2.2 Coeficiente de determinación

El coeficiente de determinación mide la cantidad relativa de la variación en Y que ha sido explicada por la recta de regresión y se expresa como:

$$r^2 = \frac{variación\ explicada}{variación\ total}$$

La diferencia entre el valor observado de Y, y el valor medio de los datos de Y ($\bar{Y}$) se denomina **variación total de Y**, mientras que la diferencia entre el valor de Y estimado (Y_{est}) y el valor de $\bar{Y}$, es la variación dada por la ecuación de regresión, razón por la cual se denomina **variación explicada de Y**. Por último, la diferencia entre el valor observado de Y y el valor estimado de Y (Y_{est}) se denomina **variación no explicada** de Y, debido a factores diferentes que se han tenido en cuenta para la ecuación de regresión.

Ejemplo

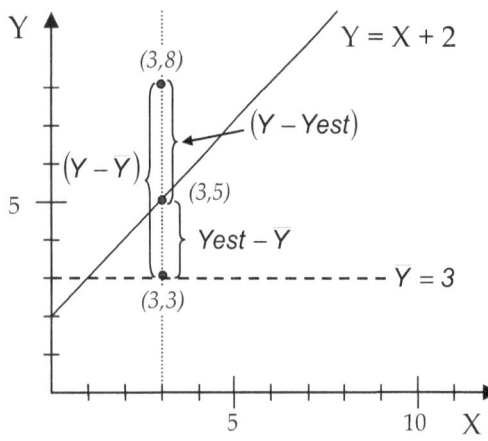

Si observamos la gráfica, resulta para un punto en particular (3,8) que:

(desviación total) = (desviación explicada) + (desviación no explicada):

$$(Y - \bar{Y}) = (Y_{est} - \bar{Y}) + (Y - Y_{est})$$

En la gráfica: (8-3) = (5-3) + (8-5); 5 = 2 + 3

Si esta misma expresión la aplicamos a varios puntos resulta:

(variación total) = (variación explicada) + (variación no explicada)

$$\sum (Y - \bar{Y})^2 = \sum (Y_{est} - \bar{Y})^2 + \sum (Y - Y_{est})^2$$

Aplicando esta última relación al coeficiente de determinación, resulta que:

$$r^2 = \frac{variación\ explicada}{variación\ total} = \frac{\sum (Y_{est} - \bar{Y})^2}{\sum (Y - \bar{Y})^2}.$$

Sirva como ejemplo, un coeficiente de r^2 de $0{,}9000$ indica que el 90% de la variación total es una variación que puede ser explicada por la relación entre X e Y mediante la ecuación de regresión.

2.3 Error típico de la estima

La desviación estándar de Y sobre X está basada en las desviaciones de los puntos individuales respecto a la línea de regresión: $s_{Y/X} = \sqrt{\dfrac{\sum (Y - Y_{est})^2}{N-2}}$, donde Y_{est} representa el valor estimado de Y para valores de X dados, utilizando la siguiente ecuación: $Y_{est} = aX + b$; al estar sumando N valores de Y_i y restando dos valores a y b conocidos, los grados de libertad son N-2,

El error típico de la estima tiene análogas propiedades a la desviación estándar, pudiéndose construir paralelas a la recta de regresión de Y sobre X a las distancias verticales de $s_{y/x}$, $2s_{y/x}$, $3s_{y/x}$, y si N es lo suficiente grande, dentro de estos límites quedarán *el 68%, 95% y 99,7%* de los puntos muestrales.

Otros estadísticos que nos sirven para expresar la desviación estándar de la pendiente (s_a) y la desviación estándar de la ordenada en el origen (s_b), son:

$$s_a = \frac{s_{Y/X}}{\sqrt{\sum (X_i - X)^2}} = \frac{s_{Y/X}}{S_{XX}} \quad , \quad s_b = s_{Y/X} \cdot \sqrt{\frac{\sum X_i^2}{N \cdot \sum (X_i - X)^2}} = s_{Y/X} \cdot \sqrt{\frac{\sum X_i^2}{N \cdot S_{XX}}} \quad , \text{ donde:}$$

$$S_{XX} = \sum (X_i - X)^2$$

Con estas desviaciones, estamos en condiciones de establecer los límites de confianza para la pendiente y la ordenada en el origen, con el nivel de confianza deseado y N-2 grados de libertad, como:
- $a \pm t \cdot s_a$ para la pendiente.
- $b \pm t \cdot s_b$ para la ordenada.

Una vez obtenida la recta de calibración, es fácil calcular el valor de X para un valor medido de Y. Para estimar el error que se comete en el cálculo de de X se utiliza la siguiente expresión aproximada: $s_{X0} = \dfrac{s_{y/x}}{a} \cdot \sqrt{1 + \dfrac{1}{N} + \dfrac{(Y_0 - Y)^2}{a^2 \cdot S_{XX}}}$ donde X_0 es la medida de X buscada e Y_0 es la señal de medida generada.

En el caso de disponer de varias lecturas (m) para obtener el valor de Y_0, la ecuación sería: $s_{X0} = \dfrac{s_{y/x}}{a} \cdot \sqrt{\dfrac{1}{m} + \dfrac{1}{N} + \dfrac{(Y_0 - Y)^2}{a^2 \cdot S_{XX}}}$

Determinada la desviación estándar de X, podemos establecer los límites de confianza, con un nivel de confianza deseado y N-2 grados de libertad, como:
$X_0 \pm t \cdot s_{X0}$

3. Aplicación al laboratorio de los métodos de regresión y correlación

3.1 Cálculo de la recta de regresión y errores de estimación

Ejemplo

Un método para determinar la cantidad de azúcar de una disolución es medir el índice de refracción.

Los datos de calibración del instrumento de medida se muestran en la tabla.

% sacarosa (X)	Índice de refracción: n_D^{20} (Y)
2	1,3362
5	1,3396
10	1,3475
15	1,3565

a) Representar gráficamente los puntos b) Encontrar la recta que mejor se ajuste a los datos c) Indicar si existe correlación lineal d) Calcular los límites de confianza para la pendiente y la ordenada en el origen e) Calcular el valor de la concentración en azúcar de una disolución cuyo índice de refracción es de 1,3500 f) Calcular el límite de confianza para la disolución anterior, cuyo valor de índice de refracción fue de 1,3500 g) Determinar el límite de detección.

a) Se representa en un diagrama los puntos donde a simple vista se observa que existe una relación lineal

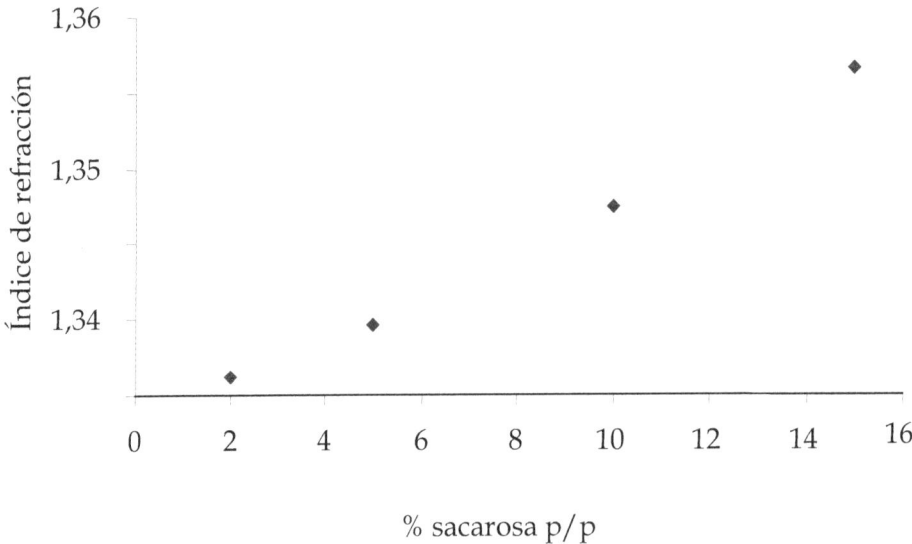

b) Para determinar la mejor recta que se ajuste a estos puntos, se aplican las fórmulas vistas anteriormente, con los datos que se muestran en la tabla:

% sacarosa (X)	n_D^{20} (Y)	X.Y	X²	Y²
2	1,3362	2,6724	4	1,7854
5	1,3396	6,6980	25	1,7945
10	1,3475	13,4750	100	1,8158
15	1,3565	20,3475	225	1,8401
Sumas 32	5,3798	43,1929	354	7,2358

$$\left[\begin{array}{l} \sum Y = a \cdot \sum X + Nb \Rightarrow 5,3798 = a \cdot 32 + 4b \\ \sum X \cdot Y = a \cdot \sum X^2 + b \sum X \Rightarrow 43,1929 = a \cdot 354 + 32b \end{array}\right]$$

A partir de estas dos ecuaciones con dos incógnitas se determina la pendiente **a** y la ordenada en el origen **b**.

Despejando b en la primera ecuación, $b = \dfrac{5,3798 - 32a}{4}$ y sustituyendo en la segunda,

queda: $43,1929 = 354a + \dfrac{32 \cdot (5,3798 - 32a)}{4} = 354a + 43,0384 - 256a = 43,0384 + 98a$.

Despejando a, resulta: $a = \dfrac{43,1929 - 43,0384}{98} = 0,00158$

$$b = \dfrac{5,3798 - 32 \cdot 0,00158}{4} = 1,3323$$

Resultando una ecuación de la recta, como: $\underline{Y = 0,00158 \cdot X + 1,3323}$

c) Para determinar si existe relación lineal, calculamos el valor de r según:

$$r = \dfrac{N \cdot \sum X \cdot Y - \sum X \cdot \sum Y}{\sqrt{\left[N \cdot \sum X^2 - \left(\sum X\right)^2\right] \cdot \left[N \cdot \sum Y^2 - \left(\sum Y\right)^2\right]}} = \dfrac{4 \cdot 43,1929 - 32 \cdot 5,3798}{\sqrt{\left(4 \cdot 354 - 32^2\right) \cdot \left(4 \cdot 7,23581 - 5,3798^2\right)}}$$

$$r = \dfrac{0,618}{\sqrt{392 \cdot 0,00099}} = \dfrac{0,618}{0,623} = 0,9920$$

Se compara este valor con el coeficiente de correlación r de Pearson, dado en las tablas del Apéndice 8 para un nivel de confianza del 95% y 4 datos, resultando 0,950, menor que el valor calculado y por lo tanto nos indica que **hay una correlación lineal.**

d) Para calcular los límites de confianza para la pendiente y la ordenada en el origen, aplicamos las fórmulas vistas anteriormente a los datos de la tabla.

% sacarosa (X)	n (Y)	X_i^2	$(X_i - \overline{X})$	$(X_i - \overline{X})^2$	Y_{est}	$Y - Y_{est}$	$(Y - Y_{est})^2$
2,00	1,3362	4	6	36	1,33546	0,00074	5,476E-07
5,00	1,3396	25	3	9	1,3402	-0,0006	3,6E-07
10,00	1,3475	100	2	4	1,3481	-0,0006	3,6E-07
15,00	1,3565	225	7	49	1,3560	0,0005	2,5E-07
Sumas= 32,00	5,3798	354	18,00	98,00			0,0000015
Media= 8	1,34495						

El estadístico $s_{Y/X} = \sqrt{\dfrac{\sum (Y - Y_{est})^2}{N-2}} = \sqrt{\dfrac{0,0000015}{4-2}} = 0,00087$ *, nos sirve para determinar la desviación estándar de la pendiente y la desviación estándar de la ordenada en el origen, según:*

$$s_a = \frac{s_{Y/X}}{\sqrt{S_{XX}}} = \frac{0,00087}{\sqrt{98}} = 0,000088 \; ; \quad s_b = s_{Y/X} \cdot \sqrt{\frac{\sum X_i^2}{N \cdot S_{XX}}} = 0,00087 \cdot \sqrt{\frac{354}{4 \cdot 98}} = 0,00083$$

A partir de estas desviaciones, podemos determinar el intervalo de confianza para la pendiente y la ordenada. Para ello, determinamos el valor de t para un nivel de confianza del 95% y 2 (4-2) grados de libertad. Según las tablas del apéndice 5, el valor de t es 4,303 y teniendo en cuenta las cifras significativas, calculamos:

$$a \pm t \cdot s_a = 0,00158 \pm 4,303 \cdot 0,000088 = 0,00158 \pm 0,00038 = 0,0016 \pm 0,0004$$

$$b \pm t \cdot s_b = 1,3323 \pm 4,303 \cdot 0,00083 = 1,3323 \pm 0,0036 = 1,332 \pm 0,004$$

e) Para calcular el valor de la concentración en azúcar de una disolución, cuyo índice de refracción es de 1,3500, aplicamos la ecuación deducida anteriormente para el valor de X_0:

$$Y_0 = a \cdot X_0 + b \Rightarrow X_0 = \frac{Y_0 - b}{a} = \frac{1,3500 - 1,3323}{0,00158} = 11,20\%$$

f) Para calcular el límite de confianza para la disolución, calculamos:

1° el error asociado a X_0 (s_{X0}), que para el valor Y_0 de 1,3500, resulta:

$$s_{X0} = \frac{s_{Y/X}}{a} \cdot \sqrt{\frac{1}{m} + \frac{1}{N} + \frac{(Y_0 - Y)^2}{a^2 \cdot S_{XX}}} = \frac{0,00087}{0,00158} \sqrt{\frac{1}{1} + \frac{1}{4} + \frac{(1,3500 - 1,34495)^2}{0,00158^2 \cdot 98}} = 0,6408$$

2° los límites de confianza para la concentración, teniendo en cuenta el valor de t, para un nivel de confianza del 95% y 2 grados de libertad, es:

$$11,20 \pm t \cdot s_{X0} = 11,20 \pm 4,303 \cdot 0,6408 = 11 \pm 3 \text{ \% sacarosa}$$

g) Una definición del límite de detección (LD), basada en consideraciones estadísticas, es "la cantidad de concentración del componente analizado que proporciona una señal Y igual a la señal del blanco Y_B más tres veces la desviación estándar del blanco": $Y=Y_B + 3\ s_B$ (el valor de 3 es un factor estadístico que corresponde a un nivel de confianza del 99,7%).

Para determinar el valor de LD, lo más correcto es realizar una serie de medidas en blanco y calcular su desviación. Sin embargo, se puede hacer una primera aproximación utilizando los datos de la curva de calibrado, sustituyendo:

- s_B por $s_{Y/X}$, suponiendo que la desviación del blanco es igual a la desviación estándar de la pendiente.

- Y_B por b (ordenada en el origen), como estimación de la señal del blanco.

Resultando: $3 \cdot s_B + Y_B = Y \Rightarrow 3 \cdot 0,00087 + 1,3323 = Y \Rightarrow Y = 1,3349$, e introduciendo este valor en la ecuación de calibrado, obtenemos el límite de detección para la sacarosa:

$$X_0 = \frac{Y_0 - b}{a} = \frac{1,3349 - 1,3323}{0,00158} = 1,6 \text{ \%} \qquad \Rightarrow \qquad \underline{\textbf{LD =1,6 \% p/p}}$$

Comentario: aunque este método no se suele utilizar experimentalmente para determinar el límite de detección, nos puede ayudar a preparar los blancos para determinarlo, como veremos en el siguiente capítulo.

3.2 Comparación de dos métodos de análisis

Para llevar a cabo la comparación de dos métodos analíticos puede utilizarse el test conjunto de la ordenada en el origen y la pendiente. Este test, aplicado desde 1957 a problemas químicos, busca la recta de regresión entre los resultados obtenidos al analizar diversas muestras mediante dos métodos, representando el método de referencia en el eje de las X, y el método a comprobar en el eje de las Y.

Si los dos métodos en comparación producen resultados que no difieren estadísticamente entre ellos a un nivel de significación α, la ordenada de la recta de regresión no ha de ser estadísticamente diferente de cero y simultáneamente, la pendiente de la recta de regresión no debe ser estadísticamente diferente de 1.

Ejemplo

Muestra	Método Colorimétrico (mg/dl)	Método enzimático mg/dl
1	300	305
2	392	385
3	185	193
4	152	162
5	480	478
6	461	455
7	232	238
8	290	298
9	401	408
10	315	323

Se trata de desarrollar un nuevo método para determinar colesterol en sangre, en el cual la velocidad de consumo de oxígeno se mide con un electrodo indicador de oxígeno, cuando el colesterol reacciona con el oxígeno catalizado por la enzima oxidasa.

Los resultados del procedimiento nuevo se comparan con los del método colorimétrico. Indicar a) si existe una relación lineal entre los dos métodos, determinando el coeficiente de correlación b) si los dos métodos dan resultados significativos para un nivel de confianza del 95%.

1° Se representa los datos del método a comprobar (Y) frente a los datos del método de referencia (X) y se determina la recta que mejor ajuste, utilizando en este caso una hoja de cálculo.

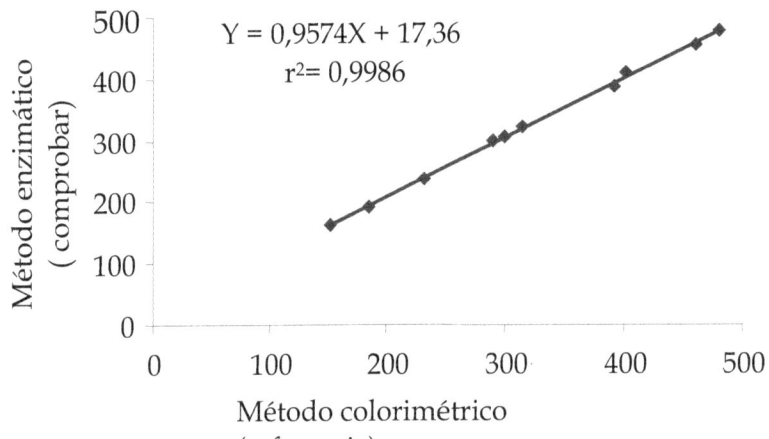

*Los resultados que se deducen de la ecuación son: a = 0,9574 ; b = 17,36 y r = $\sqrt{0,9986}$ = 0,9992 , valor que comparado con el coeficiente de correlación r (0,632) de Pearson, dado en las tablas del Apéndice 8 para un nivel de confianza del 95% y 10 datos, resulta mucho menor que el valor calculado y por lo tanto esto indica que **hay una correlación lineal.***

2° Para calcular los límites de confianza para la pendiente y la ordenada en el origen aplicamos las fórmulas vistas anteriormente para obtener la desviación estándar de la pendiente y la desviación estándar de la ordenada en el origen, utilizando la hoja de cálculo, mostrando los resultados a continuación:

Muestra	Método Colorimétrico (mg/dl) X	Método Enzimático (mg/dl) Y	X_i^2	$(X_i - \bar{X})$	$(X_i - \bar{X})^2$	Y_{est}	$Y\text{-}Y_{est}$	$(Y\text{-}Y_{est})^2$
1	300	305	90000	-20,80	432,64	304,58	0,42	0,18
2	392	385	153664	71,20	5069,44	392,66	-7,66	58,69
3	185	193	34225	-135,80	18441,64	194,48	-1,48	2,19
4	152	162	23104	-168,80	28493,44	162,88	-0,88	0,78
5	480	478	230400	159,20	25344,64	476,91	1,09	1,18
6	461	455	212521	140,20	19656,04	458,72	-3,72	13,85
7	232	238	53824	-88,80	7885,44	239,48	-1,48	2,18
8	290	298	84100	-30,80	948,64	295,01	2,99	8,96
9	401	408	160801	80,20	6432,04	401,28	6,72	45,19
10	315	323	99225	-5,80	33,64	318,94	4,06	16,48
		Sumas=	1141864		112737,60			149,68

Media, $\bar{X}$ = 320,8
sy/x= 4,3255
s_a= 0,0129
s_b= 4,3532

3° A partir de estas desviaciones se determina el intervalo de confianza para la pendiente y la ordenada. Para ello determinamos el valor de t para un nivel de confianza del 95% y 8 (10-2) grados de libertad, que según las tablas del Apéndice 5, resulta: t = 2,306.

Calculando:

$$a \pm t \cdot s_a = 0,9574 \pm 2,306 \cdot 0,0129 = 0,9574 \pm 0,0297 = 0,957 \pm 0,03$$

$$b \pm t \cdot s_b = 17,36 \pm 2,306 \cdot 4,3532 = 17,38 \pm 10,04 = 20 \pm 10$$

*Puesto que el intervalo de la pendiente está comprendido entre 0,987 y 0,927 y no incluye el 1, sucediendo lo mismo para la ordenada en el origen al no incluir el cero entre 30 y 10, se concluye que **si hay diferencias significativas entre los dos métodos**, para un nivel de confianza del 95%.*

Comentario: esto indica que aunque existe una relación lineal, no son métodos que se puedan aplicar en todo el intervalo que sugiere la recta Y (enzimático) = X (colorimétrico).

El principal inconveniente de este test es que para buscar los coeficientes de la recta de regresión utiliza el método de mínimos cuadrados, el cual considera al método situado en el eje de las X como libre de error. No obstante, se ha desarrollado un test conjunto para la ordenada en el origen y la pendiente considerando errores en los dos métodos analíticos, lo que permite llevar a cabo la comparación de dos métodos analíticos, teniendo en cuenta los errores reales asociados a cada uno de los métodos que se comparan (J. Riu y F.X. Rius, 1996).

PROCEDIMIENTOS DE CALIDAD APLICADOS AL LABORATORIO

1. Introducción

Los laboratorios de análisis y control merecen especial atención, ya que su campo de trabajo se extiende más allá de la realización de simples pruebas, y numerosas decisiones se realizan en base a un ensayo de control, que va desde controlar la contaminación ambiental (aguas, aire, suelo) a emitir un diagnóstico en una enfermedad o certificar la calidad de un material. Las decisiones que se toman en base a estos resultados pueden tener un alto coste y de ahí la importancia del Control de Calidad.

Para que estos resultados sean "válidos", un laboratorio de control de calidad debe cumplir con los principios de buenas prácticas de laboratorio (BPL), y las pruebas que realice han de estar debidamente normalizadas, validadas e interpretadas. Para ello, debe establecerse un sistema de calidad adecuado, desarrollado en el Manual de Control de Calidad, donde se defina la estructura organizativa, las responsabilidades, los procedimientos, los procesos y los recursos necesarios para cumplir con los objetivos.

2. Funciones de un Laboratorio de Control de Calidad

La función primordial de un laboratorio de control de calidad es efectuar pruebas que evalúen la calidad de los productos.

Estas pruebas tienen un **objetivo general**, que es establecer procedimientos para garantizar la calidad de los productos mediante la detección de posibles desviaciones, corrección de fallos, mejoramiento de la eficiencia y reducción de costes.

Como **objetivos específicos** de estas pruebas, están:
- *revisar el cumplimiento de las especificaciones* del producto terminado.
- *verificar si el producto se ajusta a las especificaciones* descritas entre proveedor y cliente.
- *supervisar la calidad de un producto* ante la sospecha de un problema operativo.

3. Selección de métodos, procedimientos y pruebas de laboratorio

Los métodos de ensayo son procedimientos técnicos adecuados para determinar una o más características específicas de un producto o material.

Existen cuatro opciones principales para la selección de los métodos:

- *oficiales*: establecidos por normativas oficiales que han sido validados antes de ser designados como oficiales.

- *normalizados o estándar*: estudiados y validados por organizaciones tipo ISO, UNE. Se trata de métodos normalizados, que se aplican exactamente como están descritos en la norma y son métodos probados y validados exhaustivamente, aunque si un laboratorio desea adoptarlos para su uso rutinario por primera vez, debe realizar pruebas de validación para garantizar que el método es adecuado para su utilización.

- *modificados de un método de ensayo normalizado*: en el que se han introducido modificaciones significativas para su uso rutinario a partir de uno ya existente. Estos métodos deberán someterse a un proceso de validación, ya que las modificaciones hechas a los métodos descritos en la norma pueden tener una repercusión sobre la calidad de los resultados.

- *internos*: elaborados por el propio laboratorio, y que no se encuentran disponibles para otros laboratorios, surgiendo como resultado de una investigación para definir, mejorar o perfeccionar los ensayos. Estos métodos deben ser validados.

- *científicos*: publicados en revistas científicas que constituyen una buena fuente de métodos nuevos, pero que deben ser tratados con precaución, pues necesitan ser validados antes de su aplicación definitiva.

4. Validación de métodos

Validar un método consiste en verificar y documentar su validez, esto es, adecuarlo a unos determinados requisitos establecidos.

La validación es una demostración experimental de que un sistema general (p.e. proceso analítico) o particular (ej. muestreo, toma de datos) funciona a lo largo del tiempo y realiza lo que se espera de él.

La validación puede hacerse analizando un conjunto de muestras que han sido determinadas por otro método o por otro laboratorio.

Para que un método se considere "validado", deberá cumplir los siguientes requisitos:

- *precisión*: grado de concordancia entre los resultados obtenidos al emplear el mismo método a alícuotas de la misma muestra. La precisión es la medida de la variabilidad que se introduce en las operaciones internas de laboratorio (preparación, y medida) y en las operaciones externas al laboratorio, como son, el muestreo, transporte y almacenamiento. Se expresa con la desviación estándar, desviación estándar relativa ($RSD\,(\%) = CV = \dfrac{s}{x} \cdot 100$) o varianza.

El cálculo de la precisión debe estar acompañado de la información lo más completa posible: operador, instrumentos, aparatos, estándares, tiempo. Cuanto más diferentes sean las condiciones experimentales, mayores serán las causas de variabilidad, y por lo tanto, menor la precisión. El cálculo de la precisión se realiza mediante la comparación de los resultados obtenidos del análisis de muestras "duplicadas".

- *exactitud*: grado de concordancia entre el resultado obtenido experimentalmente en la media de *n* resultados y el valor verdadero. La exactitud, puede referirse a un resultado o a un método y en el caso de referirse a este último, se habla de sesgo. Para calcularlo, se compara el promedio de los valores obtenidos ($\bar{x}$) con el valor de referencia certificado (μ), teniendo en cuenta la incertidumbre asociada a ese material y la diferencia da como resultado el sesgo del método: $s = \bar{x} - \mu$.

- *repetibilidad*: dispersión de resultados de ensayos independientes, usando el mismo método, la misma muestra, en el mismo laboratorio, por el mismo operador, el mismo equipo y en un corto intervalo de tiempo. Es una medida de la variabilidad (varianza) interna y resulta una imagen de la máxima precisión que el método pueda alcanzar.

- *reproducibilidad*: dispersión de resultados de ensayos independientes, utilizando el mismo método, la misma muestra pero en diferentes condiciones: diferentes operadores, diferentes equipos o diferentes laboratorios. La reproducibilidad necesita una especificación de las diferentes condiciones experimentales, siendo las más frecuentes: entre días, entre operadores y entre laboratorios.
La reproducibilidad es un reflejo de la máxima dispersión (mínima precisión) que un proceso de medida puede alcanzar.

- *especificidad*: característica de un método o técnica que indica que dicho método o técnica no responde a ninguna otra propiedad más que la que se intenta medir.

- *selectividad*: propiedad del método de medida que proporciona capacidad de producir resultados que solo dependen del componente determinado, siendo el grado de selectividad inversamente proporcional al grado de interferencias, entendiendo éstas, como perturbaciones que alteran una, varias o todas las etapas del proceso de medida. De esto, se deduce que la selectividad está directamente relacionada con la exactitud.

En el proceso de la determinación analítica de un componente, la selectividad se evalúa:

- *agregando un componente que interfiera*, en cantidades sucesivas y evaluando su influencia.

- *probando una muestra estándar certificada*, con una composición conocida y semejante a la de la muestra. Si se encuentra el valor correcto, el procedimiento es específico.

- *sensibilidad*: *c*ociente entre el incremento de la respuesta de un instrumento de medida y el incremento correspondiente de la señal de entrada.

Para un método de análisis, la sensibilidad (*S*) se define como la pendiente (*a*) de la curva de calibrado, ya que ésta define la razón de cambio de la propiedad medida por unidad de concentración.

La sensibilidad de un ensayo se mide por un número que expresa la cantidad mínima detectable y se denomina *límite de detección*.

Aunque no existe un acuerdo total, va en aumento la tendencia a definir e*l límite de detección* como la concentración que proporciona una señal en el instrumento significativamente diferente de la señal del "blanco" o señal de fondo (ruido) con un determinado nivel de probabilidad, que para el caso del 99,7%, resulta: $LD = \dfrac{Y_B + 3s_B}{a}$, donde s_B es la desviación estándar de los blancos, a la pendiente de la recta de calibrado e Y_B la ordenada en el origen de la curva de calibrado, que corresponde a la señal del *blanco*.

El *blanco* es una muestra libre del componente a determinar con el mismo tratamiento que una muestra habitual (mismos reactivos, mismo material, mismo instrumental).

Los procedimientos de determinación del límite de detección, se obtienen a partir de:

- *mediciones repetidas del blanco*, válido solamente para procedimientos con blanco. El límite de detección, como mínima concentración detectada y diferenciada del blanco, se determina aplicando la fórmula vista anteriormente.

- *mediciones repetidas de soluciones* con una concentración entre 2,5-5 veces la relación señal/ruido del instrumento de medida a utilizar.

Nº muestras	Valor de t, (99%)
3	6,96
4	4,54
5	3,75
6	3,36
7	3,14
8	3,00
9	2,90
10	2,82

El *Límite de detección* se calcula multiplicando el valor estadístico de *t*, generalmente para un nivel de confianza de *99%*, por la desviación estándar obtenida de un mínimo de 7 lecturas, donde el parámetro *t* estadístico es obtenido de tablas como la anexa.

Ejemplo

En un kit de determinación del Nitrógeno amoniacal en agua, el proveedor proporciona un límite de detección de 0,04 mg/L. El análisis de 7 muestras con una concentración de 0,1 mg/L dio los resultados que se muestran en la tabla.

Muestra Nº	mg/L N
1	0,104
2	0,093
3	0,096
4	0,100
5	0,112
6	0,113
7	0,088

Determinar el límite de detección

1º Para determinar el límite de detección, calculamos el valor de la desviación estándar y el valor de t para n-1 grados de libertad y una probabilidad de 0,01 (nivel de confianza del 99%).

Muestra Nº	mg/L N
1	0,104
2	0,093
3	0,096
4	0,100
5	0,112
6	0,113
7	0,088
Media =	0,10086
Desviación estándar =	0,00942
Valor de t =	3,143

El límite de detección se determina como el producto de t (1 cola) por la desviación estándar, según:

$$LD = t \cdot s = 3,143 \cdot 0,00942 = 0,0296 \ mg/L$$

El valor de t se puede ver en la tabla del Apéndice 5, donde su cruza el área en una cola de 0,01 (1-0,99) con 6 (7-1) grados de libertad.

Redondeando a un dígito significativo, da un límite de detección de LD = 0,03 mg/L, inferior al límite de detección proporcionado por el proveedor.

*Comentario: En este caso se observa por el test realizado que el kit **si** cumple las especificaciones proporcionadas por el proveedor.*

- linealidad: capacidad de un instrumento de medición para proporcionar una indicación que tenga una relación lineal con la magnitud determinada. En el proceso de análisis es la parte de calibración en la que la señal obtenida para el analito responde "linealmente" a la concentración. El límite inferior es el *límite de cuantificación*. Se verifica la linealidad mediante la obtención de coeficientes de correlación, mayores o iguales a 0,995.

Para determinar el intervalo de linealidad:

      1º se prepara un blanco y seis concentraciones diferentes del componente a determinar. Las soluciones deben prepararse independientemente y no a partir de diluciones de una más concentrada.

      2º se representa la señal en función de la concentración y se determina el intervalo de linealidad

      3º se determinan los límites superior e inferior del intervalo de trabajo que para un método analítico son los niveles más bajo y más alto de concentraciones que pueden ser determinados con la precisión y exactitud requeridas para una determinada muestra.

      4º Se repiten los pasos 1 y 2 dentro del intervalo lineal y se efectúa un estudio estadístico de los resultados obtenidos.

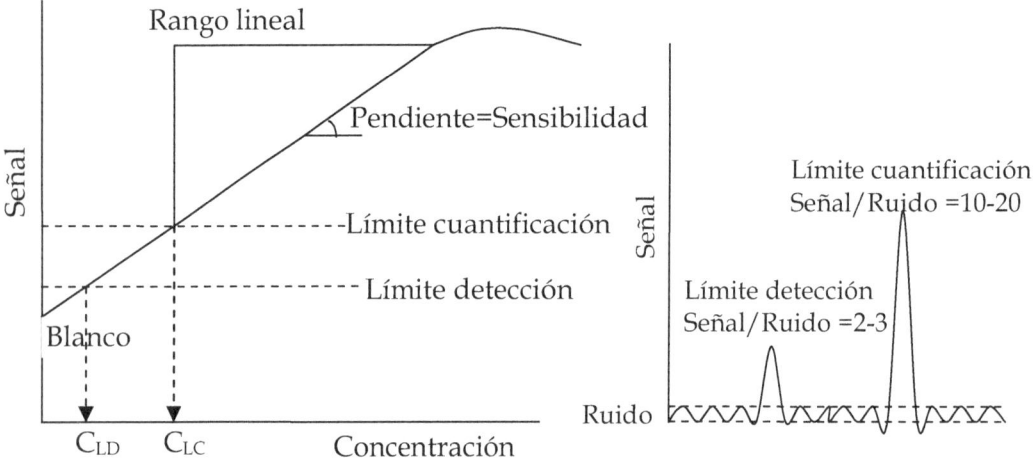

El límite inferior del rango lineal se denomina *Límite de cuantificación o límite de determinación cuantitativa (LC)* y corresponde a la cantidad o concentración mínima de analito que puede ser determinada de forma cuantitativa con un determinado nivel de probabilidad, y se define como: $LC = \dfrac{Y_B + 10 \cdot s_B}{a}$, donde el valor 10 es un valor asignado por la IUPAC que representa una imprecisión aceptable del orden del 10%, según: $CV(\%) = \dfrac{s_B}{LC} \cdot 100 = \dfrac{s_B}{10 s_B} \cdot 100 = 10\%$.

Ejemplo

Muestra N°	Blanco
1	0,002
2	0,003
3	0,002
4	0,004
5	0,001
6	0,002
7	0,003
8	0,001
9	0,002
10	0,004

Para determinar el límite de detección del Vanadio por absorción atómica se hicieron 10 réplicas del blanco, obteniéndose los resultados que se muestran en la tabla anexa.

Sabiendo que la curva de calibrado para esa determinación es: A = 0,002 + 0,100.C (mg/L)

a) Calcular el límite de detección b) el límite de cuantificación del método.

$1°$ Determinamos la desviación estándar de la muestra y el valor de la ordenada en el origen Y_B, resultando: $s_B = \sqrt{\dfrac{\sum_{1}^{10}(x_i - x)^2}{10-1}} = 0{,}0011$; $Y_B = 0{,}0024$ *(media de la medida de los blancos).*

$2°$ Calculamos el límite de detección: $LD = \dfrac{Y_B + 3 \cdot s_B}{a} = \dfrac{0{,}0024 + 3 \cdot 0{,}0011}{0{,}1000} = 0{,}057\ mg/L$ *,*

siendo 0,1000 la pendiente de la recta de calibrado: A = 0,002 + 0,100C (mg/L).

Análogamente, el límite de cuantificación se determina como:

$$LC = \dfrac{Y_B + 10 \cdot s_B}{a} = \dfrac{0{,}0024 + 10 \cdot 0{,}0011}{0{,}1000} = 0{,}134\ mg/L$$

Comentario: Sería a partir de esta concentración, donde deberíamos medir nuestros patrones para poder cuantificar la muestra.

- *robustez*: es la habilidad de proporcionar resultados con exactitud y precisión bajo una variedad de condiciones, o dicho de otra forma, la resistencia al cambio cuando se varían ligeramente las condiciones experimentales.

El objetivo de la prueba de robustez es optimizar el procedimiento y establecer condiciones para que se puedan obtener resultados suficientemente exactos, de manera que funcione con un nivel de confianza alto (95%) si se utiliza en otros laboratorios o después de intervalos largos de tiempo, siendo un método tanto más robusto, cuanto menos dependa de los resultados del ensayo en las condiciones establecidas.

Para determinar la robustez de un procedimiento analítico pueden modificarse algunas condiciones del análisis y ver sus consecuencias, tanto en los resultados como en los parámetros estadísticos establecidos, siendo una parte importante de la robustez, la estabilidad de todas las muestras, estándares y reactivos, tanto en el almacenamiento como durante las condiciones de ensayo.

- *recuperación*: consiste en añadir a la muestra el componente en concentración conocida y similar a la que se espera encontrar en la muestra. Para determinar la recuperación del analito, una muestra o blanco se divide en dos porciones y a una se le añade una alícuota de concentración conocida del componente. A continuación, empleando el método a evaluar, se determina la concentración del componente para ambas alícuotas: la muestra fortificada (C_{MF}) y la muestra original (C_{MO}).

La fracción porcentual de recuperación $(\% \ R)$ se calcula de acuerdo a la siguiente expresión: $\% R = \dfrac{C_{MF} - C_{MO}}{C_A} \cdot 100$ donde C_A es la concentración del analito añadido a la muestra (o blanco) para fortificarla.

En el caso ideal, $\% \ R$ debe ser significativamente igual a 100, indicando la ausencia de errores sistemáticos y, en caso de no resultar 100, debe corregirse el resultado final con un factor de corrección. Los ensayos de recuperación aplicados a muestras de blanco son utilizados para evaluar la idoneidad del procedimiento analítico (validación) y es una forma de sustituir los materiales de referencia certificados.

Ejemplo

Un analista transfiere 100 ml de un agua residual a un vaso y lo etiqueta como original. Otra alícuota de 100 ml es puesta en otro vaso y lo etiqueta como "fortificada". A estos 100 ml de efluente se añaden 5 ml de una solución estándar de 10 mg/l de N amoniacal. Después de analizar las dos muestras, los resultados han sido:

Muestra	Concentración
Original	0,46
Fortificada	0,93

Determinar el porcentaje de Recuperación.

1° Calculamos la concentración de N de la solución añadida en la muestra fortificada, como:

$$V_i \times C_i = V_f \times C_f \Rightarrow C_f = \frac{V_i \times C_i}{V_f} = 5 \ mL \times \frac{10 \ mg/L}{105 \ mL} = 0,48 \ mg/L, \ \textit{donde } V_i, \ C_i, \ \textit{son el}$$

volumen y concentración inicial de la solución añadida y V_f, C_f, son el volumen y concentración final de N en el volumen total de la muestra.

A partir de la ecuación determinamos el % Recuperación, como:

$$\%R = \frac{C_{MF} - C_{MO}}{C_A} \cdot 100 = \frac{0,93 - 0,46}{0,48} \cdot 100 = 98\%$$

Comentario: en mediciones experimentales puede perderse parte del componente a determinar, especialmente en el caso de tratamientos complejos de muestras o cuando se encuentre en cantidades traza, dando lugar a porcentajes de recuperación mucho menores.

5. Tipos de Validación

Según el tipo, la validación tiene dos objetivos fundamentales:

- *validación intrínseca*: asegurar la calidad de la información generada. Esta validación puede hacerse de una forma global de todo el proceso o por etapas, mediante la validación de los distintos aspectos del proceso (muestreo, reactivos, equipos, instrumentos, etc.).

- *validación extrínseca*: garantizar la coherencia entre la información analítica generada y las necesidades informativas planteadas por la sociedad, industria, ciencia, etc. Para realizar esta validación, debemos contrastar los resultados con las necesidades informativas del cliente.

En la validación intrínseca, lo que se valida es la información generada por sí misma, mientras que en la extrínseca la información generada es valorada por los efectos que produce en la sociedad.

5.1 Validación intrínseca

Una validación intrínseca consiste en caracterizar un proceso de medición a través de las propiedades o características del mismo, pudiéndose llevar a cabo por distintas vías.

En el caso del proceso de análisis, pueden ser:

- *análisis de varias réplicas*: es la vía más simple para comprobar que un método funciona correctamente y consiste en realizar análisis repetidos a partir de muestras diferentes (no alícuotas de la misma muestra). Garantiza la ausencia de errores de muestreo, pero no de método.

-*comparación con métodos alternativos*: cualquier diseño de métodos alternativos requiere una validación comparativa de los resultados obtenidos en el nuevo método con el de otros métodos estándar. Por lo general, se requieren muestras estándar de composición fija, conocida y estable.

- *utilización de materiales de referencia certificados* (CRMs) o estándares de calibración: aplicando el método propuesto al material de referencia y comparando el valor obtenido con el valor de referencia.

Un material de referencia es un material o sustancia que tiene una o varias de sus propiedades, suficientemente bien establecidas, que permiten su utilización para:
- *calibrar un aparato* o instrumento.
- *calibrar un método* de ensayo.
- *asignar valores* a un material o sistema.

Los materiales de referencia tienen gran importancia ya que son un componente clave de todo programa de calidad. En el análisis químico se utilizan materiales de referencia para garantizar la exactitud y ajustar los resultados a un sistema válido de medidas.

Los materiales de referencia pueden ser gases, líquidos o sólidos, puros o en mezclas, que permiten la transferencia de los valores medidos entre un lugar (laboratorio, país) y otros, ofreciendo a todos los operadores una base para obtener medidas exactas. Estos materiales se clasifican en:
- *material de referencia interno ("Internal Reference Material": IRM)*: material preparado por un laboratorio para exclusivo uso interno.
- *material de referencia externo ("External Reference Material": ERM)*: suministrado por un laboratorio ajeno al del propio usuario.
- *material de referencia estándar ("Standard Reference Material": SRM)*: es aquel material de referencia, certificado por un organismo internacional como el National Institute of Standards and Technology (NIST) de U.S.A. o el Bureau of Certified Reference Materials (BCRM) de la Comunidad Europea.

- comparación con otros laboratorios (ensayos de intercomparación): la aptitud de un laboratorio para conocer la calidad del método analítico es participar en **programas de intercomparación** con otros laboratorios, donde un organismo independiente evalúa los resultados, tanto en exactitud como en precisión sobre muestras extraídas de un mismo material homogéneo, enviadas a los laboratorios participantes.

Los resultados de intercomparación permiten corregir los errores de funcionamiento del método y, una vez comprobada la calidad del mismo, obtener la homologación del laboratorio para realizar los ensayos.
Los ensayos de intercomparación o ensayos interlaboratorios se definen como una serie de medidas realizadas independientemente sobre uno o varios componentes por un cierto número de laboratorios sobre un material dado.

En caso de no organizarse intercomparaciones oficiales o provenientes de proveedores reconocidos, se pueden realizar en su lugar comparaciones con otros laboratorios ($n \geq 7$), utilizando métodos como el *método z*.

En la mayoría de los programas de intercomparación se evalúan los resultados individuales de cada laboratorio participante mediante una puntuación z basada en la medida de la diferencia del resultado de un laboratorio particular respecto al valor asignado, medido en unidades de desviaciones estándar y aplicando la siguiente fórmula: $z = \dfrac{(x_i - \bar{x})}{s_z}$, donde x_i es el resultado obtenido por el laboratorio i, $\bar{x}$ es el valor asignado o de consenso, utilizándose en la mayoría de los casos la media o la mediana de los resultados obtenidos por todos los laboratorios participantes y s_z es la desviación estándar utilizada en la medición de la puntuación z, siendo éste el factor de mayor influencia en la determinación de la puntuación z.

En la mayoría de los casos se utiliza como **valor asignado**, la media ó la mediana de los resultados obtenidos por todos los laboratorios participantes. No obstante, el valor asignado se obtiene mejor utilizando un material de referencia certificado y en los casos que esto no sea posible el valor asignado es el valor medio obtenido mediante el análisis de una muestra por laboratorios de prestigio, pudiendo ser también un valor de consenso obtenido por la mayoría de laboratorios que participan en el ensayo.

Para estimar la **desviación estándar**, s_z se utilizan métodos como:
- *estudios de reproducibilidad con réplicas* de cada análisis, obteniéndose la denominada "desviación estándar de reproducibilidad", utilizada en el cálculo de la puntuación z.

  Para una muestra duplicada, el coeficiente de variación en porcentaje es: $CV\,(\%) = \dfrac{s_z}{\bar{x}} \times 100 = \sqrt{\dfrac{\sum [(a_i - b_i)/x_i]^2}{2n}} \times 100$, siendo los parámetros a_i y b_i valores de las mediciones duplicadas de la misma muestra i, n es el número de parejas de los datos duplicados de varias muestras y x_i es la media de los resultados duplicados de la misma muestra.

- *modelo de precisión de Horwitz*: después de reunir una gran cantidad de ensayos interlaboratorios, coordinados por la Association of Official Analytical Chemist (AOAC), W. Horwitz dedujo un modelo de precisión que relaciona el coeficiente de variación, CV (expresado como potencia de 2) y la concentración media del analito. De esta forma, se puede calcular el CV, independientemente del método utilizado y el analito en cuestión. La fórmula a aplicar es: $CV_{Horwitz} = 2^{(1-0,5logC)}$, donde CV es el coeficiente de variación y C es la concentración media del analito, expresada en potencia de 10.

Esta ecuación indica que el $CV_{Horwitz}$ solo depende de la concentración y no del analito o del método.

En la tabla siguiente, se presentan valores resultantes de la ecuación de Horwitz, que se suelen utilizar como criterio de evaluación de la precisión. Se ha propuesto que los valores de CV resultan sospechosos si son mayores que dos veces los valores que se muestran en la siguiente tabla.

Concentración de analito en la muestra		$CV_{Horwitz}$	Tipo de análisis
1 ppb	10^{-9}	45	
10 ppb	10^{-8}	32	Aflatoxinas
100 ppb	10^{-7}	23	
1 ppm	10^{-6}	16	Elementos traza
10 ppm	10^{-5}	11	
100 ppm	10^{-4}	8	Fármacos en alimentos
0.1 %	10^{-3}	5.6	
1 %	10^{-2}	4	Fármacos
10 %	10^{-1}	2.8	
100 %	1	2	Sustancias puras (100%)

Está claro, que cuanto menor sea el valor de z mejor resultará la aptitud del laboratorio. La interpretación de la puntuación z es la siguiente:
- **Satisfactorio: $|z| \leq 2$**
- **Cuestionable: $2 < |z| < 3$**
- **No satisfactorio: $|z| \geq 3$**

La puntuación z no se calcula para los resultados anómalos. Obviamente, todos **los resultados anómalos** son **no satisfactorios**.

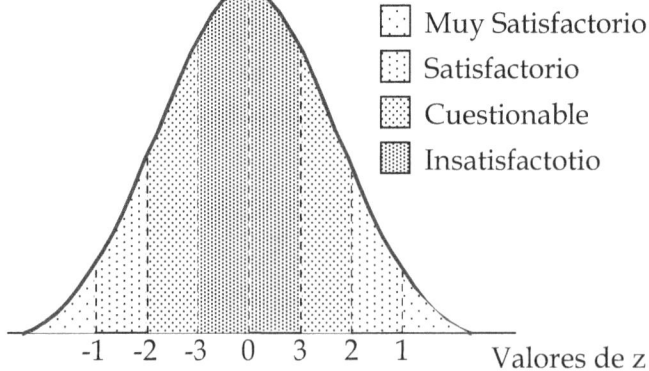

Muy Satisfactorio
Satisfactorio
Cuestionable
Insatisfactotio

-1 -2 -3 0 3 2 1   Valores de z

Ejemplo

Con el fin de validar varios laboratorios el análisis de Nitrógeno, se analizaron dos harinas comerciales previamente homogeneizadas y separadas aleatoriamente en submuestras de 250 g.

Laboratorio	Nitrógeno, como proteínas		
	M-1	M-2	M-3
1	11,69	11,69	11,63
2	12,19	12,19	12,25
3	11,50	11,56	11,56
5	12,75	11,50	11,05
9	10,99	10,90	10,91
11	10,30	10,30	10,30
12	12,19	12,19	12,25
13	12,13	12,13	12,25
17	11,63	11,63	11,50
20	11,06	11,06	11,13
21	12,00	12,01	12,06
23	9,38	9,63	9,56
24	11,50	12,10	11,30

Las muestras fueron numeradas y asignadas a cada laboratorio que participaba en el ensayo. Los datos enviados por los laboratorios son los que se muestra en la tabla. Indica el valor de z para cada laboratorio y el grado de satisfacción de cada uno de los laboratorios.

Para resolver el problema, se sigue el siguiente procedimiento:

a) Tratamiento estadístico de los resultados: se procede a aplicar a los resultados el test de Grubbs para datos sospechosos, con el fin de eliminar datos anómalos.

1° Calculamos la media de los tres resultados (M-1, M-2 y M-3) enviados por cada laboratorio.

2° Calculamos la media y la desviación estándar de todas las medias, según:

Laboratorio	Media	Test Grubbs	
1	11,67	0,3	
2	12,21	1,0	
3	11,54	0,1	
4	11,77	0,4	
5	10,93	0,6	
6	10,30	1,4	
7	12,21	1,0	
8	12,17	0,9	
9	11,58	0,2	
10	11,08	0,4	
11	12,02	0,7	
12	9,52	2,4	*T crítico = 2,32*
13	11,63	0,3	
Media =	11,43		
Desviación estándar =	0,798		

205

$3°$ *Aplicamos el test de Grubbs para rechazar datos anómalos, calculando el valor T, como el cociente entre la diferencia entre el valor más alejado (sospechoso) de la media y la desviación estándar según:* $T = \dfrac{|x_n - \bar{x}|}{s} = \dfrac{|9,52 - 11,43|}{0,798} = 2,4$

$4°$ *Se compara este valor con el valor crítico de las tablas del Apéndice 10 y si T calculado > T crítico, se elimina el valor. Como vemos T crítico, para 13 datos y un nivel de significación del 5%, es de 2,32 (valor interpolado), menor que 2,4 y por tanto el dato aportado por el laboratorio n° 12 se rechaza con un nivel de confianza del 95 %.*

b) Evaluación de los laboratorios participantes, utilizando el cálculo del parámetro z. El parámetro z se define como: $z = \dfrac{(x_i - \bar{x})}{s_z}$ *donde x_i es el resultado obtenido por el laboratorio i, $\bar{x}$ el valor asignado o de consenso y s_z es la desviación estándar de las medias aceptadas.*

Como ejemplo, para el laboratorio 6: $z = \dfrac{(x_i - \bar{x})}{s_z} = \dfrac{(10,30 - 11,593)}{0,579} = -2,2 \Rightarrow |z| = 2,2$

En la tabla se muestran el resto de resultados y teniendo en cuenta el valor de z se procede a su calificación y validación, como:
- *Satisfactorio $|z| <= 2$*
- *Cuestionable $2< |z| < 3$*
- *No satisfactorio $|z| >= 3$*

Laboratorio	Media	Valor de Z	Calificación
1	11,67	0,1	S
2	12,21	1,1	S
3	11,54	0,1	S
4	11,77	0,3	S
5	10,93	1,1	S
6	**10,30**	**2,2**	**C**
7	12,21	1,1	S
8	12,17	1,0	S
9	11,58	0,0	S
10	11,08	0,9	S
11	12,02	0,7	S
13	11,63	0,1	S
Media	11,593		
Desviación estándar:	0,579		

Comentario: Los valores del laboratorio número 6 resultan cuestionables y deberían ser repetidos o no admitidos.

Tema X

PROCEDIMIENTOS DE CALIDAD APLICADOS AL MUESTREO

1. Introducción

En la producción industrial, el control de calidad necesita inspeccionar gran cantidad de elementos. No es posible inspeccionar el 100% de los elementos, debido a que:

- desde el punto de vista económico no es viable.
- la fatiga del operador da lugar a resultados no satisfactorios, que se estiman en una ineficacia del 20%.

Con el fin de evitar el muestreo total, se utiliza el **muestreo de aceptación,** por el cual se procede a inspeccionar una muestra de unidades extraídas de un lote con el fin de aceptar o rechazar todo el lote.

El **muestreo por aceptación** es útil en situaciones cuando:
1. la prueba es destructiva.
2. el coste de una inspección al 100% es muy alto.
3. la inspección al 100% no es tecnológicamente factible.
4. la inspección de muchos artículos y la tasa de errores de inspección es lo suficientemente alta para una inspección al 100%.

Ejemplo
Un laboratorio recibe un lote de filtros de muestreo de aire de cierto proveedor. Se selecciona una muestra del lote y se inspecciona alguna característica (retención del 99.99% de partículas de ftalato de dioctilo de 0.3 mm) de calidad a todos los productos seleccionados.

En base al plan de muestreo firmado entre proveedor y cliente se tomará una decisión: aceptar o rechazar todo el lote. Si el lote es aceptado, pasa directamente a ser utilizado, pero si el lote es rechazado, entonces, se devuelve al proveedor o podría estar sujeto a alguna otra disposición, como inspección de todos los productos del lote (inspección 100%) pagada por el proveedor.
En la figura se resumen las decisiones a tomar mediante un diagrama de flujo.

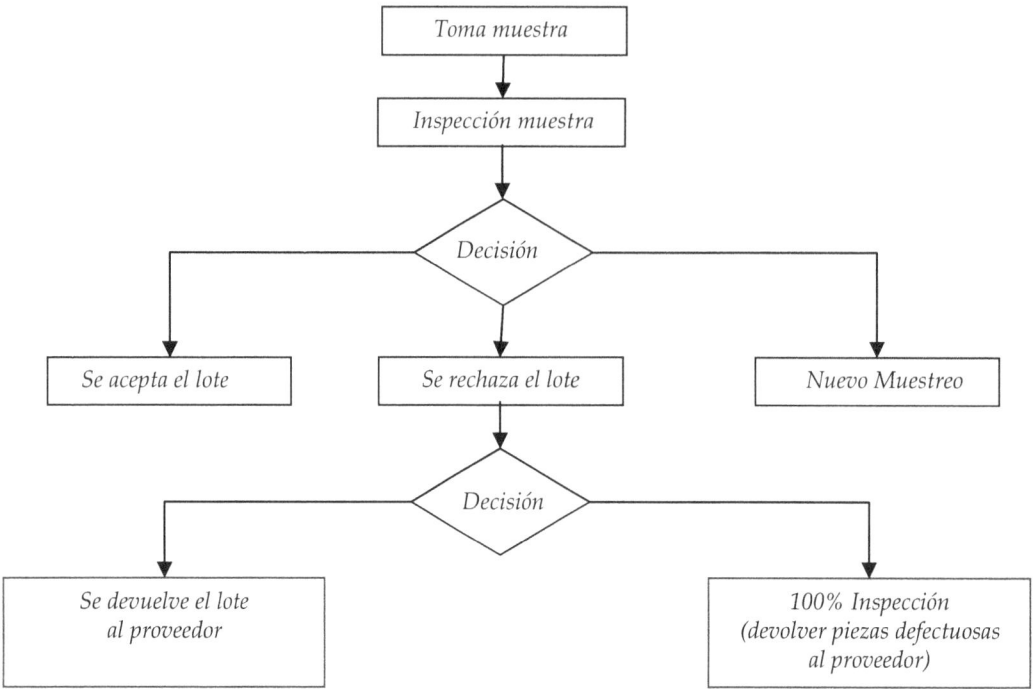

Entre las **ventajas** que tiene el muestreo por aceptación, están**:**

- menor coste, en general, pues requiere menos inspección.
- menor manipulación del producto, reduciendo los daños.
- se aplica en el caso de pruebas destructivas.
- menos personal implicado en las actividades de inspección.
- reduce notablemente la cantidad de errores de inspección.

Entre las **desventajas**, encontramos que:

- existe el riesgo de aceptar lotes "malos" y rechazar lotes "buenos".
- proporciona menos información sobre el nivel de calidad del producto.
- necesita mayor tiempo en la planificación y documentación del procedimiento de muestreo.

2. Tipos de planes de muestreo

Una primera clasificación de los planes de muestreo para aceptación de materiales podría ser la diferencia entre planes de muestreo:

- *por atributos*: se basan en la presencia o ausencia de una determinada característica, que se expresa en forma de aceptable o no aceptable.

- *variables*: se basan en la observación de la variación de una característica medible en una escala numérica. Con las mediciones, se calcula un estadístico, que comparado con un valor preestablecido permite aceptar o rechazar el lote.

2.1 Muestreo de aceptación por atributos

En el plan de muestreo por atributos (n, c), se inspeccionan muestras aleatorias de n unidades, tomadas de lotes de tamaño N, y se observa el número de unidades defectuosas d en las muestras, tomando la decisión:

    - Si el número de unidades defectuosas d es menor o igual que c, se acepta el lote.
    - Si el número de unidades defectuosas d es mayor que c, se rechaza el lote.

Entre los planes por atributos se encuentran los muestreos simple, doble y múltiple.

2.1.1 Muestreo simple

En el plan de muestreo simple se toma una muestra aleatoria de n unidades del lote para su estudio, determinando el destino del lote en base a la información contenida en la muestra.

El plan de muestreo simple consiste en extraer una muestra aleatoria de tamaño n, e inspeccionarla sobre la base de aceptación o rechazo para encontrar c o menos unidades defectuosas.

    - Si en la muestra se encuentran c o menos unidades defectuosas, el lote es aceptado.
    - Si en la muestra hay más de c unidades defectuosas, el lote es rechazado.

Ejemplo
Un plan de muestreo N = 5000, n = 150, y c = 2 significa que de un lote de 5000 unidades se inspeccionan 150 y si entre éstas se encuentra 2 o menos unidades defectuosas, el lote completo es aceptado, pero si se encuentran 3 o más piezas defectuosas, el lote es rechazado.

2.1.2 Muestreo doble

Un plan de muestro doble tiene dos etapas. En la primera etapa, se selecciona una muestra inicial y se toma una decisión basada en la información de esta muestra.

Esta decisión puede llevar a tres alternativas:
    - aceptar el lote
    - rechazar el lote
    - tomar una segunda muestra y combinar la información de ambas muestras para decidir sobre la aceptación o el rechazo del lote.

Un plan de muestreo doble está definido por N: tamaño del lote, n_1: tamaño de la primera muestra, c_1: número de aceptación para la primera muestra, n_2: tamaño de la segunda muestra y c_2: número de aceptación para las dos muestras.

Ejemplo

Un lote de N = 2000 unidades con el plan de muestreo $n_1 = 50$, $c_1 = 1$, $n_2 = 50$, $c_2 = 3$, indica que se toma una muestra inicial de 50 unidades y con base a la información aportada por esta primera muestra se toma una de las tres decisiones siguientes:

- Aceptar el lote, cuando la cantidad de unidades defectuosas sea menor o igual que el primer número de aceptación ($c_1=1$), no siendo necesaria una segunda muestra.

- Rechazar el lote, cuando el número de piezas defectuosas sea mayor que el segundo número de aceptación ($c_2=3$).

- Tomar una segunda muestra de 50 unidades, cuando el número de piezas defectuosas detectadas en la primera muestra sea mayor que 1 (c_1) pero no exceda de 3 (c_2). Si al sumar la cantidad de unidades defectuosas en las dos muestras:

- es menor o igual a 3 (c_2), el lote es aceptado.

- es mayor que 3 (c_2), el lote es rechazado.

2.1.3 Muestreo múltiple.

Un plan de muestreo múltiple es una ampliación del concepto de muestreo doble a varias fases en el que pueden necesitarse más de dos muestras para llegar a una decisión a tomar con el lote. Los tamaños de la muestra suelen ser menores que en un muestreo simple o doble.

En general, con los planes de muestreo doble y múltiple se requiere menos inspección que con el simple, pero resulta más difícil de gestionar.

Los procedimientos pueden ser diseñados de forma que un lote con cierta calidad específica tenga exactamente la misma probabilidad de aceptación bajo los tres tipos de planes de muestreo.

2.1.4 Muestreo secuencial

Un plan de muestreo secuencial es una ampliación del muestreo múltiple a un número elevado de fases (teóricamente infinito), en el que se van seleccionando unidades del lote de una en una y según la inspección de cada unidad, se toma la decisión de aceptar, rechazar el lote o seleccionar otra unidad para seguir inspeccionando.

2.2 Muestreo continuo

El muestreo continuo se utiliza cuando el flujo del producto es continuo y no es factible formar lotes. En este tipo de muestreo se especifican dos parámetros: la frecuencia de control f y un número i, que representa las unidades sucesivas sin defectos.

La frecuencia f se expresa como *1/10, 1/20, 1/X*, etc. e i es un número como *20 ó 50*.

Cuando se inicia la inspección, el producto se revisa al 100% hasta una cantidad de i unidades libres de defectos. En este momento, uno de cada X es inspeccionado.

Si $f = 1/10$, una de cada 10 unidades será verificada, continuando el muestreo hasta que se encuentre una unidad defectuosa, y en ese momento se reanudará el ciclo comenzando de nuevo el 100% de inspección.

Ejemplo

Un plan de muestreo continuo con i = 50 y f = 0,2 se aplica a una producción de 1000 unidades. Indica las unidades muestreadas, supuesto que no se encontraran unidades defectuosas.

- Cantidad inspeccionada al 100 %: 50 unidades
- Cantidad inspeccionada muestreo parcial: 0,2x(1000-50) =190 unidades
- Cantidad total inspeccionada: 240 unidades

En caso de que encontráramos alguna unidad defectuosa en el proceso de muestreo por intervalos, se reanudará el ciclo, comenzando de nuevo el 100% de inspección.

3. Muestreo de aceptación por variables

En los planes de muestreo de aceptación por variables, se toma una muestra aleatoria del lote y se mide una característica de calidad (longitud, peso…etc.). Con las mediciones se calcula un estadístico, que generalmente está en función de la media, la desviación estándar muestral, las especificaciones, y el valor de este estadístico se compara con un valor crítico, para aceptar o rechazar el lote.

Ventajas:
1. Se puede obtener el estadístico, de la misma curva característica de operación, con un tamaño muestral menor que el requerido por un plan de muestreo por atributos.
2. Cuando se utilizan pruebas destructivas, el muestreo por variables es particularmente útil para reducir los costos de inspección.
3. Los datos de mediciones proporcionan, normalmente, más información sobre el proceso de manufactura del lote que los datos por atributos.

Desventajas:
1. Se debe conocer la distribución de la característica de calidad
2. Se debe de usar un plan para cada característica de calidad que hay que inspeccionar.
3. Es posible que el uso de un plan de muestreo por variables lleve al rechazo de un lote, aunque la muestra que se inspecciona, realmente no tenga ningún artículo defectuoso.

4. Métodos de obtención de los parámetros de muestreo

Se trata de obtener los valores del tamaño de la muestra n y el valor de aceptación c, partiendo de los datos de tamaño del lote N y del Nivel de calidad aceptable (*NCA*). Para ello, entre otros métodos, se utilizan:

- *gráficos,* con las *curvas características de operación* para un determinado tamaño muestral y un número de aceptación.
- *tablas características,* como las *MIL-STD-105D,* conjunto de tablas que establecen planes de muestreo de aceptación de lotes por atributos, basados en un nivel de calidad aceptable (NCA), previamente fijado.

4.1 Curva característica de operación

La eficiencia de un plan de muestreo se puede describir por una curva característica de operación. La curva característica de operación (CO) describe la probabilidad de aceptar un lote en función de la calidad del lote y está caracterizada por:

- *el tamaño del lote "N"*, que es el número de unidades de producto de que consta el lote.
- *el tamaño de la muestra "n"*, que es el conjunto de una o varias unidades de producto extraídas al azar de un lote.
- *el número de aceptación "c"*, que es el número máximo de unidades defectuosas en una muestra que se permiten para aceptar el lote.
- *la proporción de unidades defectuosas "p"* en el lote.
- *forma de la curva*, que viene definida por el tamaño de la muestra "n" y el número de aceptación "c". Su forma en S indica que a medida que el porcentaje del lote no conforme aumenta, la probabilidad de aceptación disminuye, como era de esperar.

Históricamente, el muestreo de aceptación es parte del acuerdo entre el proveedor y el cliente, siendo el concepto: el cliente acepta el lote, siempre y cuando el porcentaje de lote no conforme esté por debajo de un nivel establecido. Esto produce la curva de operación ideal, que se muestra en el siguiente ejemplo.

Ejemplo

Supongamos que el acuerdo entre proveedor y cliente es del 2%. Esto significa que:

- cuando el porcentaje no conforme del lote está por debajo del nivel establecido (2%), la probabilidad de aceptación del lote es del 100%.

- cuando el porcentaje no conforme del lote está por encima del nivel establecido (2%), la probabilidad de aceptación del lote se reduce al 0%.

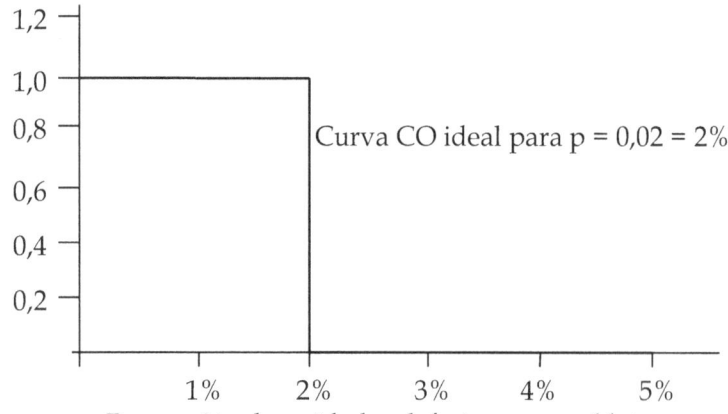

Curva CO ideal para p = 0,02 = 2%

Proporción de unidades defectuosas en el lote

La línea divisoria entre el 100% y 0% de aceptación se llama Nivel de Calidad Aceptable (NCA).

La curva de operación (CO) ideal para esta situación es la que se muestra en la figura.

Debido a que el muestreo real no permite la curva ideal CO, debemos tener en cuenta ciertos riesgos:

> *- El primer riesgo es que el cliente rechace un lote que cumple las condiciones establecidas*, es decir, el proceso de calidad es aceptable, pero debido a la aleatoriedad del proceso, hay demasiados elementos no conformes en la muestra. Esto se conoce como el riesgo del proveedor y se designa con la letra griega α. El punto asociado con $1 - \alpha$ se denomina nivel de calidad aceptable (*NCA*), siendo el riesgo del proveedor (α) la probabilidad de rechazar un lote que tenga el nivel de calidad aceptable (*NCA*).

> *- El segundo riesgo es que el cliente acepte un lote que no cumpla con las condiciones establecidas*, es decir, no hay muchos elementos no conformes en la muestra, por lo que el lote se acepta. Este se conoce como el riesgo del cliente y se designa con la letra griega β. El punto asociado con β se llama Nivel de calidad rechazable (*NCR*), siendo el riesgo para el cliente (β) la probabilidad de aceptar un lote que tenga un nivel de calidad rechazable (*NCR*).

La literatura contiene una serie de valores típicos de α y β, pero los valores comunes son el 5% y 10%.

En la curva que se describe a continuación se muestran estos valores, expresados en términos de probabilidad de aceptación.

Ejemplo
Según la curva que muestra la figura, un cliente plantea la necesidad de que su proveedor le envíe sólo aquellos lotes que sigan la curva característica de la figura.

Para ello se establece un plan simple de muestreo de aceptación. El tamaño de lote es grande y se establece que el porcentaje de unidades defectuosas que se considera aceptable es del 1 %, o sea, NCA = 1 %, y siguiendo la curva, se observa que para este nivel de calidad, la probabilidad de aceptar el lote es de 0,95 (1-α) ; por tanto, el proveedor corre un riesgo de que no le acepten el lote de 0,05 (α), ya que los lotes del proveedor, a pesar de que tengan una calidad aceptable (1%), tienen una probabilidad del 5% de que no se acepten en el muestreo.

También se acuerda, que el nivel de calidad que se considerará como no aceptable será del 5 %, o sea, NCR = 5 %. Y siguiendo la curva, se observa que para este nivel de calidad, la probabilidad de aceptar el lote es de 0,1. En este caso, el riesgo del cliente es de β = 0,10, y aunque los lotes del proveedor tengan un 5% de unidades defectuosas, tienen una probabilidad de que se acepten por parte del cliente, de un 10%.

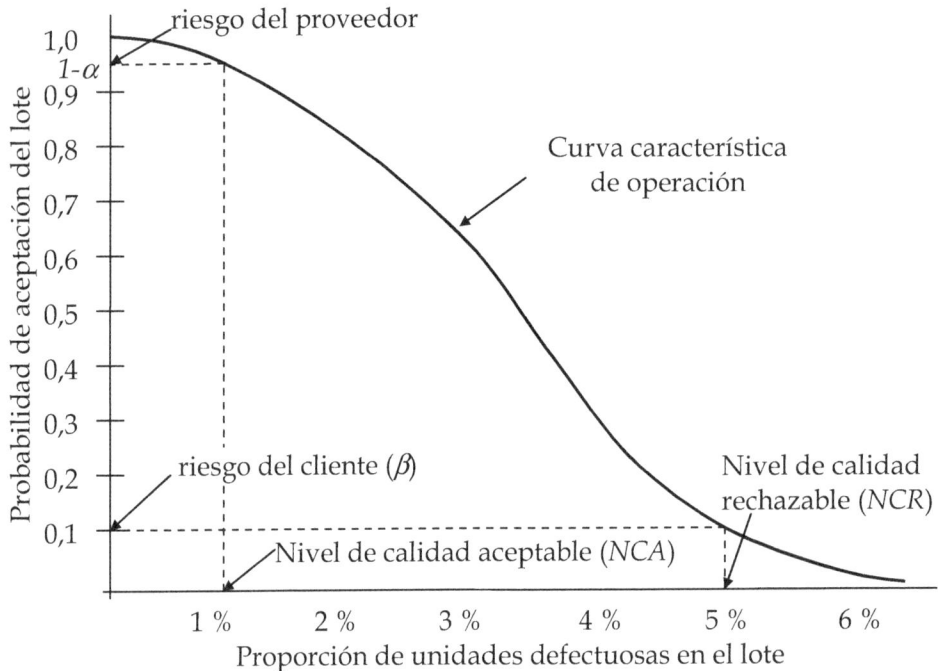

Basándonos en las tres distribuciones de probabilidad (hipergeométrica, binomial Poisson), podemos determinar la probabilidad de aceptación, para un determinado plan de muestreo.

Una curva *CO* se desarrolla, determinando la probabilidad de aceptación para varios valores de calidad que se representa como p, considerando la **probabilidad de aceptación** como la probabilidad de que el número de unidades defectuosas en la muestra sea igual o inferior al número de aceptación del plan de muestreo.

Los cálculos del plan de muestreo están basados en la **distribución binomial**, que se representa por la siguiente fórmula: $P(x) = \dfrac{n!}{x! \cdot (n-x)!} \cdot p^x \cdot (1-p)^{n-x}$, donde $P(x)$ representa la probabilidad de seleccionar x unidades defectuosas en una muestra de tamaño n y p representa el valor de la calidad de entrada, expresado en forma decimal ($1\% = 0{,}01$, $2\% = 0{,}02$, etc.).

Para cualquier valor de p, la probabilidad de aceptación **Pa** es la probabilidad de aceptar el lote con c o menos unidades defectuosas, donde c es el número de aceptación para el plan de muestreo.

Para un plan de muestreo con un número de aceptación de $c = 0$, $Pa = P(0)$, mientras que para un plan de muestreo con un número de aceptación de $c = 1$, $Pa = P(0) + P(1)$, y en general: $Pa = P(0) + P(1) + \dots P(c)$.

4.2 Cálculo del plan de muestreo, basado en la distribución binomial

La distribución binomial se utiliza cuando el lote es muy grande y supone que las probabilidades asociadas a todas las muestras son iguales.

Ejemplo

En el pasado, ha sido una práctica común para aquellos que no estaban familiarizados con el uso de planes de muestreo, utilizar una forma simplificada como "tomar como muestra el 10 % del lote y aceptarlo si no hay ninguna unidad defectuosa". Indicar si esta es una forma efectiva de muestreo.

Para ello, vamos a determinar la probabilidad de aceptación para un plan de muestreo con tamaños de lote, muestra y número de aceptación c = 0, según la tabla:

Tamaño del lote, N	50	100	250	500
Porcentaje muestreo	10%	10%	10%	10%
Tamaño muestra, n	5	10	25	50
Número de aceptación, c	0	0	0	0

Al estudiar las curvas, se observa que para pequeños lotes, tales como N= 50, usando un tamaño de muestra de n=5, resulta una probabilidad de aceptación del 90% para un lote que tiene el 2% (p =0,02) de unidades defectuosas.

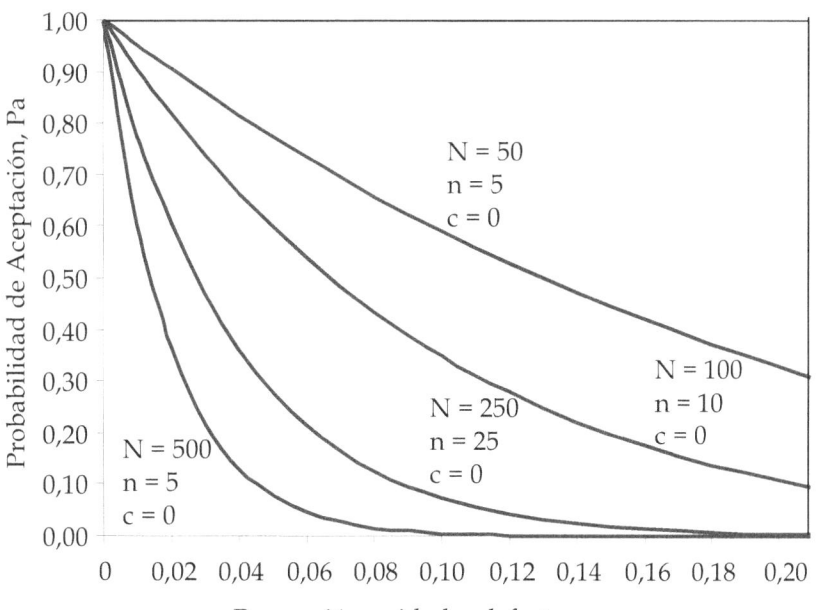

La fórmula utilizada para desarrollar esta curva con la hoja de cálculo Excel® es Pa = DISTR.BINOM(c;n;p;0), donde c =0 ; n=5, 10, 25 ,50 y p es la variable en el rango de 0,0001- 0,20, que se representa en el eje X de coordenadas.

Al ir aumentando el tamaño del lote, la Probabilidad de aceptación disminuye, como se puede ver en la gráfica y más detalladamente en la tabla:

Tamaño del lote, N	50	100	250	500
Porcentaje muestreo	10%	10%	10%	10%
Tamaño muestra, n	5	10	25	50
Número de aceptación, c	0	0	0	0
Proporción unidades defectuosas, p	0,02	0,02	0,02	0,02
$Pa = P(0) = \dfrac{n!}{0! \cdot (n-0)!} \cdot 0{,}02^{0} \cdot (0{,}98)^{n}$	0,9039	0,8171	0,6035	0,3642

Concluyendo, que tomar como muestra un porcentaje del lote no es efectivo en un plan de muestreo, ya que corremos el riesgo de aceptar el lote si este no es demasiado grande.

4.3 Cálculo del plan de muestreo, basado en la distribución hipergeométrica

La distribución hipergeométrica se utiliza para lotes aislados y finitos. En estos casos hay que considerar, en muestreo sin sustitución, que la probabilidad asociada a cada uno de los elementos del muestreo cambia, y por tanto, la distribución hipergeométrica es la más adecuada.

Ejemplo

Una opción al plan de muestreo anterior es tomar un tamaño de muestra fijo, independiente del tamaño de lote. Indicar la efectividad de la medida

Para ello vamos a determinar la probabilidad de aceptación para un plan de muestreo con un tamaño de muestra de 25 unidades y variando el tamaño del lote, según se muestra en la tabla:

Tamaño del lote, N	1000	200	100	50
Tamaño muestra, n	25	25	25	25
Número de aceptación, c	0	0	0	0

La distribución binomial se aplica cuando se consideran lotes procedentes de una producción continua, pero en este caso debemos comparar el tamaño de muestra fijo (25) con el tamaño del lote. Para ello, consideramos lotes aislados y finitos, entonces, la distribución exacta del número de artículos defectuosos en la muestra es la distribución hipergeométrica: $P(x) = \dfrac{\binom{D}{x} \times \binom{N-D}{n-x}}{\binom{N}{n}}$ *, donde P (x) representa la probabilidad de seleccionar x unidades defectuosas en una muestra de tamaño n, N es el tamaño del lote, n es el tamaño de la muestra y D es el número de elementos no conformes en el lote.*

Podemos utilizar esta ecuación para dibujar la curva OC para el lote aislado.

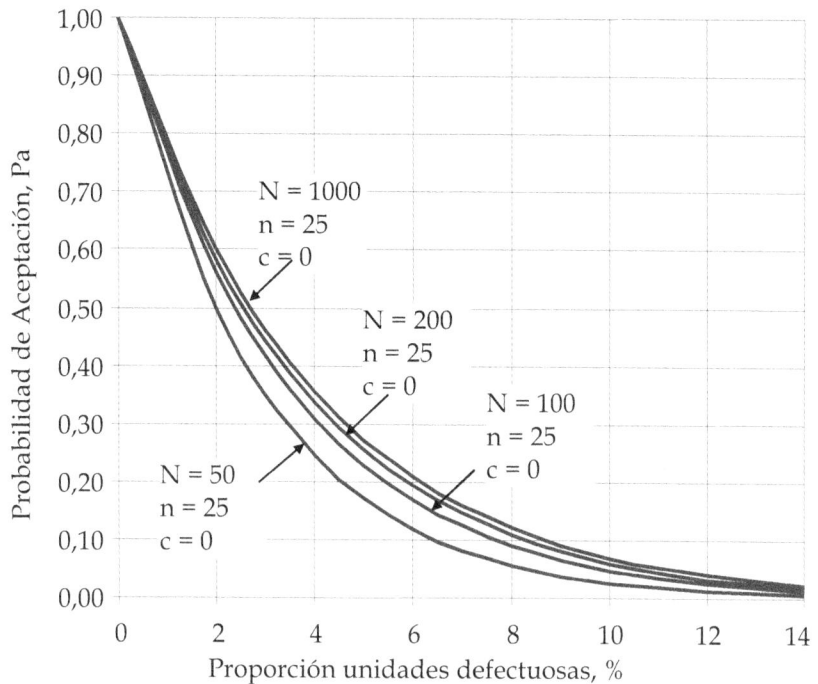

La fórmula utilizada para desarrollar esta curva con la hoja de cálculo Excel® es *Pa = DISTR.HIPERGEOM (c;n;D;N) donde c =0 ; n=25; N=1000, 200, 100,50 donde **D** es el número de elementos no conformes en el lote para cada uno de los porcentajes de piezas defectuosas representadas en el eje X en el rango de 1-14 %.*

Al estudiar la curva y tomando como ejemplo, una proporción de unidades defectuosas del 4%, se observa, que prácticamente todos los lotes tienen la misma probabilidad (~30-35%) de aceptar el lote, exceptuando el lote de 50 unidades, donde la probabilidad (~25%) es menor, aunque la muestra es excesiva (50%) para el tamaño del lote.

Al ir aumentando el tamaño del lote, la Probabilidad de aceptación aumenta, como puede verse en la gráfica y más detalladamente en la tabla. En particular, si el tamaño de lote es 10 veces mayor que el tamaño de muestra, el tamaño del lote influye poco en la probabilidad de aceptar el lote

Tamaño del lote, N	1000	200	100	50
Tamaño muestra, n	25	25	25	25
Número de aceptación, c	0	0	0	0
Proporción unidades defectuosas, p	0,04	0,04	0,04	0,04
Unidades defectuosas lote	40	8	4	2
$Pa = P(0) = \dfrac{\binom{D}{x} \times \binom{N-D}{n-x}}{\binom{N}{n}}$	0,3558	0,3366	0,3100	0,2449

Concluyendo: tomar un tamaño de muestra fijo, independiente del tamaño de lote, no es efectivo, ya que si el tamaño del lote es 10 veces menor que el tamaño de la muestra, la probabilidad de aceptar el lote se ve afectada por el tamaño del lote.

4.4 Tablas características de normas estándar

Una norma estándar como la Norma *MIL-STD-105E (E es la revisión)* esta basada en una norma militar desarrollada en la II Guerra Mundial, ante la necesidad de garantizar la calidad de suministros durante su producción en lotes.

Está basada en el *NCA* y se utiliza para controlar la proporción de defectos. La norma equivalente española es *UNE-66-020 (ISO 2859-1:1999)*, habiendo otras revisiones más actuales.

Un plan de muestreo de aceptación es un conjunto específico de procedimientos, en que los tamaños de lote, tamaños de muestra, criterio de aceptación y cantidad de inspección, están relacionados. Según el tipo de inspección, se clasifican como planes de inspección:

> - *normal*: plan que se utiliza cuando el proceso se considera que opera igual o ligeramente mejor que el *NCA*.
>
> - *rigurosa:* plan que usa estrictos criterios de aceptación, con mayor tamaño de muestra que el utilizado en la inspección normal. El principal objetivo de la inspección rigurosa o reforzada es ejercer presión sobre el proveedor, cuando la calidad es peor que el *NCA*, introduciendo una mayor tasa de rechazo.
>
> - *reducida:* plan que permite pequeños tamaños de muestra, menores de los que se utilizan en la inspección normal. Cuando el nivel de la calidad presentado es lo suficientemente bueno, la inspección reducida ofrece economía en el muestreo

Ejemplo

Se pueden considerar los siguientes planes de muestreo simple, con tres intensidades diferentes de inspección.

> *- Normal: n = 125, Ac = 1, Re = 2*
> *- Rigurosa: n = 200, Ac = 1, Re = 2*
> *- Reducida: n = 50, Ac = 0, Re = 1*

*Estos planes suelen contener reglas para cambiar de un plan a otro. Como ejemplo, se pasa de un plan **normal a riguroso**: cuando se rechazan 2 de 5 lotes, o menos de 5 lotes consecutivos; **riguroso a normal**: cuando 5 lotes consecutivos son aceptados; **normal a reducido**, cuando se considera que la producción se encuentra controlada (estado estacionario); **reducido a normal**: cuando se rechaza un lote ; **suspensión de la inspección**: cuando se rechazan 5 lotes consecutivos bajo inspección rigurosa.*

4.5 Procedimiento para la selección de un plan de muestreo.

Los pasos a seguir en un plan de muestreo son:

> 1º Seleccionar el *NCA*
>
> 2º Seleccionar el nivel de inspección.
>
> 3º Determinar el tamaño de lote.
>
> 4º Hallar la letra que corresponde de acuerdo al nivel de inspección
>
> 5º Determinar el tipo de plan (sencillo, doble o múltiple).
>
> 6º Seleccionar la tabla a utilizar.
>
> 7º Determinar el plan de muestreo.

En el siguiente esquema se muestra el procedimiento a seguir:

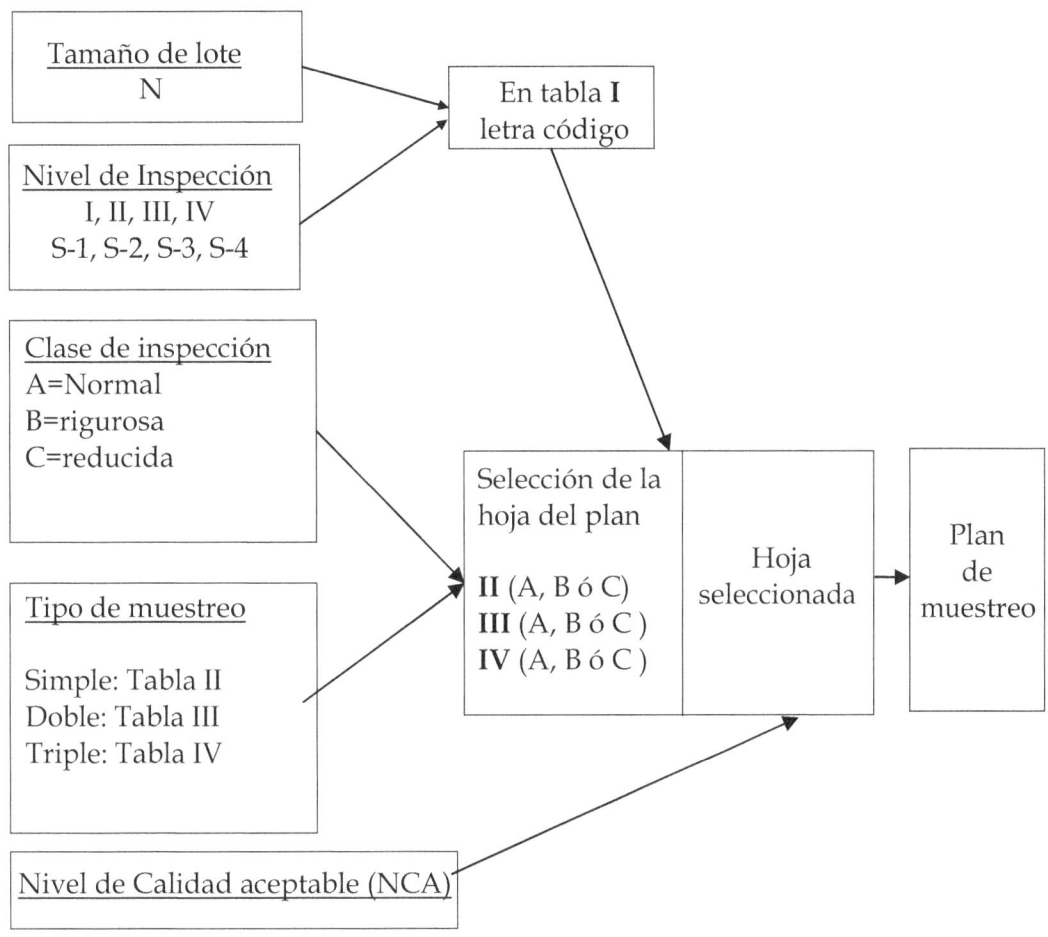

Ejemplo 1 tablas MIL – STD

Se desea realizar un plan de muestreo para lotes de 10000 unidades, siendo el objetivo, no aceptar ningún lote con más de 25 unidades defectuosas. Se hará una inspección de nivel II normal. Indica el Plan de muestreo a seguir.

1° Se determina el nivel de calidad aceptable. NCA: 25/10000 = 0,0025, que en porcentaje resulta 0,25 %.

*2° A partir del tamaño de lote N=10000 y un nivel de inspección normal II resulta la **letra L**, según la tabla I, que se muestra a continuación*

*3° Con la clase de inspección **Normal** y el Tipo de muestreo **Simple** se selecciona la **tabla II-A** del Apéndice 14 (Ver Nota).*

*4° Con la letra L y el nivel de calidad aceptable 0,25 % en la tabla II-A se encuentra un tamaño de muestra de **n =200** y el plan de aceptación es **Ac =1 y Re =2**, que nos indica que se aceptará el lote si de 200 unidades de muestra tiene 1 ó 0 defectuosas. En caso de 2 unidades defectuosas, se rechazaría el lote.*

Nota: En los Apéndices 14, 15 y 16 se reproduce parte de estas tablas. Para evitar errores, recurrir a la norma original.

TABLA I: LETRAS DE CÓDIGO DE TAMAÑO DE MUESTRA

Tamaño del lote	Niveles especiales de inspección				Niveles generales de inspección		
	S-1	S-2	S-3	S-4	I	II	III
2 ~ 8	A	A	A	A	A	A	B
9 ~ 15	A	A	A	A	A	B	C
16 ~ 25	A	A	B	B	B	C	D
26 ~ 50	A	B	B	C	C	D	E
51 ~ 90	B	B	C	C	C	E	F
91 ~ 150	B	B	C	D	D	F	G
151 ~ 280	B	C	D	E	E	G	H
281 ~ 500	B	C	D	E	F	H	J
501 ~ 1200	C	C	E	F	G	J	K
1201 ~ 3200	C	D	E	G	H	K	L
3201 ~ 10000	C	D	F	G	J	L	M
10001 ~ 35000	C	D	F	H	K	M	N
35001 ~ 150000	D	E	G	J	L	N	P
150001 ~ 500000	D	E	G	J	M	P	Q
500001 y superior	D	E	H	K	N	Q	R

Ejemplo 2 tablas MIL – STD

En aceptación de materiales nos llegan 10000 cajas de plástico y vamos a ver su resistencia. El nivel de inspección a utilizar es II (Nivel de inspección general, ya que los Niveles S se utilizan para ensayos destructivos). La inspección va a ser normal y el muestreo doble y el nivel de calidad aceptable (acordado entre proveedor y empresa) es del 4 %. Indica el Plan de muestreo a seguir.

*1° A partir del tamaño de lote N=10000, vamos a la tabla I y vemos que para una muestra entre 3201 y 10000 y un nivel de inspección normal II resulta la **letra L**, según la tabla I*

*2° Con la clase de inspección **Normal** y el Tipo de muestreo **Doble** se selecciona la tabla III-A*

3° Con la letra L y el nivel de calidad aceptable 4 % en la tabla III-A se encuentra un tamaño de muestra de 125 muestras en el primer muestreo y otras 125 en el segundo muestreo.

4° Se observa el plan de aceptación que resulta:

A	R
7	11
18	19

Esto nos indica que en el primer muestreo rechazamos el lote si hay 11 unidades defectuosas y lo aceptamos si hay 7 o menos defectuosas. En el segundo muestreo se rechaza si los defectos acumulados son de 19 y se acepta si hay 18 o menos de unidades defectuosas acumuladas.

Ejemplo 3 tablas MIL – STD

Nos llegan 1000 motores eléctricos y debemos hacer un plan de muestreo con una Inspección Normal, Nivel II, Muestreo Simple y con niveles de calidad NCA de 0,65; 1,5 y 4 (bastante habituales en la inspección). Indica el Plan de muestreo a seguir, para cada uno de los niveles de calidad.

En la tabla se muestran los resultados:

Plan de muestreo	Letra Código	Tamaño muestra	NCA, %	Plan aceptación
Simple, Normal, II	J	80	0,65	Ac= 1 Re= 2
Simple, Normal, II	J	80	1	Ac= 2 Re= 3
Simple, Normal, II	J	80	4	Ac= 7 Re= 8

Observar que a medida que disminuye el nivel de calidad aceptable (NCA) , para el mismo tamaño de muestra, el plan de aceptación es más riguroso.

1. Bertrand L. Hansen. Prabhakar M. Ghare "Control de Calidad: Teoría y Aplicaciones". Ed. Díaz de Santos

2. EPA " Laboratory Quality Control Manual"-2Ed. (1972)

3. J. M. Juran, Frank M. Gryna, R.S. Bingham "Manual de control de la calidad" Ed. Reverté

4. Kateman, G. And Buydens, L. "Quality Control in Analytical Chemistry" vol. 60 in. Elving, P.J. and Winefordner, J. D. (Eds.) "Chemical Analysis". John Wiley & Sons, N.Y., 1995.

5. Mario F. Triola "Elementary Statistics using Excel". Ed. Pearson

6. Massart D.L., Vandegintse B.G.M., Buydens L.M.C., De Jong S., Lewi P.J. and Smeyers-Miller, I., Freund, J.E. y Johnson, R.. "Probabilidad y Estadística para Ingenieros". Ed. Prentice-Hall Hispanoamericana.

7. Miller, J. C. And Miller, J. N. "Estadística y Quimiometría para Química Analítica".Ed. Prentice Hall.

8. Pearson E.S. and Hartley H.O. "Biometrika tables for statisticians"- 1976

9. Richard G. Rice, Duong D. Do "Applied Mathematics for Chemical Engineers" (Wiley Series in Chemical Engineering)

10. Rodríguez Alonso J.J. "Ensayos Físicos y fisicoquímicos". Ed. Cano-Pina

11. Rodríguez Alonso J.J. "Química y Análisis Químico". Ed. Cano-Pina

12. Spiegel, M.R. "Estadística". Ed. McGraw-Hill. (Serie Schaum.)

13. Stephen L R Ellison, Vicki J. Barwick, Trevor J. Duguid Farrant "Practical Statistics for the Analytical Scientist: A Bench Guide". RSC Publishing

14. Verbeke J., "Handbook of Chemometrics and Qualimetrics". Ed. Elsevier

Nota: La mayoría de las tablas publicadas son de dominio público, siendo generadas por programas tipo Excel®. Algunas otras se han reproducido solo en parte y para evitar errores, se debe acudir a fuentes originales como: "Biometrika tables for statisticians" of Pearson and Hartley (1976).

COMBINATORIA-1

Debido a que un gran número de problemas de probabilidad utilizan como instrumento la combinatoria, recordemos en este apartado las definiciones.

1. Variaciones ordinarias

Dados m objetos, denominaremos variaciones de orden n de estos m objetos a los grupos ordenados de n objetos, de tal forma que dos variaciones son distintas si tienen algún elemento distinto o si, teniendo los mismos elementos, estos están colocados en distinto orden.

Ejemplo

El numero de variaciones de orden n que se pueden obtener de m objetos viene dado por:

$V_n^m = \dfrac{m!}{(m-n)!}$ *donde m! se lee como m factorial y es igual al producto m.(m-1).(m-2).(m-3).....1*

Ejemplo

Cuántas banderas tricolor pueden hacerse con cuatro colores (blanco, rojo, azul, verde).

a) No entran todos los elementos en la combinación b) Sí importa el orden (blanco-rojo-azul es distinto de rojo-blanco-azul) c) No se repiten los elementos.

$$V_3^4 = \frac{m!}{(m-n)!} = \frac{4!}{(4-3)!} = \frac{4\cdot 3\cdot 2\cdot 1}{1} = 24$$

2. Combinaciones

Dados m objetos, llamaremos combinaciones de orden n a los distintos conjuntos que se pueden formar tomando n objetos, de forma que dos combinaciones son distintas si contienen al menos un elemento distinto.

El numero de combinaciones de orden n que se pueden obtener con m objetos viene dado

por: $C_n^m = \dfrac{m!}{n!\cdot(m-n)!}$

Ejemplo

De 10 objetos diferentes ¿Cuántos grupos de 3 se pueden formar?

a) No entran todos los elementos b) No importa el orden c) No se repiten los elementos

$$C_n^m = \frac{m!}{n!\cdot(m-n)!} = \frac{10!}{3!(10-3)!} = \frac{10\cdot 9\cdot 8\cdot 7!}{3!\cdot 7!} = \frac{720}{6} = 120$$

3. Permutaciones

Llamaremos permutaciones de m objetos a las distintas formas en que se pueden ordenar los m objetos. Observar que las permutaciones de m objetos son las variaciones V_m^m. El número de permutaciones de m objetos viene dado por $P_m = m!$. Obsérvese que las permutaciones de m objetos son las variaciones V_m^m

Ejemplo

Cuantos números se pueden formar con las cifras 1, 2, 3 usando cada cifra una sola vez.

a) Sí entran todos los elementos b) Sí importa el orden c) No se repiten los elementos

$$P_m = m! = 3! = 3\cdot 2\cdot 1 = 6$$

1. Variaciones con repetición

La definición es análoga a la de las variaciones ordinarias con la única diferencia de que en los grupos ordenados de n de los m objetos que dan lugar a las variaciones, estos pueden aparecer repetidos.

El número de variaciones con repetición de orden n que se pueden formar con m objetos es:

$$VR_n^m = m^n$$

Ejemplo

Indica los números de 2 cifras que pueden escribirse con los números 1, 2, 3, 4, 5.

a) No entran todos los elementos b) Sí importa el orden (12 es distinto de 21) c) Sí se repiten los elementos (11, 22, 33, 44, 55)

$$V_{R2}^5 = 5^2 = 25$$

2. Permutaciones con repetición

Dados m objetos, de los cuales h_1 son iguales entre si, h_2 son iguales entre si,..., h_k son iguales entre si, llamaremos permutaciones con repetición de esos m objetos a las distintas formas de ordenarlos. El numero de permutaciones de m objetos donde hay h_1; h_2; ...; h_k repetidos seria $P_m^{h_1,h_2,h_3....} = \dfrac{m!}{h_1!\cdot h_2!\cdot h_3!....}$

Ejemplo

Cuantas palabras se pueden formar con las letras de la palabra estadística.

a) Sí entran todos los elementos (11letras) b) Sí importa el orden c) Sí se repiten los elementos (las letras s, t, a, i se repiten dos veces)

$$P_m^{h_1,h_2,h_3....} = \frac{m!}{h_1!\cdot h_2!\cdot h_3!....} = \frac{11!}{2!\cdot 2!\cdot 2!\cdot 2!} = \frac{39916800}{16} = 2494800$$

3. Combinaciones con repetición

Llamaremos combinaciones con repetición de orden n a los grupos de n objetos elegidos de entre m y pudiendo ser distintos o repetidos, de forma que las combinaciones serán iguales solo cuando tengan los mismos objetos repetidos el mismo numero de veces.

El número total de estas combinaciones viene dado por: $C_{Rn}^m = C_n^{m+n-1}$

Ejemplo

En un almacén hay cinco tipos diferentes de botellas ¿De cuántas formas se pueden elegir dos botellas?

a) No entran todos los elementos b) No importa el orden c) Sí se repiten los elementos

$$C_{R2}^5 = C_2^6 = \frac{6!}{2!\cdot(6-2)!} = \frac{6\cdot 5\cdot 4!}{2!\cdot 4!} = \frac{30}{2} = 15$$

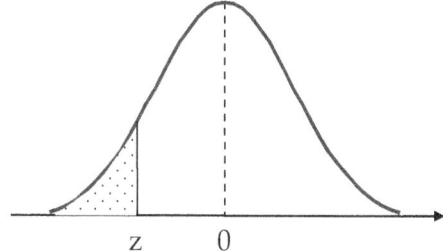

Tabla de Distribución normal estándar(z): Área acumulada desde la izquierda									
z	**0,00**	**0,01**	**0,02**	**0,03**	**0,04**	**0,05**	**0,06**	**0,07**	**0,08**	**0,09**
-3,0	0,0013	0,0013	0,0013	0,0012	0,0012	0,0011	0,0011	0,0011	0,0010	0,0010
-2,9	0,0019	0,0018	0,0018	0,0017	0,0016	0,0016	0,0015	0,0015	0,0014	0,0014
-2,8	0,0026	0,0025	0,0024	0,0023	0,0023	0,0022	0,0021	0,0021	0,0020	0,0019
-2,7	0,0035	0,0034	0,0033	0,0032	0,0031	0,0030	0,0029	0,0028	0,0027	0,0026
-2,6	0,0047	0,0045	0,0044	0,0043	0,0041	0,0040	0,0039	0,0038	0,0037	0,0036
-2,5	0,0062	0,0060	0,0059	0,0057	0,0055	0,0054	0,0052	0,0051	0,0049	0,0048
-2,4	0,0082	0,0080	0,0078	0,0075	0,0073	0,0071	0,0069	0,0068	0,0066	0,0064
-2,3	0,0107	0,0104	0,0102	0,0099	0,0096	0,0094	0,0091	0,0089	0,0087	0,0084
-2,2	0,0139	0,0136	0,0132	0,0129	0,0125	0,0122	0,0119	0,0116	0,0113	0,0110
-2,1	0,0179	0,0174	0,0170	0,0166	0,0162	0,0158	0,0154	0,0150	0,0146	0,0143
-2,0	0,0228	0,0222	0,0217	0,0212	0,0207	0,0202	0,0197	0,0192	0,0188	0,0183
-1,9	0,0287	0,0281	0,0274	0,0268	0,0262	0,0256	0,0250	0,0244	0,0239	0,0233
-1,8	0,0359	0,0351	0,0344	0,0336	0,0329	0,0322	0,0314	0,0307	0,0301	0,0294
-1,7	0,0446	0,0436	0,0427	0,0418	0,0409	0,0401	0,0392	0,0384	0,0375	0,0367
-1,6	0,0548	0,0537	0,0526	0,0516	0,0505	0,0495	0,0485	0,0475	0,0465	0,0455
-1,5	0,0668	0,0655	0,0643	0,0630	0,0618	0,0606	0,0594	0,0582	0,0571	0,0559
-1,4	0,0808	0,0793	0,0778	0,0764	0,0749	0,0735	0,0721	0,0708	0,0694	0,0681
-1,3	0,0968	0,0951	0,0934	0,0918	0,0901	0,0885	0,0869	0,0853	0,0838	0,0823
-1,2	0,1151	0,1131	0,1112	0,1093	0,1075	0,1056	0,1038	0,1020	0,1003	0,0985
-1,1	0,1357	0,1335	0,1314	0,1292	0,1271	0,1251	0,1230	0,1210	0,1190	0,1170
-1,0	0,1587	0,1562	0,1539	0,1515	0,1492	0,1469	0,1446	0,1423	0,1401	0,1379
-0,9	0,1841	0,1814	0,1788	0,1762	0,1736	0,1711	0,1685	0,1660	0,1635	0,1611
-0,8	0,2119	0,2090	0,2061	0,2033	0,2005	0,1977	0,1949	0,1922	0,1894	0,1867
-0,7	0,2420	0,2389	0,2358	0,2327	0,2296	0,2266	0,2236	0,2206	0,2177	0,2148
-0,6	0,2743	0,2709	0,2676	0,2643	0,2611	0,2578	0,2546	0,2514	0,2483	0,2451
-0,5	0,3085	0,3050	0,3015	0,2981	0,2946	0,2912	0,2877	0,2843	0,2810	0,2776
-0,4	0,3446	0,3409	0,3372	0,3336	0,3300	0,3264	0,3228	0,3192	0,3156	0,3121
-0,3	0,3821	0,3783	0,3745	0,3707	0,3669	0,3632	0,3594	0,3557	0,3520	0,3483
-0,2	0,4207	0,4168	0,4129	0,4090	0,4052	0,4013	0,3974	0,3936	0,3897	0,3859
-0,1	0,4602	0,4562	0,4522	0,4483	0,4443	0,4404	0,4364	0,4325	0,4286	0,4247
0,0	0,5000	0,4960	0,4920	0,4880	0,4840	0,4801	0,4761	0,4721	0,4681	0,4641

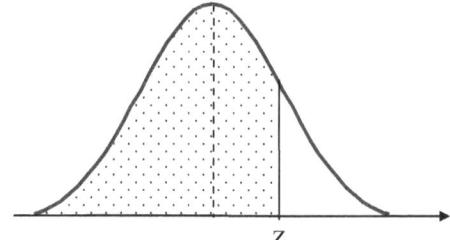

Tabla Distribución normal estándar(z): Área acumulada desde la izquierda									
z	0,00	0,01	0,02	0,03	0,04	0,05	0,06	0,07	0,08	0,09
0,0	0,5000	0,5040	0,5080	0,5120	0,5160	0,5199	0,5239	0,5279	0,5319	0,5359
0,1	0,5398	0,5438	0,5478	0,5517	0,5557	0,5596	0,5636	0,5675	0,5714	0,5753
0,2	0,5793	0,5832	0,5871	0,5910	0,5948	0,5987	0,6026	0,6064	0,6103	0,6141
0,3	0,6179	0,6217	0,6255	0,6293	0,6331	0,6368	0,6406	0,6443	0,6480	0,6517
0,4	0,6554	0,6591	0,6628	0,6664	0,6700	0,6736	0,6772	0,6808	0,6844	0,6879
0,5	0,6915	0,6950	0,6985	0,7019	0,7054	0,7088	0,7123	0,7157	0,7190	0,7224
0,6	0,7257	0,7291	0,7324	0,7357	0,7389	0,7422	0,7454	0,7486	0,7517	0,7549
0,7	0,7580	0,7611	0,7642	0,7673	0,7704	0,7734	0,7764	0,7794	0,7823	0,7852
0,8	0,7881	0,7910	0,7939	0,7967	0,7995	0,8023	0,8051	0,8078	0,8106	0,8133
0,9	0,8159	0,8186	0,8212	0,8238	0,8264	0,8289	0,8315	0,8340	0,8365	0,8389
1,0	0,8413	0,8438	0,8461	0,8485	0,8508	0,8531	0,8554	0,8577	0,8599	0,8621
1,1	0,8643	0,8665	0,8686	0,8708	0,8729	0,8749	0,8770	0,8790	0,8810	0,8830
1,2	0,8849	0,8869	0,8888	0,8907	0,8925	0,8944	0,8962	0,8980	0,8997	0,9015
1,3	0,9032	0,9049	0,9066	0,9082	0,9099	0,9115	0,9131	0,9147	0,9162	0,9177
1,4	0,9192	0,9207	0,9222	0,9236	0,9251	0,9265	0,9279	0,9292	0,9306	0,9319
1,5	0,9332	0,9345	0,9357	0,9370	0,9382	0,9394	0,9406	0,9418	0,9429	0,9441
1,6	0,9452	0,9463	0,9474	0,9484	0,9495	0,9505	0,9515	0,9525	0,9535	0,9545
1,7	0,9554	0,9564	0,9573	0,9582	0,9591	0,9599	0,9608	0,9616	0,9625	0,9633
1,8	0,9641	0,9649	0,9656	0,9664	0,9671	0,9678	0,9686	0,9693	0,9699	0,9706
1,9	0,9713	0,9719	0,9726	0,9732	0,9738	0,9744	0,9750	0,9756	0,9761	0,9767
2,0	0,9772	0,9778	0,9783	0,9788	0,9793	0,9798	0,9803	0,9808	0,9812	0,9817
2,1	0,9821	0,9826	0,9830	0,9834	0,9838	0,9842	0,9846	0,9850	0,9854	0,9857
2,2	0,9861	0,9864	0,9868	0,9871	0,9875	0,9878	0,9881	0,9884	0,9887	0,9890
2,3	0,9893	0,9896	0,9898	0,9901	0,9904	0,9906	0,9909	0,9911	0,9913	0,9916
2,4	0,9918	0,9920	0,9922	0,9925	0,9927	0,9929	0,9931	0,9932	0,9934	0,9936
2,5	0,9938	0,9940	0,9941	0,9943	0,9945	0,9946	0,9948	0,9949	0,9951	0,9952
2,6	0,9953	0,9955	0,9956	0,9957	0,9959	0,9960	0,9961	0,9962	0,9963	0,9964
2,7	0,9965	0,9966	0,9967	0,9968	0,9969	0,9970	0,9971	0,9972	0,9973	0,9974
2,8	0,9974	0,9975	0,9976	0,9977	0,9977	0,9978	0,9979	0,9979	0,9980	0,9981
2,9	0,9981	0,9982	0,9982	0,9983	0,9984	0,9984	0,9985	0,9985	0,9986	0,9986
3,0	0,9987	0,9987	0,9987	0,9988	0,9988	0,9989	0,9989	0,9989	0,9990	0,9990

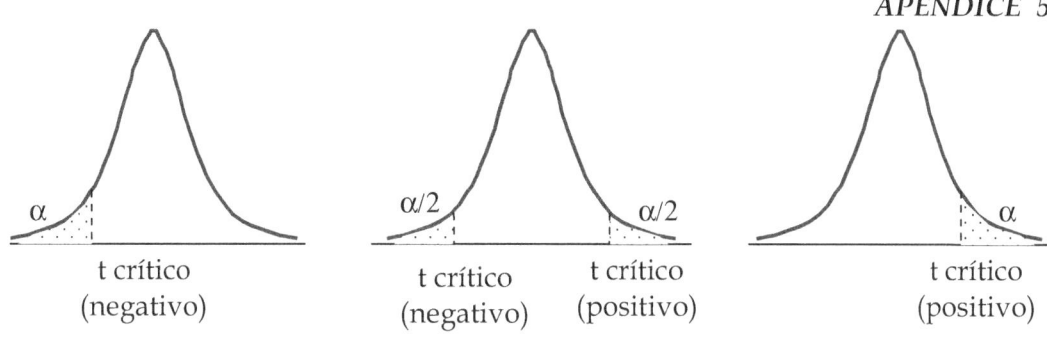

t crítico
(negativo)

t crítico
(negativo)

t crítico
(positivo)

t crítico
(positivo)

Tabla de Valores críticos Distribución de Student							
	Área en una cola						
Grados	0,4	0,25	0,1	0,05	0,025	0,01	0,005	0,0005
de	Área en dos colas						
Libertad	0,8	0,5	0,2	0,1	0,05	0,02	0,01	0,001
1	0,325	1,000	3,078	6,314	12,706	31,821	63,657	63,662
2	0,289	0,816	1,886	2,920	4,303	6,965	9,925	3,160
3	0,277	0,765	1,638	2,353	3,182	4,541	5,841	1,292
4	0,271	0,741	1,533	2,132	2,776	3,747	4,604	0,861
5	0,267	0,727	1,476	2,015	2,571	3,365	4,032	0,687
6	0,265	0,718	1,440	1,943	2,447	3,143	3,707	0,596
7	0,263	0,711	1,415	1,895	2,365	2,998	3,499	0,541
8	0,262	0,706	1,397	1,860	2,306	2,896	3,355	0,504
9	0,261	0,703	1,383	1,833	2,262	2,821	3,250	0,478
10	0,260	0,700	1,372	1,813	2,228	2,764	3,169	0,459
11	0,260	0,697	1,363	1,796	2,201	2,718	3,106	0,444
12	0,259	0,695	1,356	1,782	2,179	2,681	3,055	0,432
13	0,259	0,694	1,350	1,771	2,160	2,650	3,012	0,422
14	0,258	0,692	1,345	1,761	2,145	2,624	2,977	0,414
15	0,258	0,691	1,341	1,753	2,131	2,602	2,947	0,407
16	0,258	0,690	1,337	1,746	2,120	2,583	2,921	0,402
17	0,257	0,689	1,333	1,740	2,110	2,567	2,898	0,397
18	0,257	0,688	1,330	1,734	2,101	2,552	2,878	0,392
19	0,257	0,688	1,328	1,729	2,093	2,539	2,861	0,388
20	0,257	0,687	1,325	1,725	2,086	2,528	2,845	0,385
21	0,257	0,686	1,323	1,721	2,080	2,518	2,831	0,382
22	0,256	0,686	1,321	1,717	2,074	2,508	2,819	0,379
23	0,256	0,685	1,320	1,714	2,069	2,500	2,807	0,377
24	0,256	0,685	1,318	1,711	2,064	2,492	2,797	0,375
25	0,256	0,684	1,316	1,708	2,060	2,485	2,787	0,373
26	0,256	0,684	1,315	1,706	2,056	2,479	2,779	0,371
27	0,256	0,684	1,314	1,703	2,052	2,473	2,771	0,369
28	0,256	0,683	1,313	1,701	2,048	2,467	2,763	0,367
29	0,256	0,683	1,311	1,699	2,045	2,462	2,756	0,366
30	0,256	0,683	1,310	1,697	2,042	2,457	2,750	0,365
infinito	0,253	0,674	1,282	1,645	1,960	2,326	2,576	0,329

$\chi^2_{\text{crítico}}$

Grados de Libertad	Distribución de Chi cuadrado (χ^2)												
	Área a la derecha del valor crítico												
	0,995	0,99	0,975	0,95	0,9	0,75	0,5	0,25	0,1	0,05	0,025	0,01	0,005
1	0,000	0,000	0,001	0,004	0,016	0,102	0,455	1,323	2,706	3,841	5,024	6,635	7,879
2	0,010	0,020	0,051	0,103	0,211	0,575	1,386	2,773	4,605	5,991	7,378	9,210	10,597
3	0,072	0,115	0,216	0,352	0,584	1,213	2,366	4,108	6,251	7,815	9,348	11,345	12,838
4	0,207	0,297	0,484	0,711	1,064	1,923	3,357	5,385	7,779	9,488	11,143	13,277	14,860
5	0,412	0,554	0,831	1,145	1,610	2,675	4,351	6,626	9,236	11,071	12,833	15,086	16,750
6	0,676	0,872	1,237	1,635	2,204	3,455	5,348	7,841	10,645	12,592	14,449	16,812	18,548
7	0,989	1,239	1,690	2,167	2,833	4,255	6,346	9,037	12,017	14,067	16,013	18,475	20,278
8	1,344	1,647	2,180	2,733	3,490	5,071	7,344	10,219	13,362	15,507	17,535	20,090	21,955
9	1,735	2,088	2,700	3,325	4,168	5,899	8,343	11,389	14,684	16,919	19,023	21,666	23,589
10	2,156	2,558	3,247	3,940	4,865	6,737	9,342	12,549	15,987	18,307	20,483	23,209	25,188
11	2,603	3,053	3,816	4,575	5,578	7,584	10,341	13,701	17,275	19,675	21,920	24,725	26,757
12	3,074	3,571	4,404	5,226	6,304	8,438	11,340	14,845	18,549	21,026	23,337	26,217	28,300
13	3,565	4,107	5,009	5,892	7,042	9,299	12,340	15,984	19,812	22,362	24,736	27,688	29,819
14	4,075	4,660	5,629	6,571	7,790	10,165	13,339	17,117	21,064	23,685	26,119	29,141	31,319
15	4,601	5,229	6,262	7,261	8,547	11,037	14,339	18,245	22,307	24,996	27,488	30,578	32,801
16	5,142	5,812	6,908	7,962	9,312	11,912	15,339	19,369	23,542	26,296	28,845	32,000	34,267
17	5,697	6,408	7,564	8,672	10,085	12,792	16,338	20,489	24,769	27,587	30,191	33,409	35,718
18	6,265	7,015	8,231	9,390	10,865	13,675	17,338	21,605	25,989	28,869	31,526	34,805	37,156
19	6,844	7,633	8,907	10,117	11,651	14,562	18,338	22,718	27,204	30,144	32,852	36,191	38,582
20	7,434	8,260	9,591	10,851	12,443	15,452	19,337	23,828	28,412	31,410	34,170	37,566	39,997
21	8,034	8,897	10,283	11,591	13,240	16,344	20,337	24,935	29,615	32,671	35,479	38,932	41,401
22	8,643	9,542	10,982	12,338	14,041	17,240	21,337	26,039	30,813	33,924	36,781	40,289	42,796
23	9,260	10,196	11,689	13,091	14,848	18,137	22,337	27,141	32,007	35,172	38,076	41,638	44,181
24	9,886	10,856	12,401	13,848	15,659	19,037	23,337	28,241	33,196	36,415	39,364	42,980	45,559
25	10,520	11,524	13,120	14,611	16,473	19,939	24,337	29,339	34,382	37,652	40,646	44,314	46,928
26	11,160	12,198	13,844	15,379	17,292	20,843	25,336	30,435	35,563	38,885	41,923	45,642	48,290
27	11,808	12,879	14,573	16,151	18,114	21,749	26,336	31,528	36,741	40,113	43,195	46,963	49,645
28	12,461	13,565	15,308	16,928	18,939	22,657	27,336	32,620	37,916	41,337	44,461	48,278	50,993
29	13,121	14,256	16,047	17,708	19,768	23,567	28,336	33,711	39,087	42,557	45,722	49,588	52,336
30	13,787	14,953	16,791	18,493	20,599	24,478	29,336	34,800	40,256	43,773	46,979	50,892	53,672

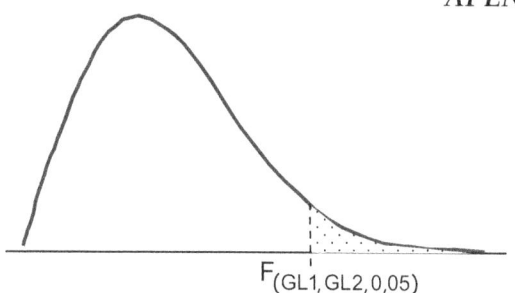

$$F_{(GL1, GL2, 0,05)}$$

Tabla Distribución de F (α =0,05 en la cola derecha)											
Grados de libertad del Numerador (GL1)											
GL2	1	2	3	4	5	6	7	8	9	10	12	15
1	161,45	199,50	215,71	224,58	230,16	233,99	236,77	238,88	240,54	241,88	243,91	245,95
2	18,513	19,000	19,164	19,247	19,296	19,330	19,353	19,371	19,385	19,396	19,413	19,429
3	10,128	9,552	9,277	9,117	9,014	8,941	8,887	8,845	8,812	8,786	8,745	8,703
4	7,709	6,944	6,591	6,388	6,256	6,163	6,094	6,041	5,999	5,964	5,912	5,858
5	6,608	5,786	5,410	5,192	5,050	4,950	4,876	4,818	4,773	4,735	4,678	4,619
6	5,987	5,143	4,757	4,534	4,387	4,284	4,207	4,147	4,099	4,060	4,000	3,938
7	5,591	4,737	4,347	4,120	3,972	3,866	3,787	3,726	3,677	3,637	3,575	3,511
8	5,318	4,459	4,066	3,838	3,688	3,581	3,501	3,438	3,388	3,347	3,284	3,218
9	5,117	4,257	3,863	3,633	3,482	3,374	3,293	3,230	3,179	3,137	3,073	3,006
10	4,965	4,103	3,708	3,478	3,326	3,217	3,136	3,072	3,020	2,978	2,913	2,845
11	4,844	3,982	3,587	3,357	3,204	3,095	3,012	2,948	2,896	2,854	2,788	2,719
12	4,747	3,885	3,490	3,259	3,106	2,996	2,913	2,849	2,796	2,753	2,687	2,617
13	4,667	3,806	3,411	3,179	3,025	2,915	2,832	2,767	2,714	2,671	2,604	2,533
14	4,600	3,739	3,344	3,112	2,958	2,848	2,764	2,699	2,646	2,602	2,534	2,463
15	4,543	3,682	3,287	3,056	2,901	2,791	2,707	2,641	2,588	2,544	2,475	2,403
16	4,494	3,634	3,239	3,007	2,852	2,741	2,657	2,591	2,538	2,494	2,425	2,352
17	4,451	3,592	3,197	2,965	2,810	2,699	2,614	2,548	2,494	2,450	2,381	2,308
18	4,414	3,555	3,160	2,928	2,773	2,661	2,577	2,510	2,456	2,412	2,342	2,269
19	4,381	3,522	3,127	2,895	2,740	2,628	2,544	2,477	2,423	2,378	2,308	2,234
20	4,351	3,493	3,098	2,866	2,711	2,599	2,514	2,447	2,393	2,348	2,278	2,203
21	4,325	3,467	3,073	2,840	2,685	2,573	2,488	2,421	2,366	2,321	2,250	2,176
22	4,301	3,443	3,049	2,817	2,661	2,549	2,464	2,397	2,342	2,297	2,226	2,151
23	4,279	3,422	3,028	2,796	2,640	2,528	2,442	2,375	2,320	2,275	2,204	2,128
24	4,260	3,403	3,009	2,776	2,621	2,508	2,423	2,355	2,300	2,255	2,183	2,108
25	4,242	3,385	2,991	2,759	2,603	2,490	2,405	2,337	2,282	2,237	2,165	2,089
26	4,225	3,369	2,975	2,743	2,587	2,474	2,388	2,321	2,266	2,220	2,148	2,072
27	4,210	3,354	2,960	2,728	2,572	2,459	2,373	2,305	2,250	2,204	2,132	2,056
28	4,196	3,340	2,947	2,714	2,558	2,445	2,359	2,291	2,236	2,190	2,118	2,041
29	4,183	3,328	2,934	2,701	2,545	2,432	2,346	2,278	2,223	2,177	2,105	2,028
30	4,171	3,316	2,922	2,690	2,534	2,421	2,334	2,266	2,211	2,165	2,092	2,015
40	4,085	3,232	2,839	2,606	2,450	2,336	2,249	2,180	2,124	2,077	2,004	1,925
60	4,001	3,150	2,758	2,525	2,368	2,254	2,167	2,097	2,040	1,993	1,917	1,836
120	3,920	3,072	2,680	2,447	2,290	2,175	2,087	2,016	1,959	1,911	1,834	1,751
infinito	3,842	2,996	2,605	2,372	2,214	2,099	2,010	1,938	1,880	1,831	1,752	1,666

	Probabilidad en dos colas			
	0,05	0,025	0.005	0.0005
	Probabilidad en una cola			
N	0,1	0,05	0,01	0,001
4	0,900	0,950	0,990	0,999
5	0,805	0,878	0,959	0,991
6	0,729	0,811	0,917	0,974
7	0,669	0,754	0,875	0,951
8	0,621	0,707	0,834	0,925
9	0,582	0,666	0,798	0,898
10	0,549	0,632	0,765	0,872
11	0,521	0,602	0,735	0,847
12	0,497	0,576	0,708	0,823
13	0,476	0,553	0,684	0,801
14	0,458	0,532	0,661	0,780
15	0,441	0,514	0,641	0,760
16	0,426	0,497	0,623	0,742
17	0,412	0,482	0,606	0,725
18	0,400	0,468	0,590	0,708
19	0,389	0,456	0,575	0,693
20	0,378	0,444	0,561	0,679
21	0,369	0,433	0,549	0,665
22	0,360	0,423	0,537	0,652
23	0,352	0,413	0,526	0,640
24	0,344	0,404	0,515	0,629
25	0,337	0,396	0,505	0,618
26	0,330	0,388	0,496	0,607
27	0,323	0,381	0,487	0,597
28	0,317	0,374	0,479	0,588
29	0,311	0,367	0,471	0,579
30	0,306	0,361	0,463	0,570
35	0,283	0,334	0,430	0,532
40	0,264	0,312	0,403	0,501
45	0,248	0,294	0,380	0,474
50	0,235	0,279	0,361	0,451
60	0,214	0,254	0,330	0,414
70	0,198	0,235	0,306	0,385
80	0,185	0,220	0,286	0,361
90	0,174	0,207	0,270	0,341
100	0,165	0,197	0,256	0,324
200	0,117	0,139	0,182	0,231
300	0,095	0,113	0,149	0,189
400	0,082	0,098	0,129	0,164
500	0,074	0,088	0,115	0,147
1000	0,052	0,062	0,081	0,104

Tabla de valores críticos para el coeficiente de correlación r de Pearson

Valores críticos de Q para el *TEST* de *DIXON*, y criterios para valores extremos

Datos	Nivel de confianza, %				Para x_1 sospechoso	Para x_n sospechoso
N	*99%*	*98%*	*96%*	*90%*		
3	0,994	0,988	0,976	0,941		
4	0,921	0,889	0,847	0,766	$Q = \dfrac{\lvert x_2 - x_1 \rvert}{\lvert x_n - x_1 \rvert}$	$Q = \dfrac{\lvert x_n - x_{n-1} \rvert}{\lvert x_n - x_1 \rvert}$
5	0,824	0,782	0,729	0,643		
6	0,744	0,698	0,646	0,563		
7	0,681	0,636	0,587	0,507		
8	0,724	0,682	0,633	0,554		
9	0,675	0,634	0,586	0,512	$Q = \dfrac{\lvert x_2 - x_1 \rvert}{\lvert x_{n-1} - x_1 \rvert}$	$Q = \dfrac{\lvert x_n - x_{n-1} \rvert}{\lvert x_n - x_2 \rvert}$
10	0,637	0,597	0,551	0,477		
11	0,708	0,674	0,636	0,575		
12	0,676	0,643	0,605	0,546	$Q = \dfrac{\lvert x_3 - x_1 \rvert}{\lvert x_{n-1} - x_1 \rvert}$	$Q = \dfrac{\lvert x_n - x_{n-2} \rvert}{\lvert x_{n-1} - x_1 \rvert}$
13	0,649	0,617	0,580	0,522		
14	0,672	0,640	0,603	0,546		
15	0,648	0,617	0,582	0,524		
16	0,630	0,598	0,562	0,505		
17	0,611	0,580	0,545	0,489		
18	0,594	0,564	0,529	0,475		
19	0,581	0,551	0,517	0,462		
20	0,568	0,538	0,503	0,450	$Q = \dfrac{\lvert x_2 - x_1 \rvert}{\lvert x_{n-2} - x_1 \rvert}$	$Q = \dfrac{\lvert x_n - x_{n-2} \rvert}{\lvert x_n - x_{31} \rvert}$
25	0,517	0,489	0,457	0,406		
30	0,484	0,456	0,425	0,376		
35	0,459	0,431	0,400	0,354		
40	0,438	0,412	0,382	0,337		
45	0,423	0,397	0,368	0,323		
50	0,410	0,384	0,355	0,312		

Los valores críticos que figuran en esta tabla se han calculado mediante la simulación de 10^5 experimentos aleatorios para cada valor, pudiendo no coincidir en algunos casos con otras tablas.

10.1 Tabla de Valores críticos de B4 cuando la desviación estándar poblacional es conocida				
	Nivel de significación			
	Valores extremos inferiores		Valores extremos superiores	
Tamaño muestra	1,00	5,00	1,00	5,00
2	0,02	0,09	3,64	2,77
3	0,19	0,43	4,12	3,31
4	0,43	0,76	4,40	3,63
5	0,66	1,03	4,60	3,86
6	0,87	1,25	4,76	4,03
7	1,05	1,44	4,88	4,17
8	1,20	1,60	4,99	4,29
9	1,34	1,74	5,08	4,39
10	1,47	1,86	5,16	4,47
11	1,58	1,97	5,23	4,55
12	1,68	2,07	5,29	4,62
13	1,77	2,16	5,35	4,68
14	1,86	2,24	5,40	4,74
15	1,93	2,32	5,45	4,80
16	2,01	2,39	5,49	4,85
17	2,07	2,45	5,54	4,89
18	2,14	2,51	5,57	4,93
19	2,20	2,57	5,61	4,97
20	2,25	2,62	5,65	5,01

10.2 Tabla Valores críticos para el test de Grubbs para datos anómalos					
Datos	Nivel de significación				
N	0,1	0,5	1	5	10
3	1,155	1,155	1,155	1,153	1,148
4	1,496	1,496	1,492	1,463	1,425
5	1,780	1,764	1,749	1,672	1,602
6	2,011	1,973	1,944	1,822	1,729
7	2,201	2,139	2,097	1,938	1,828
8	2,358	2,274	2,221	2,032	1,909
9	2,492	2,387	2,323	2,110	1,977
10	2,606	2,482	2,410	2,176	2,036
15	2,997	2,806	2,705	2,409	2,247
20	3,230	3,001	2,884	2,557	2,385
25	3,389	3,135	3,009	2,663	2,486
50	3,789	3,483	3,336	2,956	2,768
100	4,084	3,754	3,600	3,207	3,017

Tabla de Valores críticos de C1 cuando la desviación estándar es desconocida, pero existe una estimación independiente de la varianza.								
n	3	4	5	6	7	8	9	10
v (g.l.)	*Nivel de significación del 5%*							
10	2,01	2,27	2,46	2,60	2,72	2,81	2,89	2,96
11	1,98	2,24	2,42	2,56	2,67	2,76	2,84	2,91
12	1,96	2,21	2,39	2,52	2,63	2,72	2,80	2,87
13	1,94	2,19	2,36	2,50	2,60	2,69	2,76	2,83
14	1,93	2,17	2,34	2,47	2,57	2,66	2,74	2,80
15	1,91	2,15	2,32	2,45	2,55	2,64	2,71	2,77
16	1,90	2,14	2,31	2,43	2,53	2,62	2,69	2,75
17	1,89	2,13	2,29	2,42	2,52	2,60	2,67	2,73
18	1,88	2,11	2,28	2,40	2,50	2,58	2,65	2,71
19	1,87	2,11	2,27	2,39	2,49	2,57	2,64	2,70
20	1,87	2,10	2,26	2,38	2,47	2,56	2,63	2,68
24	1,84	2,07	2,23	2,34	2,44	2,52	2,58	2,64
30	1,82	2,04	2,20	2,31	2,40	2,48	2,54	2,60
v (g.l.)	*Nivel de significación del 1 %*							
10	2,78	3,10	3,32	3,48	3,62	3,73	3,82	3,90
11	2,72	3,02	3,24	3,39	3,52	3,63	3,72	3,79
12	2,67	2,96	3,17	3,32	3,45	3,55	3,64	3,71
13	2,63	2,92	3,12	3,27	3,38	3,48	3,57	3,64
14	2,60	2,88	3,07	3,22	3,33	3,43	3,51	3,58
15	2,57	2,84	3,03	3,17	3,29	3,38	3,46	3,53
16	2,54	2,81	3,00	3,14	3,25	3,34	3,42	3,49
17	2,52	2,79	2,97	3,11	3,22	3,31	3,38	3,45
18	2,50	2,77	2,95	3,08	3,19	3,28	3,35	3,42
19	2,49	2,75	2,93	3,06	3,16	3,25	3,33	3,39
20	2,47	2,73	2,91	3,04	3,14	3,23	3,30	3,37
24	2,42	2,68	2,84	2,97	3,07	3,16	3,23	3,29
30	2,38	2,62	2,79	2,91	3,01	3,08	3,15	3,21

Reglas para el uso de cifras significativas en cálculos estadísticos

1. La media suele contener un decimal más que los datos originales.
    Ejemplo : La media de 2, 3 y 5 se escribe como 3,3

2. Se redondea solamente al final del cálculo. En caso de redondear a la mitad de los cálculos, llevar el doble de decimales que lleve el resultado final.

3. Cuando se expresa el valor de la probabilidad, dar la fracción exacta o decimal redondeada a tres dígitos significativos.
    Ejemplo: La Probabilidad de que salga cara al lanzar una moneda es ½ ó 0,500.

4. La media y la desviación tienen un decimal más que la variable aleatoria.

5. Los límites del intervalo de confianza para la proporción se redondea a 3 cifras significativas.

6. Si el resultado para el tamaño de la muestra no es un número entero, redondear y en orden a asegurar que la muestra requerida tenga el tamaño adecuado se redondea al número entero siguiente.
    Ejemplo: Si el tamaño de la muestra es 23,1 se redondea a 24

7. Para estimar el límite de confianza para la media poblacional se toma un decimal más que la serie de datos.
    Cuando no se conoce la serie de datos, se toman los mismos decimales que la media poblacional.

8. En estudios de correlación la ordenada en el origen, pendiente y coeficiente de correlación se dan con tres cifras decimales.

Valores de Youden para identificar datos anómalos múltiples												
Nº participantes	Número de muestras											
	3	4	5	6	7	8	9	10	11	12	13	14	15

Nº participantes	3	4	5	6	7	8	9	10	11	12	13	14	15
3		4	5	7	8	10	12	13	15	17	19	20	22
		12	15	17	20	22	24	27	29	31	31	36	38
4		4	6	8	10	12	14	16	18	20	22	24	26
		16	19	22	25	28	31	34	37	40	41	46	49
5		5	7	9	11	13	16	18	21	23	26	28	31
		19	21	27	31	35	38	42	45	49	52	56	59
6	3	5	7	10	12	15	18	21	23	26	29	32	35
	18	23	28	32	37	41	45	49	54	58	62	66	70
7	3	5	8	11	14	17	20	23	26	29	32	36	39
	21	27	32	37	42	47	52	57	62	67	72	76	81
8	3	6	9	12	15	18	22	25	29	32	36	39	43
	24	30	36	42	48	54	59	65	70	76	81	87	92
9	3	6	9	13	16	20	24	27	31	35	39	43	47
	27	34	41	47	54	60	66	73	79	85	91	97	103
10	4	7	10	14	17	21	26	30	34	38	43	47	51
	29	37	45	52	60	67	73	80	87	94	100	107	114
11	4	7	11	15	19	23	27	32	36	41	46	51	55
	32	41	49	57	65	73	81	88	96	103	110	117	125
12	4	7	11	15	20	24	29	34	39	44	49	54	59
	35	45	54	63	71	80	88	96	104	112	120	128	136
13	4	8	12	16	21	26	31	36	42	47	52	58	63
	38	48	58	68	77	86	95	104	112	121	130	138	147
14	4	8	12	17	22	27	33	38	44	50	56	61	67
	41	52	63	73	83	93	102	112	121	130	139	149	158
15	4	8	13	18	23	29	35	41	47	53	59	65	71
	44	56	67	78	89	99	109	119	129	139	149	159	169

TABLA II-A. PLAN DE MUESTREO SIMPLE PARA INSPECCIÓN NORMAL

NIVEL DE CALIDAD ACEPTABLE, % (INSPECCIÓN NORMAL)

Cada celda indica "A R" (A = Aceptación, R = Rechazo). ↓ = utilizar el primer plan de muestreo situado debajo de la flecha; ↑ = utilizar el primer plan situado encima de la flecha.

Letra Código	Tamaño muestra	0.010	0.015	0.025	0.040	0.065	0.10	0.15	0.25	0.40	0.65	1.0	1.5	2.5	4	6.5	10	15	25
A	2	↓	↓	↓	↓	↓	↓	↓	↓	↓	↓	↓	↓	↓	↓	↓	↓	0 1	1 2
B	3	↓	↓	↓	↓	↓	↓	↓	↓	↓	↓	↓	↓	↓	↓	↓	0 1	1 2	2 3
C	5	↓	↓	↓	↓	↓	↓	↓	↓	↓	↓	↓	↓	↓	↓	0 1	1 2	2 3	3 4
D	8	↓	↓	↓	↓	↓	↓	↓	↓	↓	↓	↓	↓	↓	0 1	1 2	2 3	3 4	5 6
E	13	↓	↓	↓	↓	↓	↓	↓	↓	↓	↓	↓	↓	0 1	1 2	2 3	3 4	5 6	7 8
F	20	↓	↓	↓	↓	↓	↓	↓	↓	↓	↓	↓	0 1	1 2	2 3	3 4	5 6	7 8	10 11
G	32	↓	↓	↓	↓	↓	↓	↓	↓	↓	↓	0 1	1 2	2 3	3 4	5 6	7 8	10 11	14 15
H	50	↓	↓	↓	↓	↓	↓	↓	↓	↓	0 1	1 2	2 3	3 4	5 6	7 8	10 11	14 15	21 22
J	80	↓	↓	↓	↓	↓	↓	↓	↓	0 1	1 2	2 3	3 4	5 6	7 8	10 11	14 15	21 22	↑
K	125	↓	↓	↓	↓	↓	↓	↓	0 1	1 2	2 3	3 4	5 6	7 8	10 11	14 15	21 22	↑	↑
L	200	↓	↓	↓	↓	↓	↓	0 1	1 2	2 3	3 4	5 6	7 8	10 11	14 15	21 22	↑	↑	↑
M	315	↓	↓	↓	↓	↓	0 1	1 2	2 3	3 4	5 6	7 8	10 11	14 15	21 22	↑	↑	↑	↑
N	500	↓	↓	↓	↓	0 1	1 2	2 3	3 4	5 6	7 8	10 11	14 15	21 22	↑	↑	↑	↑	↑
P	800	↓	↓	↓	0 1	1 2	2 3	3 4	5 6	7 8	10 11	14 15	21 22	↑	↑	↑	↑	↑	↑
Q	1250	↓	↓	0 1	1 2	2 3	3 4	5 6	7 8	10 11	14 15	21 22	↑	↑	↑	↑	↑	↑	↑
R	2000	↓	0 1	1 2	2 3	3 4	5 6	7 8	10 11	14 15	21 22	↑	↑	↑	↑	↑	↑	↑	↑

⇩ Utilizar el primer plan de muestreo situado debajo de la flecha. Si el tamaño de la muestra es igual o superior al tamaño del lote, efectuar una inspección al 100%.

⇧ Utilizar el primer plan de muestreo situado encima de la flecha.

TABLA II-D. PLAN DE MUESTREO PARA INSPECCIÓN RIGUROSA

NIVEL DE CALIDAD ACEPTABLE, % (INSPECCIÓN RIGUROSA)

Letra Código	Tamaño muestra	0.01	0.015	0.025	0.04	0.065	0.10	0.15	0.25	0.40	0.65	1.0	1.5	2.5	4	8.5	10	15	25

(Cada celda del cuerpo de la tabla contiene columnas A (Aceptación) y R (Rechazo) con planes de muestreo indicados mediante flechas y pares de números Ac/Re.)

Letra Código	Tamaño muestra
A / B / C	2 / 3 / 5
D / E / F	8 / 13 / 20
G / H / J	32 / 50 / 80
K / L / M	125 / 200 / 315
N / P / Q	500 / 800 / 1250
R / S	2000 / 3150

⇓: Utilizar el primer plan de muestreo situado debajo de la flecha. Si el tamaño de la muestra es igual o superior al tamaño del lote, efectuar una inspección al 100%.

⇑: Utilizar el primer plan de muestreo situado encima de la flecha.

TABLA III-A. PLAN DE MUESTREO DOBLE PARA INSPECCION NORMAL

NIVEL DE CALIDAD ACEPTABLE, % (INSPECCION NORMAL)

A = Aceptación · R = Rechazo · ↓ = usar primer plan de muestreo debajo de la flecha · ↑ = usar primer plan de muestreo arriba de la flecha · * = ver nota al pie.

Letra Código	Muestra	Tamaño muestra	Acum	0.01 A	0.01 R	0.015 A	0.015 R	0.025 A	0.025 R	0.040 A	0.040 R	0.065 A	0.065 R	0.10 A	0.10 R	0.15 A	0.15 R	0.25 A	0.25 R	0.40 A	0.40 R	0.65 A	0.65 R	1.0 A	1.0 R	1.5 A	1.5 R	2.5 A	2.5 R	4.0 A	4.0 R	6.5 A	6.5 R	10 A	10 R	15 A	15 R
A				↓	↓	↓	↓	↓	↓	↓	↓	↓	↓	↓	↓	↓	↓	↓	↓	↓	↓	↓	↓	↓	↓	↓	↓	↓	↓	↓	↓	↓	↓	↓	↓
B	Primera	2	2	↓	↓	↓	↓	↓	↓	↓	↓	↓	↓	↓	↓	↓	↓	↓	↓	↓	↓	↓	↓	↓	↓	↓	↓	↓	↓	*	*	0	2	0	3	1	4
B	Segunda	2	4	↓	↓	↓	↓	↓	↓	↓	↓	↓	↓	↓	↓	↓	↓	↓	↓	↓	↓	↓	↓	↓	↓	↓	↓	↓	↓	*	*	1	2	3	4	4	5
C	Primera	3	3	↓	↓	↓	↓	↓	↓	↓	↓	↓	↓	↓	↓	↓	↓	↓	↓	↓	↓	↓	↓	↓	↓	↓	↓	*	*	0	2	0	3	1	4	2	5
C	Segunda	3	6	↓	↓	↓	↓	↓	↓	↓	↓	↓	↓	↓	↓	↓	↓	↓	↓	↓	↓	↓	↓	↓	↓	↓	↓	*	*	1	2	3	4	4	5	6	7
D	Primera	5	5	↓	↓	↓	↓	↓	↓	↓	↓	↓	↓	↓	↓	↓	↓	↓	↓	↓	↓	↓	↓	↓	↓	*	*	0	2	0	3	1	4	2	5	3	7
D	Segunda	5	10	↓	↓	↓	↓	↓	↓	↓	↓	↓	↓	↓	↓	↓	↓	↓	↓	↓	↓	↓	↓	↓	↓	*	*	1	2	3	4	4	5	6	7	8	9
E	Primera	8	8	↓	↓	↓	↓	↓	↓	↓	↓	↓	↓	↓	↓	↓	↓	↓	↓	↓	↓	↓	↓	*	*	0	2	0	3	1	4	2	5	3	7	5	9
E	Segunda	8	16	↓	↓	↓	↓	↓	↓	↓	↓	↓	↓	↓	↓	↓	↓	↓	↓	↓	↓	↓	↓	*	*	1	2	3	4	4	5	6	7	8	9	12	13
F	Primera	13	13	↓	↓	↓	↓	↓	↓	↓	↓	↓	↓	↓	↓	↓	↓	↓	↓	↓	↓	*	*	0	2	0	3	1	4	2	5	3	7	5	9	7	11
F	Segunda	13	26	↓	↓	↓	↓	↓	↓	↓	↓	↓	↓	↓	↓	↓	↓	↓	↓	↓	↓	*	*	1	2	3	4	4	5	6	7	8	9	12	13	18	19
G	Primera	20	20	↓	↓	↓	↓	↓	↓	↓	↓	↓	↓	↓	↓	↓	↓	↓	↓	*	*	0	2	0	3	1	4	2	5	3	7	5	9	7	11	11	16
G	Segunda	20	40	↓	↓	↓	↓	↓	↓	↓	↓	↓	↓	↓	↓	↓	↓	↓	↓	*	*	1	2	3	4	4	5	6	7	8	9	12	13	18	19	26	27
H	Primera	32	32	↓	↓	↓	↓	↓	↓	↓	↓	↓	↓	↓	↓	↓	↓	*	*	0	2	0	3	1	4	2	5	3	7	5	9	7	11	11	16	↑	↑
H	Segunda	32	64	↓	↓	↓	↓	↓	↓	↓	↓	↓	↓	↓	↓	↓	↓	*	*	1	2	3	4	4	5	6	7	8	9	12	13	18	19	26	27	↑	↑
J	Primera	50	50	↓	↓	↓	↓	↓	↓	↓	↓	↓	↓	↓	↓	*	*	0	2	0	3	1	4	2	5	3	7	5	9	7	11	11	16	↑	↑	↑	↑
J	Segunda	50	100	↓	↓	↓	↓	↓	↓	↓	↓	↓	↓	↓	↓	*	*	1	2	3	4	4	5	6	7	8	9	12	13	18	19	26	27	↑	↑	↑	↑
K	Primera	80	80	↓	↓	↓	↓	↓	↓	↓	↓	↓	↓	*	*	0	2	0	3	1	4	2	5	3	7	5	9	7	11	11	16	↑	↑	↑	↑	↑	↑
K	Segunda	80	160	↓	↓	↓	↓	↓	↓	↓	↓	↓	↓	*	*	1	2	3	4	4	5	6	7	8	9	12	13	18	19	26	27	↑	↑	↑	↑	↑	↑
L	Primera	125	125	↓	↓	↓	↓	↓	↓	↓	↓	*	*	0	2	0	3	1	4	2	5	3	7	5	9	7	11	11	16	↑	↑	↑	↑	↑	↑	↑	↑
L	Segunda	125	250	↓	↓	↓	↓	↓	↓	↓	↓	*	*	1	2	3	4	4	5	6	7	8	9	12	13	18	19	26	27	↑	↑	↑	↑	↑	↑	↑	↑
M	Primera	200	200	↓	↓	↓	↓	↓	↓	*	*	0	2	0	3	1	4	2	5	3	7	5	9	7	11	11	16	↑	↑	↑	↑	↑	↑	↑	↑	↑	↑
M	Segunda	200	400	↓	↓	↓	↓	↓	↓	*	*	1	2	3	4	4	5	6	7	8	9	12	13	18	19	26	27	↑	↑	↑	↑	↑	↑	↑	↑	↑	↑
N	Primera	315	315	↓	↓	↓	↓	*	*	0	2	0	3	1	4	2	5	3	7	5	9	7	11	11	16	↑	↑	↑	↑	↑	↑	↑	↑	↑	↑	↑	↑
N	Segunda	315	630	↓	↓	↓	↓	*	*	1	2	3	4	4	5	6	7	8	9	12	13	18	19	26	27	↑	↑	↑	↑	↑	↑	↑	↑	↑	↑	↑	↑
P	Primera	500	500	↓	↓	*	*	0	2	0	3	1	4	2	5	3	7	5	9	7	11	11	16	↑	↑	↑	↑	↑	↑	↑	↑	↑	↑	↑	↑	↑	↑
P	Segunda	500	1000	↓	↓	*	*	1	2	3	4	4	5	6	7	8	9	12	13	18	19	26	27	↑	↑	↑	↑	↑	↑	↑	↑	↑	↑	↑	↑	↑	↑
Q	Primera	800	800	*	*	0	2	0	3	1	4	2	5	3	7	5	9	7	11	11	16	↑	↑	↑	↑	↑	↑	↑	↑	↑	↑	↑	↑	↑	↑	↑	↑
Q	Segunda	800	1600	*	*	1	2	3	4	4	5	6	7	8	9	12	13	18	19	26	27	↑	↑	↑	↑	↑	↑	↑	↑	↑	↑	↑	↑	↑	↑	↑	↑
R	Primera	1250	1250	0	2	0	3	1	4	2	5	3	7	5	9	7	11	11	16	↑	↑	↑	↑	↑	↑	↑	↑	↑	↑	↑	↑	↑	↑	↑	↑	↑	↑
R	Segunda	1250	2500	1	2	3	4	4	5	6	7	8	9	12	13	18	19	26	27	↑	↑	↑	↑	↑	↑	↑	↑	↑	↑	↑	↑	↑	↑	↑	↑	↑	↑

*: Utilizar el plan de muestreo simple (con la alternativa de poder emplear el plan de muestreo doble inmediato disponible).

www.ingramcontent.com/pod-product-compliance
Lightning Source LLC
Chambersburg PA
CBHW081111170526
45165CB00008B/2413